世图心理

博客：http://blog.sina.com.cn/bjwpcpsy
微博：http://weibo.com/wpcpsy

TA TODAY
New Introduction to Transactional Analysis (2nd edition)

今日TA：人际沟通分析新论

[英]艾恩·斯图尔特（Ian Stewart） 著
[美]范恩·琼斯（Vann Joines）

田宝 张思雪 田盈雪 译

世界图书出版公司
北京·广州·上海·西安

图书在版编目（CIP）数据

今日TA：人际沟通分析新论 /（英）艾恩·斯图尔特（Ian Stewart），（美）范恩·琼斯（Vann Joines）著；田宝，张思雪，田盈雪译. —北京：世界图书出版公司北京公司，2017.2（2022.4重印）

书名原文：TA Today：a new introduction to transactional analysis

ISBN 978-7-5192-2396-0

Ⅰ.①今… Ⅱ.①艾… ②范… ③田… ④张… ⑤田… Ⅲ.①心理学学派—研究 Ⅳ.①B84-069

中国版本图书馆CIP数据核字（2017）第034777号

Copyright © Ian Stewart and Vann Joines 2012
TA Today: A New Introduction to Transactional Analysis (Simplified Chinese Rights)
The simplified Chinese tranlation rights arranged through Rightol Media
（本书中文简体版权经由锐拓传媒取得。Email: copyright@rightol.com）

书　　名	今日TA：人际沟通分析新论 JINRI TA	
著　　者	[英]艾恩·斯图尔特　[美]范恩·琼斯	
译　　者	田　宝　张思雪　田盈雪	
策划编辑	张瑶瑶	
责任编辑	张瑶瑶　于　彬	
装帧设计	李　桑	
出版发行	世界图书出版公司北京公司	
地　　址	北京市东城区朝内大街137号	
邮　　编	100010	
电　　话	010-64038355（发行）　64037380（客服）　64033507（总编室）	
网　　址	http://www.wpcbj.com.cn	
邮　　箱	wpcbjst@vip.163.com	
销　　售	新华书店	
印　　刷	三河市国英印务有限公司	
开　　本	787mm×1092mm　1/16	
印　　张	29.5	
字　　数	430千字	
版　　次	2017年4月第1版　2022年4月第4次印刷	
版权登记	01-2015-0512	
国际书号	ISBN 978-7-5192-2396-0	
定　　价	75.00元	

版权所有　翻印必究
（如发现印装质量问题，请与本公司联系调换）

译者序

1987年，*TA Today: A New Introduction To Transactional Analysis* 英文第一版出版，在全世界被翻译成15种语言，创造了TA（Transactional Analysis）界的一个神话。《人际沟通分析练习法》是本书第一版的中译本由易之新翻译，台湾张老师文化事业股份有限公司1999年11月出版，深受TA从业者和广大读者的喜爱。时隔25年，2012年英文第二版出版。《今日TA：人际沟通分析新论》是本书第二版中译本，由世界图书出版公司2017年出版。中英文第一版相隔11年，中英文第二版相距5年。中文第二版的快速推出，反映了大家对本书的认可与期待。

英文第一版和第二版的时间跨度之大，足见本书写作的难度和作者在TA流派、观点和内容等方面取舍的努力。《今日TA：人际沟通分析新论》能够呈现今日TA发展的全貌吗？

威多森（Widdowson，2010）认为目前TA至少有八种学派：经典学派（The Classical School）、再决定学派（The Redecision School）、贯注学派（The Cathexis School）、激进精神治疗学派（The Redical Psychiatry）、整合学派（The Integrative TA）、认知行为学派（The Cognitive-Behavioural TA）、精神动力学派（The Psychodynamic TA）和关系学派（The Relational TA）。关系学派的作者（Cornell & Hargaden）将整合学派、

精神动力学派和共同创造学派视为关系学派的范畴。还有很多TA治疗师根据自身背景和兴趣，在传统TA的框架下使用来自各种领域的概念与技术，比如短期治疗（Brief Therapy）、生物能疗法（Bioenergetics）、神经语言程序学（Neuro-Linguistic Programming，NLP）、系统理论（Systems Theory）、视觉想象（Visualization）和自我形象调整技术（Self-Image Modification Techniques）、艾瑞克森式疗法（Ericksonian Therapy）、行为心理学（Behavioural Psychology）、发展理论（Developmental Theory）等。今日TA的发展可谓精彩纷呈。

最富争议的是20世纪90年代末兴起的关系学派。关系学派把咨询双方的关系看作促进个人改变的最重要因素，强调治疗关系中持续起作用的无意识过程；对合约并不特别关注；尽量少用推进改变的技术；通常使用一对一而非团体治疗；喜欢用自我状态模型说明"自我"是如何在婴儿与照料者的交流过程中发展起来的；常用精神分析的正式术语阐释他们的研究。关系学派的这些特点与传统的TA相去甚远，反响也最强烈。传统TA的捍卫者甚至在《人际沟通分析杂志》上撰文直言："再加工过的弗洛伊德也还是弗洛伊德……""你即使教一条老狗新的技能，它也还是一条老狗""一个人可能会被精神分析的语言迷住，失去关于人们对自己生活和他人做出的行为的概念""这不是沟通分析，这是精神分析"。尽管如此，《今日TA：人际沟通分析新论》还是为关系学派留出了一定篇幅，足见本书的包容性和全面性。

"人格适应"作为独立一章被纳入第二版，这是第一版所没有的。人格适应的代表人物是保罗·威尔（Paul Ware）、泰比·凯勒（Taibi Kahler）和范恩·琼斯（Vann Joines）。人格适应是人类生存和应对环境的人格倾向，共有六种类型：负责任的工作狂、杰出的怀疑者、富有创造性的梦想者、顽皮的抗拒者、富有激情的过度反应者和富有魅力的操纵者。凯勒把其中一种占主导的生而具有的人格称为基础人格，后五种的多寡顺序则由后天环境、个人成长经历和教育等因素促成。每个人都有从最强到最弱的六种人格类型排序，基础人格加上变化的阶段，共有4320种人格图谱，你必在此列。当你知道一个人的人格适应类型之后，你可以了解到许多与之相关的信息：主要过程脚本、驱力、心理地位、成功和失败的机制、心理游戏、扭曲和扭曲感受，等等。人格适应是一种基于人类行为的、观察人类行为的模型，被认为是TA中用途最大的概念之一。人格适应能够入选本书且浓墨重笔，这就是《今日TA：人际沟通分析新论》的创新之处。

《今日TA：人际沟通分析新论》书中提到给TA造成永久性伤害的两件事。一件是伯恩的《人间游戏》。在大众看来，这本畅销书用过于口语化的语言描述心理游戏，让人感觉TA就是肤浅的通俗心理学，没有自己的理论深度；在专业人士看来，《人间游戏》中的很多游戏根本就不是游戏，算不上科学。另一件是哈里斯1967年出版的《我好，你好》使用"价值判断、思考和感受"简单片面地解释父母自我、成人自我和儿童自我，动摇了TA的理论根基。作者认为修正TA这种扭曲形象、恢复本来面目使TA在心理咨询与治疗领域及其他助人行业受到尊重的任务已经完成。以我的观察，这个任务在中国尚未完成。伯恩的《人间游戏》由中国轻工业出版社于2006年和2014年先后推出两个翻译版。哈里斯的《我好，你好》于1984年由中国台湾桂冠图书股份有限公司以《人际沟通分析》为书名推出繁体中文版；2009年和2010年中国台湾远流出版事业股份有限公司以《我好，你也好》为书名先后两次重印；2013年中国轻工业出版社以《沟通分析的理论与实务》为书名推出简体中文版。大概在上世纪六十年代，这两本书在西方畅销的盛况刚刚波及东方的中国，建议读者阅读这两本书时运用伯恩倡导的"火星人的思考"。对自己说"不"，正是《今日TA：人际沟通分析新论》这本书"我好，你也好，我们都是OK的"和"开放沟通"理念的体现。

《今日TA：人际沟通分析新论》这座TA的金字塔，以自我状态和人生脚本为基，以结构分析、沟通分析、游戏分析和脚本分析——伯恩的四原创——为柱，以经典学派、贯注学派和再决定学派为棱，保留了TA真正的核心，兼容并蓄。本书从准确的概念界定到通俗的语言表达、从体系到内容、从理论到应用，反映的是主流，引领的是主流，能够让我们看到今日TA的全貌。这是任何从事人的工作的人值得反复阅读的一本书。

感谢我的课题组的研究生们：张思雪（第一至六章和第十至十六章）、宋邱惠（第七至九章）、谭亚伟（第十七至二十章）、罗雪倩（第二十一至二十五章）、朱爽（第二十六至三十章）、赵欣然（附录、注释与参考文献、参考书目和名词解释），本书的翻译是他们团体努力的结果。在课题组学习的基础上，张思雪和田盈雪重译了全书。感谢美国莱斯大学心理系的田盈雪博士对全书进行了审校。感谢世界图书出版公司的张瑶瑶编辑，没有她的耐心、宽容和鞭策，此书难成。因水平所限，欢迎同行和广大读者来信指正：tianbao65@126.com。微信公众号：gh_979fd0ccd9e8。

田　宝

于首都师范大学心理学院

2016年9月

第二版序

欢迎你进入第二版的《今日TA：人际沟通分析新论》！

本书的目的是简明易懂地向你介绍沟通分析（TA）领域近来的理论与实践。

特点

从读者对第一版的反馈中，我们欣喜地发现本书的几个特点得到大家广泛的接受和认可。因此，我们继续在第二版中体现这些特点，简要来说它们包括：

▶不论你是自学还是参加课程学习TA，我们对材料的编排方式都将对你有益。

▶尤其如果这是你第一次接触TA，我们希望你能喜欢本书非正式的和谈话性的写作方式。

▶我们在阐释理论观点时，引用了大量的例证。

▶书中含有练习题。关于这方面我们在后面还会详细说明。

▶如果你把本书当作"官方TA101"课程的背景材料来读，那么你将发现本书已涵盖了"TA101"课程的全部大纲内容。该课程的课程大纲许多年都没有发生变化，但"国际TA协会"在2008年对其进行了修订。本书的第二版已涵盖了2008年修订的内容。

▶目前，TA已在全世界范围内流传，我们希望本书的读者遍及世界各地（第一版已翻译成15种语言）。考虑到这一因素，我们选择例子时尽量选用全世界通用的例子。

▶为了方便你进一步阅读，本书做了全面的注释，列出了名词解释和参考书目。

练习

在我们教授TA课程时，我们会一边讲授知识，一边进行练习。每讲一部分知识后，我们都要马上做一个相关练习。我们发现这是让学生练习和强化理论知识的最佳方法。

在本书中，我们也遵循了同样的模式。我们在书中加入了练习，每个练习都紧随相关理论之后。要想从本书中获得最大的收益，请你在遇到每个练习时都完成它。

我们对练习用黑点做了标注，并更换为另一种字体。

● 当你看到这种标注时，你就正在阅读一则练习。我们建议你在一遇到练习时就马上完成它，做完以后再进行下一部分知识的学习。练习结束时也会用你在开始看到的标注来做记号。●

我们建议你用活页本记录你在练习中的回答，同时还可以将阅读中冒出的想法和观点记在里面。这种在自己身上实践的方式，能最有效地帮你学习TA。

本书能做什么，不能做什么

当你已经读完本书并做完所有练习后，你一定比刚开始对自己有更多的了解。此外，你还会发现那些你早就想做出的改变，现在可以运用这些知识做到了。如果真是这样，那么祝贺你！

但是，本书并不能替代治疗或咨询。如果你个人问题严重，我们还是建议你找一位有声誉的治疗师或咨询师，为你提供你所需的专业的、个性化的帮助。

TA治疗师鼓励他们的来访者学习TA知识。如果你决定接受TA治疗或咨询，或者希望将TA运用到教育或企业中，那么你可以将本书作为学习材料。

如果你想用TA治疗或服务他人，本书也可以向你介绍TA的基础理论。本书囊括的TA理论十分全面，足够用作TA认证培训的参考资料，甚至可以作为沟通分析师的培训资料。但是，仅通过阅读不足以为他人提供专业帮助，要想成为认证的TA实践者，你需要完成规定时间的高阶学习、在来访者身上实际运用TA以及督导。你必须通过TA认证组织的考试。附录E对此有更多的详细介绍。

本书的结构

本书借鉴了第一版。而且，本书对理论和实践的解释是呈渐进式展现的，每篇都是在前一篇知识的基础上衍生的。

第一部分只包含一章，概述了TA的本质和内容，对一些主题做了简略的描述。

第二部分介绍了"自我状态模型"（ego-state model）这种人格结构，它是TA理论的基础。和第一版一样，我们在解释该模型时是从伯恩最初的自我状态模型开始介绍的，而不是从简化版本开始介绍。

第三部分关注沟通，我们用自我状态模型分析人们的沟通方式，也就是做交流分析。我们还会探讨安抚，即人们如何表现对彼此的认同。最后，我们还会介绍时间结构，也就是人们在团体中进行沟通时如何分配自己的时间，或者当他们空闲时如何分配自己的时间。

第四部分介绍人生脚本，它是指我们在童年期为自己"写出一个人生故事"，然后在成年期就按这个故事生活。该概念和自我状态模型是TA理论的基础。我们探索脚本的本质和发展，发现个体是如何按其生活的。这里涉及人格适应（personality adaptation），也就是六种人格模式，每种模式都是个体与世界互动的"最佳选择"。

第五部分介绍TA的贯注学派或称希芙主义理论（Cathexis or Schiffian theory）。该取向的治疗师认为，当人们按自己的人生脚本生活时，他就处于被动中。"被动"是指人们不做事或无效地做事，从而让他人为自己做。第五部分的章节中会展示一些面质被动的有效模型，这些模型旨在鼓励人们主动地解决问题。

第六部分解释了困扰治疗师和哲学家多年的一个问题——为什么人们经常重复让自己感到痛苦或对自己没有益处的行为和情绪呢？TA把重复的模式称为扭曲和心理游戏。二者都体现了人生脚本。TA对这种模式有着自己的理解方式，同时还能帮你走出这些模式。

最后，第七部分介绍的是实践中的TA。介绍合约签订，即TA实践中的中心原则，并从TA的角度来看改变的目的。我们用两章的篇幅介绍TA在治疗和咨询中以及在教育和组织领域中的应用。最后一章，我们对TA从20世纪50年代开始到今天的发展做一个回顾。

对第一版的改动

本书介绍的TA核心理论从我们出版第一版书到现在，二十五年里一直都没变。这并不是因为TA的理论和实践发展停止了，而是因为后人的发展多是在原始的核心理论之外，研究了具体的领域和应用（第三十章对此详细叙述）。

从"官方TA101"课程大纲在2008年的修订也可以看出核心理论的稳

定。经过修订小组（其中包括本书的作者之一）激烈、详实的讨论后，最终的修订版本基本还和前一版的内容一致。在课程教授过程方面发生了显著的变化，它增大了"101"课程教授人员的灵活性和选择权。

我们已经决定，在第二版中将囊括修订版"101"课程的所有内容，其中包括所有题目。但我们发现第一版实际已经包括了这些题目。因此，我们最初担心的是，"101"课程变动的内容是否足够我们形成第二版书。

然而，当我们在做第二版的初稿工作时，我们惊诧地发现我们几乎对每一章都做了变动。这里有些变动是换了更准确的词语，这是由我们的读者们提出的。其他的变动是将"角色扮演"的例子进行了升级。比如说，读过本书的社工明确地告诉我们，现在的社工没人会陷入"你为什么不，是的，但是"游戏。因此，我们用较不敏感的母子交流代替了那个例子。

另外还有一些变动，反映了TA理论特点方面细小但又重要的变化。例如，行为描述模型（功能性模型）已经逐渐丧失了其在TA中的一线地位，而且该下滑趋势还颇为稳定。此外，对于TA培训和考试中多年来的一个口头禅——不要"混淆结构性和功能性模型"，我们最近也有了新的思考。虽然理解结构性和功能性模型间的区别依然重要，但艾瑞克·伯恩（Eric Berne）本人却一直在用第一层级结构图来描绘交流。

另外，在实践方面也有一个变化，人们开始思考面质驱力行为和过程脚本的好处与坏处。我们在第十五章会说到，在1987年时多数人认为从治疗角度来说是个好想法，但从那时起，经验却告诉我们这是错误的，因此，我们也相应更改了我们的内容。

还有一些变动，我们认为不论"101"课程如何变化我们都要写出来。我们删除了有关迷你脚本的内容，因为迷你脚本的创始人泰比·凯勒已经不再讲它了。我们对第十五章做了较大改变，现在这一章主要介绍了有关过程脚本和驱力（新发展）的内容。第十六章对人格适应的介绍是全新的。

现在，第二十八章除了介绍TA的三种流派外，还介绍了关系取向的TA。第二十九章介绍了TA在教育和组织领域中的应用，根据两位在该领域资历极深的学者在这方面的研究，我们对这一章也做了较大的修改。第三十章中对TA发展史的叙述也更新到了现在（以往的一些事件也有了新的评估）。我们还对所有附录、注释和参考文献、名词解释和参考书目中的事实性材料做了更新。

代词、性别、姓名和案例

书中提到的"我们"，即艾恩·斯图尔特（Ian Stewart）和范恩·琼斯（Vann Joines）。书中提到的"你"，即读者。其他统称的人，我们会随机用"她"或"他"替代。

在我们呈现的案例中姓名都是虚构的。如果与任何人的真实姓名有关系，那么这纯属巧合。

鸣谢：第二版

我们对下列同僚对第二版的贡献表示衷心感谢：

朱莉·海伊（Julie Hay，FCIPD、MPhil、DMS）和朱蒂·牛顿（Trudi Newton，BSc）对第二十九章——"教育和组织中的TA"初稿进行了深入探讨，他们使该章得到极大的提升。他们还讨论了该章的注释，建议对附录B中的"TA核心书目"进行修订和更新。

我们还要感谢朱蒂给我们提供了有关当前培训和认证委员会的运作方式，还允许我们使用T&C网页上的"TA的四个应用领域"。

马克·威多森（Mark Widdowson，MSc、ECP）对第二十八章的关系取向做了评价，同时他还对本书涵盖的内容范围以及呈现方式给予了许多有益的建议。

肯·福格曼（Ken Fogleman）为我们提供了从1985年到现在"国际TA

协会"的会员数量。

此外，我们还要特别感谢在本书的第二版出版之前，给我们做出书面或口头评论与建议的广大读者。我们对每条评论都充满感恩，同时我们希望你能在第二版中看到满意的修改。

鸣谢：第一版（1987）

我们第一版的"专家读者"是艾瑞卡·斯腾（Erika Stern），她是荷兰乌得勒支（Utrecht）大学咨询研究专业的哲学博士。她不仅向我们展示了她对TA的敏锐理解，还有她对心理学取向的理解。同时，作为多语言使用者她提醒我们要注意用词，不要给非英语母语的读者带来阅读障碍。艾瑞卡在这些方面为本书做出了巨大的贡献。

我们的"普通读者"是安德鲁·米德尔顿（Andrew Middleton）博士以及克里斯汀·米德尔顿（Christine Middleton）。他们从TA新手的角度对手稿做出评价。他们让我们注意到一些段落，这些段落是我们认为自己知道别人也就知道的地方。安德鲁和克里斯汀对本书的最终成型产生了巨大的影响。

理查德·厄斯金（Richard Erskine）博士以及玛丽琳·查克曼（Marilyn Zalcman, MSW、ACSW）在阅读有关扭曲系统的章节后，对该部分的用词提出了宝贵的意见。

杰尼·汉（Jenni Hine, MAOT）在TA组织方面为我们提供了数据。

艾米丽·汉特·鲁珀特（Emily Hunter Ruppert, ACSW）建议我们两个作者合作，因此才有了这本书。

我们衷心感谢下列作者允许我们使用他们在《沟通分析杂志》或《沟通分析公报》上发表的内容，发表期号如下：

John Dusay, MD, for the *Egogram*: *TAJ*, 2, 3, 1972.

Franklin Ernst Jr, MD, for the *OK Corral*: *TAJ*, 1, 4, 1971.

Richard Erskine, PhD, and Marilyn Zalcman, MSW, ACSW, for the *Racket System*：*TAJ*, 9, 1, 1979.

Stephen Karpman, MD, for the *Drama Triangle*：*TAB*, 7, 26, 1968.

Jim McKenna, MSW, for the Stroking Profile：TAJ, 4, 4, 1974.

Ken Mellor, DipSocStuds., and Eric Sigmund, for the *Discount Matrix*：*TAJ*, 5, 3, 1975.

欢迎你的评论！

我们重复在第一版的前言中所做的邀请：请你对本书做出批评和反馈！

你是否认为我们有需要进一步完善的地方？书中是否有你想看的，但我们没有囊括进来的内容？是否有我们囊括进来但你认为没有必要的地方？你是否发现任何事实性错误、弄错了年代和前后不一致现象？对于所有这些问题，我们都想听到你的反馈。

如果你对本书的某些方面有特别喜爱之处，我们也愿意听到这方面的反馈。

你可以通过世界图书出版公司联系我们。你可以在"版权信息"那页找到详细联系方式。

与此同时，我们祝你阅读愉快，能从书中获得有用的信息。

艾恩·斯图尔特和范恩·琼斯
2012年1月

目 录
CONTENTS

第一部分　TA概述

第一章　什么是TA? ……………………………………………… 002
TA的主要理论 …………………………………………………… 003
TA的哲学 ………………………………………………………… 006

第二部分　图解人格：自我状态模式

第二章　自我状态模式 …………………………………………… 012
自我状态转换的例子 …………………………………………… 014
自我状态的定义 ………………………………………………… 017
自我状态之间真的有区别吗? …………………………………… 018
自我状态与超我、自我和本我 ………………………………… 019
自我状态是名称，不是实物 …………………………………… 020
措辞问题："只有三个"自我状态吗? …………………………… 021
"三个自我状态"——一种简写 ………………………………… 023
过于简化的模式 ………………………………………………… 023

第三章　自我状态的功能分析 026
　　适应型儿童自我和自由型儿童自我 027
　　控制型父母自我和照顾型父母自我 031
　　成人自我 032
　　自我图 032
　　功能模式只描述行为，不描述感受或想法 036

第四章　第二层次结构模型 039
　　第二层次结构：父母自我 041
　　第二层次结构：成人自我 043
　　第二层次结构：儿童自我 044
　　第二层次结构的发展历程 047
　　区分结构模型与功能模型 049

第五章　自我状态的识别 053
　　从行为的表现来判断 053
　　从社交的互动来判断 059
　　从过去的经验来判断 060
　　从现象的体验来判断 061
　　实践中的自我状态诊断 062
　　表现的自我和真实的自我 062

第六章　病态的自我状态结构 067
　　污染 067
　　排除 072

第三部分 沟通：交流、安抚和时间结构

第七章 交流 076
- 互补的交流 077
- 交错的交流 080
- 暧昧的交流 082
- 交流与非言语 085
- 选择 086

第八章 安抚 090
- 刺激饥渴 090
- 安抚类型 091
- 安抚与行为强化 093
- 给予和接受安抚 094
- 安抚经济学 097
- 安抚图 100
- 自我安抚 103
- 安抚有"好""坏"之分吗？ 105

第九章 时间结构 108
- 退缩 109
- 仪式 110
- 消遣 111
- 活动 113
- 心理游戏 114

亲密 ··· 116

第四部分　写出我们自己的人生故事：人生脚本

第十章　人生脚本的本质与起源 ································ 120
人生脚本的本质和定义 ··· 121
脚本起源 ·· 123

第十一章　人是如何按脚本生活的 ································ 131
赢家、输家和非赢家的脚本 ··································· 131
成年生活中的脚本 ··· 135
为什么理解脚本是重要的？ ··································· 139
脚本和人生历程 ··· 141

第十二章　心理地位 ·· 143
成年期的心理地位：心理地位象限图 ······················ 145
个体改变和心理地位象限图 ··································· 149

第十三章　脚本信息与脚本图 ······································· 152
脚本信息与婴儿对脚本信息的解释 ························· 152
脚本信息的种类 ··· 153
脚本图 ·· 157

第十四章　禁止信息与早期决定 ···································· 163
十二条禁止信息 ··· 163

超脚本 ··· 171
　　早期决定与禁止信息的关系 ·· 172
　　反脚本 ··· 176

第十五章　过程脚本与驱力 ··· 180
　　过程脚本 ··· 181
　　驱力行为 ··· 187
　　主要驱力 ··· 193
　　我们应该对驱力和过程脚本进行"治疗"吗? ······················ 200

第十六章　人格适应 ·· 203
　　六种人格适应 ··· 204
　　驱力对人格适应的指示作用 ·· 207
　　人格适应和过程脚本 ·· 209
　　发起与保持接触：威尔顺序 ·· 210
　　威尔顺序和人格适应 ·· 211
　　威尔顺序的长期和短期应用 ·· 214
　　人格适应和脚本内容 ·· 215
　　六种适应类型的"画像" ··· 216

第五部分　让世界符合我们的脚本：被动性

第十七章　漠视 ·· 224
　　漠视的本质和定义 ·· 225
　　夸大 ·· 225

四种被动行为 ··· 227

　　漠视和自我状态 ··· 230

　　识别漠视 ··· 231

第十八章　漠视矩阵 ·· 234

　　漠视的范围 ··· 234

　　漠视的类型 ··· 235

　　漠视的层次（模式）··· 235

　　漠视矩阵图 ··· 236

　　漠视矩阵的应用 ··· 239

第十九章　参考框架和再定义 ···································· 242

　　参考框架 ··· 243

　　参考框架和脚本 ··· 244

　　再定义的本质和功能 ··· 245

　　再定义交流 ··· 246

第二十章　共生关系 ·· 249

　　"健康的"与"不健康"的共生关系 ······························· 253

　　共生关系和脚本 ··· 255

　　共生邀请 ··· 256

　　第二层次的共生关系 ··· 258

第六部分　脚本信念的合理化：扭曲和游戏

第二十一章　扭曲和点券 ……………………………………… 262
扭曲和脚本 ……………………………………………… 265
扭曲感受和真实感受 …………………………………… 269
扭曲感受、真实感受和问题解决 ……………………… 271
扭曲的交流 ……………………………………………… 273
点券 ……………………………………………………… 276

第二十二章　扭曲系统 …………………………………………… 279
脚本信念和感受 ………………………………………… 279
扭曲表现 ………………………………………………… 283
强化记忆 ………………………………………………… 285
打破扭曲系统 …………………………………………… 288

第二十三章　心理游戏和游戏分析 …………………………… 291
心理游戏案例 …………………………………………… 292
运动衫 …………………………………………………… 295
心理游戏的等级 ………………………………………… 296
G公式 …………………………………………………… 296
戏剧三角形 ……………………………………………… 298
心理游戏的交流分析 …………………………………… 300
心理游戏的计划 ………………………………………… 302
心理游戏的定义 ………………………………………… 304

第二十四章　人们为什么玩心理游戏？·················306
　　心理游戏、点券和脚本结局·····················306
　　脚本信念的强化·····························307
　　心理游戏、共生关系和参考框架···················309
　　心理游戏和安抚·····························311
　　伯恩的"六个好处"·························312
　　心理游戏的正面结局·························313

第二十五章　如何应对心理游戏？·················315
　　我们需要给心理游戏命名吗？···················315
　　常见的心理游戏···························316
　　运用选择·······························319
　　拒绝负面的结局·····························320
　　替换游戏安抚·····························322

第七部分　改变：TA实务

第二十六章　制定改变合约·····················326
　　斯坦能的"四项要求"·······················327
　　制定合约的原因···························328
　　制定有效的合约···························330

第二十七章　TA改变的目的·····················334
　　自主性·······························334
　　摆脱脚本的束缚···························336

问题解决 ·· 336
　　关于"治愈"的看法 ··· 337

第二十八章　TA治疗与咨询 ·· 340
　　是"治疗"还是"咨询"？ ··· 340
　　自我治疗 ·· 342
　　为什么要做治疗？ ··· 342
　　TA治疗的特点 ··· 344
　　TA的三个学派 ··· 345

第二十九章　TA在教育和组织中的应用 ··· 351
　　教育和组织领域应用的主要特点 ·· 352
　　TA在组织中的应用 ··· 353
　　TA在教育中的应用 ··· 355

第三十章　TA的发展历程 ··· 359
　　埃里克·伯恩与TA的起源 ·· 360
　　早期阶段 ·· 362
　　20世纪70年代：大众流行与专业创新时期 ······························ 365
　　20世纪80年代至今：国际扩张和巩固 ···································· 367

附录

　　附录A　埃里克·伯恩的著作 ··· 372
　　附录B　TA的其他重要著作 ··· 374

附录C　埃里克·伯恩纪念奖的获得者⋯⋯⋯⋯⋯⋯⋯⋯⋯⋯⋯⋯380
附录D　TA的组织⋯⋯⋯⋯⋯⋯⋯⋯⋯⋯⋯⋯⋯⋯⋯⋯⋯⋯⋯384
附录E　TA的培训与资格认定⋯⋯⋯⋯⋯⋯⋯⋯⋯⋯⋯⋯⋯⋯387
附录F　TA101课程概况⋯⋯⋯⋯⋯⋯⋯⋯⋯⋯⋯⋯⋯⋯⋯⋯392

注释与参考文献⋯⋯⋯⋯⋯⋯⋯⋯⋯⋯⋯⋯⋯⋯⋯⋯⋯⋯⋯397
参考书目⋯⋯⋯⋯⋯⋯⋯⋯⋯⋯⋯⋯⋯⋯⋯⋯⋯⋯⋯⋯⋯⋯418
名词解释⋯⋯⋯⋯⋯⋯⋯⋯⋯⋯⋯⋯⋯⋯⋯⋯⋯⋯⋯⋯⋯⋯427

TA概述

[第一部分]

第一章
什么是TA？

"TA（Transactional Analysis）是一种人格理论，同时也是一种系统地帮助个体成长与改变的心理治疗方法。"

这是"国际TA协会"给TA的定义[1]，实际上，今天的TA已经不只包含这些内容了。在众多心理学流派中，TA以其理论的深度与应用的广泛而闻名。

作为一种人格理论，TA运用一个由三部分组成的自我状态模型，向我们展示了人类的心理结构。此外，该模型还有助于我们理解人类的功能，即人类如何用行为表现自己的人格。

TA是一种沟通理论。**它提供了一种分析个人生活和工作情境中"系统与关系"的方法。**

TA是一种儿童发展理论。人生脚本这个概念讲的就是我们当前的生活模式是如何从童年发展而来的。人生脚本理论向我们解释了我们是如何在成年阶段继续重演儿时决定的，甚至在该决定导致自我挫败或痛苦的情况下，我们依然会重演它。因此，TA也是一种心理治疗理论。

在实际应用方面，TA的确给我们提供了一套心理治疗方法。它可以用于治疗从日常问题到重度精神病的各种心理障碍，并且该疗法在个体、团体、夫妻和家庭范畴内均可使用。

除治疗领域外，TA在教育情境里同样适用。它能帮助教师与学生保持清晰通畅的交流，避免无效的对质，尤其适用于咨询。

在管理、沟通训练以及组织分析领域，TA也是一个强大的工具。此外，社会工作者、警察、试用期审查员和牧师也同样可以使用TA。在任何需要理解个体、关系和交流的领域，TA都可以大展身手。

TA的主要理论

几个主要理论形成TA的基础，它们可以将TA同其他心理理论区分开来。在接下来的几章中，我们会详细地向你介绍这些理论并举出例子供你理解。这里，我们只是扼要地介绍。我们建议你先简单浏览这部分，大致了解其中的术语和观点。

自我状态模型（PAC模型）

"自我状态模型"是最基本的内容。一个"自我状态"就是一组相互关联的行为、想法和感受。它是我们在特定时间对自身某部分人格的表达。

该模型共包含三种不同的自我状态。

如果我的行为、想法和感受是根据当下我身边发生的事而产生，并且我用尽了我作为一个成人可以得到的所有资源，那么我就处在**"成人自我状态"**（Adult ego-state）中。

有时，我的行为、想法和感受模仿自我的父母或者对我来说像父母一样的人物，那时我就处在**"父母自我状态"**（Parent ego-state）中。

还有的时候，我会回到童年时的行为、思考和感受方式中去，那时我就处在

"儿童自我状态"（Child ego-state）中。

请注意首字母的大写。当我们说自我状态时，我们会将它们变为大写（Parent、Adult、Child）。当首字母为小写时，我们指的是一个真实存在的父母、成人或儿童。

自我状态模型也可以称为PAC模型，PAC指代的是那三个单词的首字母。

当我们使用自我状态模型理解人格的各种成分时，我们就是在进行"结构分析"。

交流、安抚和时间结构

在我与你交流时，我可以选择任何一种自我状态向你发出对话——成人自我、儿童自我或父母自我。你的回答也可以来自你的任意一种自我状态。这种信息的交换被称为"交流"，它是社会交谈的基本单位。

用自我状态模型对一系列交流进行分析，严格来说就是"交流分析"。我们讲"严格来说"是为了表明我们是在谈论TA的这一特定分支而不是TA整体。

当我与你进行交流时，我会发出信号表示我在关注你，而你也会关注我。用TA术语来说，任何关注的行为都是"**安抚**"。人们需要安抚来维持身体和心理的健康。

当人们进行团体或一对一交流时，人们会以多种方式使用时间，我们将其列出并进行分析，这就是"**时间结构分析**"。

人生脚本

我们每个人在童年时期，都会把自己的人生编成一个故事，这个故事有开始、过程和结尾。在我们还是不太会说话的婴儿时，我们就写出了故事的基本情节；在之后的童年，我们给这个故事加入更多细节；在七岁时，我们已经把它的大部分都写完了；到了青春期，我们还会对它进行一定的修改。

成年后我们就不再知道自己为自己写了什么样的故事了，但是，我们很可能坚定不移地按照它来生活。我们在没有意识的情况下，朝着婴儿期决定的结局发展。

这个意识不到的人生故事用TA术语来说就是**人生脚本**。

人生脚本的概念和自我状态模型共同构成了TA的基本核心，而且人生脚本在心理治疗的实践中尤其重要。在脚本分析中，我们运用人生脚本的概念来理解人是如何在无意识中为自己设下困难并解决困难的。

漠视、再定义和共生

小孩子之所以确定这样一个人生脚本，是因为这是他在一个充满敌意的世界里能想到的生存和发展的最好方法。当我们处在儿童自我状态时，我们依然相信任何挑战我们婴儿期世界观的事物都会对我们需求的满足甚至我们的生存产生威胁。因此，我们有时会扭曲现实以使它符合我们的脚本。当我们这样做时，我们就是在进行"**再定义**"。

要使世界与我们的脚本吻合，一种方法就是选择性地忽略某个情境中的信息。我们在无意识的情况下，将某个情境中与我们脚本不符的部分忽略掉，这被称为"**漠视**"。

为了维持我们的脚本，我们成年后的关系模式有时也会仿照我们幼时与父母相处的模式进行，并且我们还完全意识不到。在这种关系中，一方扮演父母自我和成人自我的角色，而另一方扮演儿童自我的角色。此外，双方在行为过程中只会表现出三种自我状态而不是六种，这种关系就称为"**共生**"。

扭曲、点券和心理游戏

幼时我们可能会发现，我们的家庭对一些感受持鼓励态度，而对另一些感受则是禁止的。为了获得安抚，我们决定只表现家里允许的感受，但这个做决定的过程我们是意识不到的。长大后当我们按照脚本行动时，我们依然会用幼时家里允许的感受来掩盖我们的真实感受。这种感受的替代被称为"**扭曲**"。

如果我们体验到一个扭曲感受后不把它表达出来，而是将它贮存起来，这就叫贮存了一个"**点券**"。

"心理游戏"是指双方都体验到扭曲感受的一系列重复的交流。在这一系列交流中总会包含一个"**转换**"，也就是让游戏参与者体验到意外、不适的一个时刻。通常人们在玩心理游戏时不知道自己在玩。

自主

为了实现我们作为成人的所有潜能，我们需要更新婴儿期形成的应对策略。当我们发现这些策略不再适合我们时，我们就应当用合适的策略将它们替换掉。用TA的语言来说就是我们需要摆脱脚本获得"**自主**"。

TA的各种工具就是用来帮助人们获得自主的。自主的成分包括觉察、自发以及亲密的能力。这意味着我们在解决问题时，要有能力调动我们作为成人的全部资源。

TA的哲学

TA理论的形成基于几条哲学假设，这些假设是有关人、有关生活和有关改变可能性的陈述[2]。

TA的哲学假设包括：

▶人是好的。

▶每个人都有思考的能力。

▶人们自己决定自己的命运，但这些决定可以改变。

从这些假设中应运而生的还有两个TA应用的基本原则：
▶TA是一种合约性的方法。
▶TA需要开放的交流。

人是好的

TA最根本的假设是"人是好的"。

这句话的含义是你和我都有作为人的价值和尊严。我接受原本的我，也接受原本的你。这一假设是从人的本质角度说的，而不是从人的行为角度。

有时我可能不喜欢或不接受你的行为，但是我会永远接受你。对我来说，你作为人的本质是"好的"，但是你的行为可能不是"好的"。

我的地位不在你之上，你的地位也不在我之上，我们作为人都处在同等的地位。即使我们有不同的成就，这一点也不会改变。即使我们的种族不同、年龄不同、宗教信仰不同，这一点也不会改变。

每个人都有思考的能力

除了有严重大脑损伤的人之外，每个人都有思考的能力。因此，我们每个人都有责任为自己选择自己想要的生活，而且每个人最终也会得到自己的选择所带来的结果。

决定模型

你和我都是"好的"。我们有时会做出"不好"的行为。当我们做出这样的行为时，我们是在采纳自己幼时决定的策略。

作为一个婴儿，我们要想生存并从一个看似凶恶的世界中获得我们想要的东西，这些策略就是当时最佳的方法。成年后我们有时还会采纳这些策略，即便它是无效的或是会带来痛苦。

即便在我们小时候，父母也无法让我们按照一个特定的路线发展。当然，他们可以向我们施加强大的压力，但是，至于我们是服从这些压力还是反抗或忽略它们，决定权掌握在我们自己手里。

我们长大后依然如此，他人或"环境"不能让我们以特定的方式去感受或做出行为。他人或生活环境可以向我们施加强大的压力，但我们是否服从压力取决于我们自己。我们是自身感受和行为的责任人。

我们可以改变以前做的所有决定，即便是我们幼时形成的对自己和世界的看法也可以改变。当婴儿期的决定让成年的我们感到不适时，我们就可以回溯到当时的决定，然后用新的、更恰当的决定代替它。

因此，人是可以改变的。要想获得改变，我们不仅要深入地了解旧有行为模式，还要积极地做出决定改变这些模式。这样我们的改变才会是真实的和持久的。

合约性方法

如果你是TA治疗师而我是你的来访者，那么为了达到我想要的改变，我们需要共同承担责任。

该原则的基础假设是你和我是地位平等的。你无法决定你会对我产生哪些影响，同时我来你这里也不能期待你可以为我做所有事情。

由于我们双方都将参与到改变的过程中来，因此我们有必要清楚地知道我们各自都承担着什么任务，达成一个**"合约"**。

合约中要陈述各方的责任。作为一名来访者，我要说出我想达到的改变，以及为此我可以付出的努力。而你作为一名治疗师，要说明你愿意和我一起完成这个任务，你会尽你所能用你的专业知识帮助我，并告知我你想为此得到多少报酬。

开放的交流

伯恩强调来访者和治疗师都应当对整个治疗过程有全面的了解。该论断遵循的基本假设是人是"好的"以及每个人都有思考的能力。

在TA实践中，来访者可以看案例笔记，治疗师还会鼓励来访者学习TA的理论，这样，来访者就可以在改变的过程中担任一个平等的角色了。

为了沟通方便，TA理论以简单的语言来表述。与心理学其他流派常用的拉丁或希腊单词不同，TA使用的都是大众熟识的词汇，如：父母自我、成人自我、儿童自我、心理游戏、脚本和安抚。

有些人认为如此直白的语言只能反映思想的肤浅，但他们错了，虽然TA的语言简单，但它的理论却十分精深和逻辑严密。

图解人格：自我状态模式

[第二部分]

第二章
自我状态模式

回想你过去24小时的生活。

有没有哪一刻，你的行为、想法和感受与你小时候的一样？

有没有哪一刻，你的行为、想法和感受是很久以前，你从父母或对你很重要的其他人身上模仿来的？

有没有哪一刻，你的行为、想法和感受只是单纯地对你身边发生之事作当下直接的反应？不是以过去的、小时候的你而是以现在的、已长大的你做出反应？

●从过去的二十四小时中，针对上述三种行为、想法和感受方式，至少各找一例并写下来。●

你已经用自我状态模式完成了第一个练习。

想一想刚刚做的练习，你检查了人类的三种表现方式，每种方式内部都包含着一套行为、想法和感受。

当我按小时候的方式行为、思考和感受时，我就处在儿童自我状态中。

当我模仿父母或重要他人的行为、思考和感受时，我就处在父母自我状态中。

当我运用作为成年人拥有的所有能力，对身边发生之事做出当下直接的反应时，我就处在成人自我状态中。

在日常生活中运用TA时，我们会简化地说，"在（我的）儿童里""在（我的）父母里"或"在（我的）成人里"。

把这三种自我状态放在一起，就是TA理论的核心：三部分自我状态组成的人格模式。传统上，把它画成三个摞在一起的圆，如图2.1，分别用三种自我状态的首字母代表它们，因此该模式也被称为**PAC模式**。

这种简化图还没有对三种自我状态细分，是自我状态的第一层次结构图。在之后的章节中，我们将看到更为细致的第二层次结构图。

用自我状态分析人格，称为**结构分析**[1]。

父母自我状态
复制父母或重要他人的行为、想法和感受

成人自我状态
对当下做出直接反应的行为、想法和感受

儿童自我状态
再现小时候的行为、想法和感受

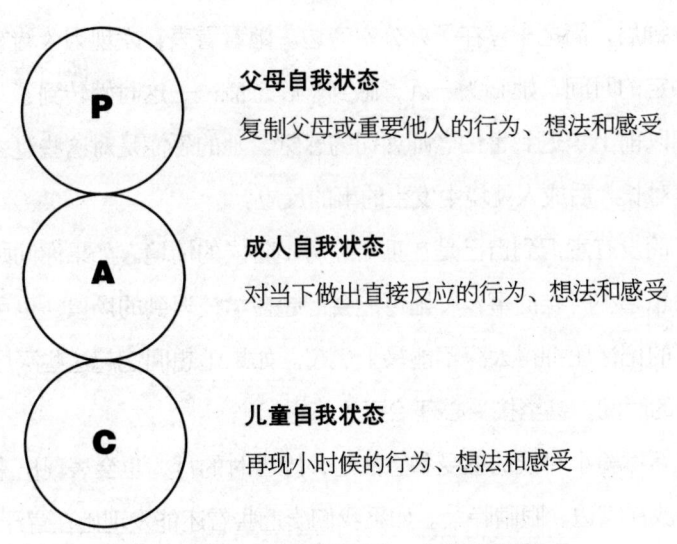

图2.1 第一层次结构图：自我状态模式

自我状态转换的例子

简开着车行驶在拥堵的路上。她时刻观察着其他车的位置和速度,注意着路标。她根据当下周围的情况来开车,她处于成人自我状态。

正在那时,一辆车超过了简并且突然插到了她的前面。那一刻,简害怕两辆车撞到一起,她飞快地瞥了一眼后视镜,发现后面没车就把车速慢下来以避免车祸。在这个过程中,她一直处于成人自我状态。她对当下危险的害怕是适当的,帮助她的身体更快地做出反应,从而避免撞车。

现在,刚才的那个司机已经在前方消失了。简撇着嘴、摇摇头对车上的其他人说:"这样的司机根本就不应该开车!"这时,简转换到了父母自我状态。她小的时候当爸爸开车时,她坐在爸爸身边,看到爸爸就是用这种撇着嘴、摇摇头的方式来表达对其他司机错误的不满。

一两分钟后,简把车停在了办公室旁边。她看看表,发现因为堵车已经错过了和老板约定的时间,她心头一沉,感到一阵恐慌——这时她转到了儿童自我状态:她想起以前上学迟到害怕老师惩罚的感觉。她的恐慌是对这些过去记忆的反应,而不是对长大后成人处境中发生的事的反应。

这时,简没有意识到自己是在重新经历小时候的情境。如果你问她:"这有没有让你回想起小时候的事?"她可能会忆起在学校迟到的场景,也可能因为她将这些痛苦的记忆压抑得太深不能马上忆起。如果她想回忆起这些深层的记忆,就要花更长的时间,甚至接受心理治疗才能想起来。

当简重新体验小时候的感受和想法时,她当时的行为也会表现出来:她的心跳加快、手放在嘴边、眼睛睁大。如果我们凑近些看还能发现她在冒汗。

过了一会儿,她想:"等等!我在害怕什么?我的老板是个讲理的人,她会理解我为什么迟到的。再者说,我可以把休息时间缩短,补齐错过的时间。"这样她又回到了成人自我状态。与她同车的人会看到，这时的她放松了、手从嘴边放了下来、露出了微笑，随后又大笑起来。这是一个已长大女子的笑，和一个恐惧的孩子紧张时的状态完全不同。

● 在继续往下读之前，回头审视你写的在过去24小时中的儿童自我、父母自我和成人自我状态。

儿童自我状态

回想你每一次的儿童自我状态，注意你体验到的感受。如果你重演当时的情境可能会有所帮助。

接着再记下你的想法。要想知道儿童自我状态的想法，最简单的方法是问自己："我在头脑中对自己说了什么？"探查你在头脑中对自己、对他人、对世界都说了什么。

最后，注意当你处于儿童自我状态时的行为。坐在镜子面前角色扮演儿童自我状态是一个好的方法。

检查这些感受、想法和行为是否是你小时候的所感、所想和所做的再现。你甚至可以识别出你在重演哪个情境，以及你当时的年龄。

父母自我状态

用同样的方法记下每一次你处于父母自我状态时的一整套相关的感受、想法和行为。如上文所说的，如果你愿意，角色扮演这些时刻。

要想知道父母自我状态中的想法，最简便的方法就是问自己："我妈妈或爸爸在我的头脑中说了什么？"你在头脑中听到的声音也可能来自其他的亲戚，比如姨妈、叔叔、祖父母或者老师。

检查当你处于父母自我状态时的每一刻，你在复制父母或重要他人时的感受、想法和行为。你可能很容易发现你在每个父母自我状态中模仿的是谁。

成人自我状态

最后，记下你能识别的、一整套相关的、每一个成人自我状态中的感受、想法和行为。

为了将成人自我状态与儿童自我状态、父母自我状态区分开，问你自己："这个行为、想法或感受是否成熟，能否恰当地应对当下情境？"如果你的答案是"是"，那么该反应就来自成人自我状态。●

你可能会发现，当你处于成人自我状态时，你能列出自己的行为和想法，但你列不出你的感受。很多时候，我们在没有体验到感受的情况下也能有效地应对当下的现实。但是，当处于成人自我状态时，我们确实也能够感受到情绪。

我们如何区分成人自我状态的感受与儿童自我状态的感受呢？成人自我状态的感受是一种恰当的处理当下情境的方式。请你回想简与前面那辆车快要相撞时的恐慌：她的情绪感受使她反应迅速，帮助她避免了一场车祸。

如果你以前从未接触过自我状态这个概念，你可能会疑惑：你列出的想法、感受和行为到底是属于成人自我状态、儿童自我状态还是父母自我状态？如果你有这样的疑惑，别担心，因为随着阅读的深入以及更多的练习，你会有大量机会来提高区分自我状态这项重要技能。

一个健康平衡的人格，需要全部三种自我状态。我们需要成人自我解决当下的问题，帮助我们以有能力、有效率的方式生活。要想融入社会，我们需要父母自我中蕴含的一系列规则。通过儿童自我，我们能够重演小时候享有的自发性、创造性以及直觉力。

自我状态的定义

伯恩对**自我状态**的定义是：一种前后一致的感受、经验模式，且该模式与一种前后一致的行为模式直接相关[2]。

伯恩用词精妙，因此，这里值得我们花一些时间弄清楚这个定义。

首先，伯恩认为**每个自我状态都是感受和经验的组合，而且它们总是同时出现**。

例如，当简发现自己错过约定的时间，她便开始经验小时候害怕被惩罚的记忆，与此同时，她还感受到恐慌。如果你询问简这件事，她会向你证实她在以这种方式重新经验小时候记忆的同时，感受到那时的情绪。简所有这些经验到的小时候的记忆以及伴随这些记忆的感受，都可以归入到简的儿童自我状态中。

其次，伯恩指出**每种自我状态的典型行为也总会同时出现**。观察简一段时间，就会发现她有三组不同的行为信号：一组对应她的成人自我状态；一组对应她的父母自我状态；一组对应她的儿童自我状态。每种自我状态对应的一组信号总会同时出现，而且每组信号之间有清晰稳定的区别。

例如，随着简睁大双眼、微微出汗、心跳加快，她的手也一定会举到嘴的附近。这些信号是她儿童自我状态的一部分。如果观察简一段时间，一定还能发现该行为模式中的许多其他行为，比如，她还可能会把头偏向一边、晃动双脚，说话时声音又高又颤。

还可以继续列出简在成人自我状态与父母自我状态中表现出来的行为。

现在让我们回到伯恩的定义，看看"直接相关"是什么含义。

伯恩的意思是说，当我经验到某种自我状态中的感受和体验时，也会表现出该自我状态对应的行为。例如，简经验到上学迟到时的童年记忆以及当时感受到的恐慌时，她还会表现出当时做出的一系列行为。这些行为与感受、经验直接相关，它们共同界定了简的儿童自我状态。

自我状态模式的意义在于，我们通过它在行为、经验和感受之间建立起稳定的联系。当你看到我表现出我惯常的儿童自我状态行为时，你就能推测出我同时也在重新经历小时候的经验和感受；当你看到我的行为发生改变，表现出成人自我状态的行为时，那你也就有理由推测，我现在的经验和感受来自我对当下情境的成熟回应；当我外在的行为是对我父母行为的模仿时，你就可以推知我内部的感受和经验也是从他们身上模仿来的。

●再次回顾你在过去24小时内处于儿童自我、父母自我和成人自我状态的例子。

首先，核对你发现的儿童自我状态的感受和想法是否总是同时出现。

其次，核对你发现的儿童自我状态的行为是否前后一致。

再次，核对你的儿童自我状态的行为是否总是与你的儿童自我状态的感受和想法联系在一起。

对父母自我状态和成人自我状态的行为、想法和感受也按照上述三个步骤一一核对。

比较你发现的这三组行为、想法和感受，核对它们之间是否有明显的区别。●

自我状态之间真的有区别吗？

本章的练习做到现在，你已经能够核对你的行为、感受和经验能否像自我状态模式所说的那样匹配成套。但是，有什么证据证明该模式能适用于普通大众呢？

第二章 自我状态模式

为了收集证据，我们所用的观察方法要尽量摆脱观察者的预设。我们选择的分析方法，能够帮助我们确定结果是否仅由偶然概率产生。在确定了恰当的观察与分析方法之后，我们需要探讨两个问题。

（1）人们是否像三种自我状态各自定义的那样，具有三套稳定、各异的行为。

（2）人们报告的经验和感受，能否像模式中预测的那样与各组行为线索联系在一起。

目前有大量的研究支持对这两个问题的肯定回答。对这些研究的详细介绍不属于本书的范畴，如果有兴趣，你可以根据本章的参考文献对该问题拓展阅读[3]。

自我状态与超我、自我和本我

自我状态模式对人格的三分法，让我们想起西格蒙德·弗洛伊德的人格三分模式。弗洛伊德认为存在三种"心理力量"：超我、自我和本我。

很明显，这两个模式十分相似。乍一看，父母自我状态像评判的"超我"，他"观察、命令、纠正、威胁"；成人自我与现实检验的"自我"相似；儿童自我像"本我"，包含着无拘无束的本能和驱力。

伯恩曾受过弗洛伊德精神分析学派的精神分析训练，因此这两个模型有相似之处也不足为奇。但有些评论者却进一步认为，伯恩的父母自我、成人自我和儿童自我状态只是对弗洛伊德提出的三种心理力量的通俗化。这样说他们就错了，伯恩在早期的著作中，已经指出了他的模式与弗洛伊德模式的不同之处。

首要的一点是，**父母自我、成人自我和儿童自我状态都是根据可观察的行为线索界定的**。相反，超我、自我和本我都是纯理论的、内部心理的概念（"内部心理"指"只在头脑中体验到的")。你不能通过看和听判断出我是否"处在超我中",但是,你可以通过观察来判断我是否处在父母自我状态中。

其次,**自我状态与具体的人相关,而弗洛伊德的三种心理力量却具有普遍性**。当一个人处在父母自我状态时,他表现得不只是一般意义上的父母,而是在重演她的一位父母或重要他人的行为、感受和想法。当他处于儿童自我状态时,他不只是表现得"像孩子一样",他会重新做出小时候的行为,并伴有相应的感受和经验。

父母自我、成人自我和儿童自我状态,每个自我状态中都有超我、自我和本我的影响。伯恩指出,处于父母自我状态中的个体会重演他父母的"所有行为,包括她的压抑、理智……冲动"。同样,成人自我和儿童自我也各自包含了压抑、理智和冲动。

伯恩在弗洛伊德模式的基础上,采纳了保罗·费登关于自我状态的观点——自我状态是自我在不同时间表现出的特定状态——进一步将自我分为三种可以从行为上观察得到的状态,并称他们为父母自我、成人自我和儿童自我状态。

弗洛伊德的模式和我们的模式不一样,但彼此也不矛盾。伯恩认为,最好把超我、自我和本我当作内部心理结构,他们会对自我状态产生影响。父母自我受到超我的影响最多,但同时也包含着自我和本我的元素;儿童自我深受本我影响,但也有超我和自我功能;成人自我比自我功能更强大。因此,伯恩定义的自我状态不仅包括内部心理层面,还涉及可观察的社交层面。这两种模式是描述人格的不同方式,不能枉论孰优孰劣[4]。

自我状态是名称,不是实物

你不能把自我状态放在手推车里,不能给它称重也触碰不到它,在身体或大脑的任何部位都找不到它。

这是因为自我状态不是一个实物，相反，它只是一个名称，一个我们用来描述一系列现象的名称，这些现象就是相互关联的感受、想法和行为。同样，父母自我、成人自我和儿童自我状态也不是实物，它们都只是名称而已，用来区分本章介绍的三组不同的感受、想法和行为。

与此同时，我们也有必要重申，自我状态的确代表着目前存在着或过去曾经存在过的"真实的人"的行为、想法和感受。当我处于儿童自我状态时，我是在重演曾经的我——一个真实儿童的行为、想法和感受；当我处于父母自我状态时，我是在重演小时候真实的父母——重要他人的行为、想法和感受；当我处于成人自我状态时，我是在展示现在真实的我——一个成熟的我的行为、想法和感受。

在做日常TA练习时，人们谈论自我状态，好像他是"我们拥有的某件东西"，比如说"我的儿童想找点儿乐子"，或者"你有一个强大的成人自我状态"。

以这种方式谈论自我状态的问题在于：我们会认为自我状态本身就是一种存在，与我们谈论的具体的人无关。当然，事实并非如此。并不是"我的儿童"想找点儿乐子，而是我想找点儿乐子，当我想找乐子时我处于儿童自我状态。并不是"我有一个强大的成人自我状态"，而是在处理与成人自我状态有关的事情方面，我有着卓越的能力，比如现实检验能力、可能性评估能力，等等。

在整本书中我们都会避免把自我状态当作"实物"来讨论，我们建议你也这么做。

措辞问题："只有三个"自我状态吗？

一个人可以有几种不同的自我状态？从PAC图的三个圆圈来看，这个问题的答案好像是"三个"。类似地，如果我们想到"我的儿童自我状态"或者"他的成人自我状态"这类短语，答案好像还是"只有三个"自我状态：意思是说，我们每个人三种自我状态一样只有一个。事实上到目前为止，本书已经多次使用"三个自我状态"这一短语。那么真的只有三个吗？

当你思考你已经了解的自我状态，你将认识到这个问题的答案是："不，比三个多。"

为什么是这样呢？对于每种自我状态来说，理由各不相同。

我们先来看父母自我状态。当你处于父母自我状态时，你在重演你的父母或其他权威人物的想法、感受和行为。很少有人只有一位重要的父/母或权威人物，即便你成长于单亲家庭，你身边也很可能有其他像父母的人，比如你的祖父母、兄长或老师。你分别复制了这些不同人物的想法、感受和行为，因此你会表现不同的父母自我状态的想法、感受和行为。当你这样表现时，你还会体验到这些不同父母自我状态的想法、感受和行为。

对于儿童自我状态，原因在于每个人小时候都有好多时间点，他们长大后可能重现那些不同的时间点。你在做本章前面的练习时追踪过自己自我状态的转换，你可能已经发现了这种现象。例如，我有时会"重新做回"十二岁的我，有时重新体验六岁的我，还有的时候重新活出两岁时的样子。在这些不同的年龄点上，我会展现出不同的儿童自我状态，同时我还会体验到当时的想法、感受和行为。

成人自我状态呢？我们知道，"处于成人自我状态"意味着我们的思维、感受和行为是对当下的直接回应。因此，任一时刻，我们只能体验到一种成人自我状态。因为有很多不同的时刻，所以你会体验到不同的成人自我状态。事实也是这样，你无法抓住"现在"：如果这个时间点还没发生，它属于未来；如果这个时间点已经发生，它属于过去。为了避免无尽的哲学思辨，伯恩提出了一个简单的解决办法：我们应该把"现在"界定为**目前的二十四小时，从你今早醒来开始，直到你明早醒来为止**。[5] 以此推论，今天你有一个成人自我状态，明天又会有一个新的成人自我状态，如此往复。从这个角度来看，你会表现出并体验到

"不止一个"成人自我状态。

"三个自我状态"——一种简写

根据以上所述，一些TA作者建议，我们应该把自我状态称为是"三种"（或"三类"）。他们还进一步提议，我们应当避免说"三个自我状态"，或者使用"他的儿童自我状态"这类短语。

这些作者用词很精确，但是在本书中我们不会遵从这些建议，如你所见，我们已经打破了他们建议的规则。我们之所以放宽用词限定，是因为：首先，这种词汇在TA文献中已经沿用多年，因此即便你在这里看不到，在别的书中也会看到；其次，如果我们坚持使用"自我状态的类别"，那么许多讨论就会变得冗长、十分不便。例如，不妨回想一下，本章前面提到的简的自我状态转换的例子，我们每次在说"简处在她的儿童自我状态"时，都得改成"简转换到了她儿童自我状态类别中的一个自我状态"。

综上所述，我们都有三个以上的自我状态，但是"我的父母自我状态"这类短语以及"三个自我状态"是有用的、广为使用的方式，因此，我们在本书中会使用这种简写方式。

我们在第四章中将向你展示，如何通过给第一层次自我状态模式增加细节，以体现"多个自我状态"。

过于简化的模式

《人间游戏》一书在20世纪60年代中期的畅销使TA成了"大众心理学"。一些作者、演讲者加入了商业化的行列，为了给TA扩大销路，他们对一些伯恩的原创观点进行了简化。他们强调TA那些令人印象深刻、显而易见的特点，筛除了那些需要深入思考或密切观察的部分。

正是在那一时期，一种过于简化的自我状态模式风靡起来。我们今天仍会看到这种通俗化的模式，这是TA人士以及其他领域的专业人士对TA产生误解的根源。

在本部分我们会带大家看一看这种过于简化的模式。我们不建议你使用，我们也不会在本书中使用。我们之所以把这种过于简化的模式展示在这里，是因为你可能会在TA的早期文献中遇到，同时，在许多人的思想中你也会看到这个模式的影子，这些人学习TA的时间多是在浮躁的20世纪60年代。

过于简化的模式包含哪些内容呢？"当我思考时，我处于成人自我状态；当我感受时，我处于儿童自我状态；当我做价值判断时，我处于父母自我状态。"

就这么多！当一个其他领域的专业人士听说这个就是TA的主要基石时，他可能会疑惑地问："只有这么多吗？"[6]

在读过本章对自我状态模式的介绍后，你可能会好奇到底这个过于简化的模式与伯恩的原初模式有没有相似之处。事实上是有的，**过于简化的模式展示出了每种自我状态的一些典型特征，但它忽略了对该模式来说同样重要的其他特征。**

我们首先来看看在过于简化的模式中哪些是真实的，与伯恩的原初模式有哪些相似之处？

你知道当我处于成人自我状态时，我会运用我作为成人的所有资源来回应当下情境。一般来说，这都会引导我去解决问题。我很可能会体验到自己"正在思考"，而观察我行为的人也可能会把我的行为解读为"正在思考"。

当我处在儿童自我状态时，我会重演我小时候的行为、感受和想法。孩子，尤其是年幼的孩子，主要通过感受应对周围的世界。因此，当我处在儿童自我状态，我会经常体验到自己"正在感受"，而在这时，观察我的人也会证实我的确

第二章　自我状态模式

像是在"表达感受"。

当我处在父母自我状态时，我会模仿一位家长或是父母样的人物，我的行为、想法和感受与他们在我小时候表现的一样。家长在孩子面前常常设定规则，告诉孩子该做什么，不该做什么，或者是发表关于世界的评论。因此，一般当我处在父母自我状态，我会做我父母做过的事，对"应该做的事"做出价值判断。

因此，过于简化的模式给了我们识别自我状态的简单的初级线索：当我在成人自我状态时，我常常思考；当我在儿童自我状态时，我常常感受；而当我在父母自我状态时，我常常做价值判断。

但是，这些显而易见的线索与自我状态的完整描述相去甚远。过于简化的模式完全忽略、没有提到：**任何一种自我状态都有思考、感受和价值判断。**

过于简化的模式的一个更严重的错误是对于自我状态的时间维度只字未提。伯恩多次强调，父母自我状态和儿童自我状态是对过去经验的反映。在儿童自我状态中，我是在重演我自己小时候的行为、想法和感受。在父母自我状态中，我是在模仿我自己过去的父母或重要他人的行为、想法和感受。只有在成人自我状态中，我是以成人的身份、运用当前所有的资源来回应环境。

过于简化的模式对于不严肃的书或者作为饭后谈资，也许是个不错的话题，但这无助于我们对真实TA的深入了解。基于此，在本书以后各章中，我们将抱持伯恩原初的自我状态模式。

第三章
自我状态的功能分析

在本章和下一章中，我们将继续构建更加详细的自我状态模式，这些模式从结构和功能两个角度解释自我状态。

结构模式展示自我状态里面有什么；**功能模式**将自我状态细分，展示我们如何运用自我状态。将以上想法用更正式的语言表达就是：自我状态的结构模式探讨自我状态的组成部分；自我状态的功能模式对自我状态进行描述。

- 结构="内容"=组成部分
- 功能="如何"=描述

功能模式对于初学者可能更易理解[1]，如图3.1。

功能模式描述人们如何使用和表达自身的自我状态，这意味着我们需要聚焦于这些自我状态的可观察的行为。正是出于这个原因，图3.1中的细化模式有时被称为"行为描述"。（"TA101"在最近的课程大纲中使用了此概念，见附录F。）

第三章　自我状态的功能分析

控制型父母自我　CP | NP　照顾型父母自我

A　成人自我

适应型儿童自我　AC | FC　自由型儿童自我

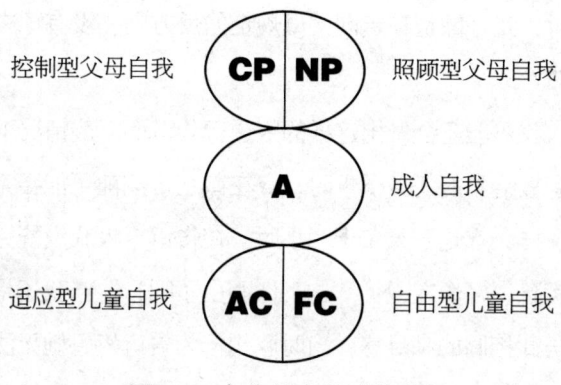

图3.1　自我状态的功能分析

适应型儿童自我和自由型儿童自我

假设我处于我的儿童自我状态，我会用我小时候的方式行为、思考和感受。

我小时候在大部分时间里都在适应父母或重要他人的要求。我学到要想活下去，我最好还是礼貌地对待我的邻居，哪怕我不太喜欢他们；擦鼻涕时，我得用手绢而不是袖子，即便袖子更方便。在我更小的时候，我发现当我安静时父亲会更喜欢我，因此，只要他在我身边，我大都会保持安静；母亲喜欢我的笑，不太喜欢我哭泣或生气，因此，在母亲身边时，我大多数时间都会笑，即便有时我很悲伤、想哭或是愤怒、想对她吼。

现在我长大了，我还经常按照小时候的决定做出行为以符合父母的期待。当我这样做时，我就处在**适应型儿童自我**中。

我小时候有时也会反抗父母为我设定的规则，不迎合他们对我的期望。当父亲背对着我时，我会对邻家的小女孩做鬼脸；当我独自一个人时，由于对用手绢的厌烦，我会痛快地用袖子擦鼻涕；甚至有的时候我很讨厌在母亲身边时要笑，于是我就整天阴着脸给她看。

当我这样做时，我好像是在走向父母规定的反方向，没有顺应他们的预期，竭尽所能地反着来。

当我长大后，我可能还会做出这样的叛逆行为，而一般情况下我意识不到我行为的叛逆。当老板给我的任务很重时，我在截止日期前可能会完不成。其实我的时间和别人的一样，都是一天二十四小时。在告诉老板我没能完成工作后，我会隐隐感到一种满足，好像在说："这下你明白了吧！"当我还是四岁时，我就从叛逆中得到了与此相同的满足感，当时我用行为告诉妈妈她无法让我吃掉盘子里的最后一块土豆。

然而，这样的叛逆行为依然是对小时候设定规则的回应。因此，我还是处在适应型儿童自我中。

一些早期的TA作者将叛逆归入另一种自我状态，并将其称为叛逆型儿童自我。在一些现代文献中，你还可能看到这种用法。本书将遵循更为通用的看法，把叛逆看作适应型儿童自我中的行为。

有时，我小时候的行为与父母的压力无关，既不顺应父母的预期，也不违抗他们，我只是按照自己的意愿行事。我的宠物鼠死了，我哭是因为我伤心；妹妹推我，于是我生气又推了她；我花很多时间读故事、玩拼图，不是为了取悦我的父母，而是为了自己开心。

长大后当我处在儿童自我状态时，我有时也会像小时候那样无拘无束地做事，这种时候我就处在**自由型儿童自我**中，也有人用自然型儿童自我描述这类行为。

因此，功能模式将儿童自我状态分成适应型儿童自我和自由型儿童自我。为了体现这种区分，我们把自我状态模式图中的儿童自我状态分成两部分（见图3.1）。

正面和负面的适应型儿童自我

长大后我们很多时候处在适应型儿童自我中——我们要遵循成千上万条规定，才能保证自己的生存，保证自己被世界接纳。日常生活中，我们依规而行之前不会有意识地思考这些规定。过马路前我会左顾右盼，这是我第一次自己去上学时父亲和老师嘱咐我的。晚宴上，我坐在餐桌的某个位置，如果我想吃蔬菜需要别人帮忙时，我会说"请"。当我还是孩子时，我就把它练成了自动化的行为，因为我很清楚如果我不这样做，人们会认为我"不礼貌"。如果他们认为我不礼貌，那我就得花更长的时间才能吃到蔬菜。

适应型儿童自我的行为就是以这种方式为我们服务的。通过遵守规则，我们能舒服地得到自己和他人想要的东西，而且还能节省大量心理能量。想象一下，如果你每次坐在餐桌旁都要重新回想一遍用餐礼仪，那会多麻烦啊！

我们可以用**正面适应型儿童**自我指代适应型儿童自我中的有益行为，也有作者用另一个短语来表示，即好的适应型儿童自我。

相反，当我们重演的小时候的行为与现实情境不相符时，我们称之为**负面（或不好的）适应型儿童自我**。小时候我发现，表现得不开心是从父母那里得到关注的强有力手段。而长大后我有时还会用不开心来获得我想要的东西。当我这样做时，我忽略了作为成年人的选择，我本可以简单直接地要求我想要的东西。

小时候，我可能因为"炫耀"而被母亲批评过，也可能我在班上背课文受过同学的嘲笑，因此我可能得出一个结论：在人前彰显自己是不安全的。长大后，当我要在公众面前演讲时，我会脸红、结巴，觉得丢人，还会对自己说："我真不擅长演讲！"但当下的事实是，我完全有能力讲好，而且这个情境对我来说没有一点儿风险。

我们所有人都会在某些时候表现出负面适应型儿童自我的行为，在本书后面的章节中，你会明白其中的原因。TA实现个体改变的目标之一，就是充分利用成人的选择，用新的、有效的模式替代那些旧的、无效的模式。

正面和负面的自由型儿童自我

自由型儿童自我的行为有正面（好的）和负面（不好的）两种。"处在自由型儿童自我中"意味着你正在表现小时候的行为，无视父母设定的规则或限制。如果这些行为在成年人的世界中是有益的并能改善生活品质，就会被归类为正面的。比如说，当我参加一个愉快的聚会，或是和孩子或宠物玩耍，我会"让自己再做回一个儿童"，像我小时候那样自由地展示我爱玩的和快乐的天性。

假定我小时候决定顺应我的父母，永远不能表达生气。长大后我依然无意识地使用这个策略掩盖愤怒，我可能变得抑郁或肢体紧张。或许在治疗过程中，我决定让自己表达愤怒，暴怒地击打垫子，终于将多年积存的自由型儿童自我的能量释放出来。之后我觉得舒服多了，身体也放松了。

类似地，很多人长大后依然深藏着儿童自我中的悲伤、恐惧或对肢体接触的渴望，无法释放。在一个安全的环境中释放这些情绪，这就是**正面的自由型儿童**自我的行为。

自由型儿童自我的行为有时明显是负面的。在一个正式的晚宴上大声打嗝虽然满足了未经核查的儿童自我的冲动，但在社交层面让自己更不舒服，还不如忍住。

> ●回想你过去的二十四小时，写下你在正面适应型儿童自我中的情境。你在这些情境中表现出什么行为？你能忆起你在重演小时候的什么情境吗？
>
> 用这种方法写出你处在负面适应型儿童自我、正面自由型儿童自我和负面自由型儿童自我时的情境。
>
> 处于正面适应型儿童自我中的人会做出什么行为，用一分钟时间写下你对这类行为的描述。（如果你在带领一个团体，可以做一分钟的头脑风暴并安排一个人记下这些词。）
>
> 对于负面适应型儿童自我、正面自由型儿童自我和负面自由型儿童自我也做同样的练习。●

控制型父母自我和照顾型父母自我

在我小时候，我的父母有时会告诉我该做什么、控制我或者批评我。"上床睡觉！不要跑到路上！擤擤你的鼻涕！真聪明、真笨、真好、真调皮、真公平、真不公平……"当我模仿我的父母做出这些行为时，我就处在**控制型父母自我**中（有时也称作批评型父母自我）。

也有些时候我的父母会关心照顾我。母亲可能搂着我，父亲在我睡前讲故事；当我摔伤膝盖时，我的父母安慰我，给我拿来创可贴；当我重演父母照料我的行为时，我就处在照顾型父母自我中。

我们把功能模式中的父母自我状态一分为二，就像对儿童自我状态的划分一样（见图3.1）。

正面和负面控制型父母自我与照顾型父母自我

一些TA作者对父母自我状态的两个类别各自做了正面和负面的划分（也可以用"好的"和"不好的"来替代"正面"和"负面"）。他们认为，当父母性的指令确实是为了保护对方或者给对方带来好处时，指令发出方就处于正面控制型或批评型父母自我中。医生可能命令病人："不许抽烟！这对你身体不好。"他在重演小时候从父母那里得到的命令："走路时不要走在车的前面！"

负面控制型父母自我或批判型父母自我的行为是对他人的贬低（漠视）。老板对秘书吼道："你又犯错了！"这时，他可能在重演自己六岁时一位易怒的老师的语调和手势，因那时这位老师对他说了同样的话。

正面照顾型父母自我意味着真诚且带着尊重地关怀需要帮助的人；**负面照顾型父母**自我则以居高临下、蔑视的方式"帮助"他人。表现正面照顾型父母自我行为的人可能对同事说："这件事你需要帮助吗？如果有需要，请不要客气！"

表现负面照顾型父母自我行为的人可能会走上前说"来,我帮你做这个",并把活儿从对方手中拿来,替他完成。"令人窒息的母亲"是负面照顾型父母自我的典型例子。

● 回想你的某一天,记下你对他人表现出控制型父母自我的情境。在这些情景中,哪些来自你的正面控制型父母自我?哪些来自你的负面控制型父母自我?你能想起在这些情境中你模仿的是哪位家长或重要他人吗?

对你在某一天中展现的正面或负面照顾型父母自我做同样的分析。

用一分钟,写下你能想到的描述某个人的正面控制型父母自我行为的所有词汇(若在团体中,请做一分钟的头脑风暴)。

对负面控制型父母自我、正面照顾型父母自我和负面照顾型父母自我进行同样的练习。●

成人自我

一般来说,功能模式不会对成人自我状态进行细分。我们把运用成人的资源对当下情境进行回应的行为都归为成人自我的行为。

现在我们已经了解了功能模式的各个组成部分,见图3.1。

自我图

在你的人格中,每种自我状态的功能有多么重要?杰克·杜谢发明了一种直观地显示每种自我状态重要性的方法,他称之为"自我图"[2]。

画自我图的方法是:先画一条横线,在这条横线上写出主要的五种自我状态名称。为了节省空间,用它们的首字母代替全称,即把控制型父母自我写作CP,自由型儿童自我写作FC等。按照图3.2中的顺序写下这些名称。

| CP | NP | A | FC | AC |

图3.2

之后,在每种自我状态名称的上方画一个竖柱,竖柱的高度表示你使用该自我状态的时间多寡。

先画出你使用得最多的自我状态的竖柱,再画出你使用得最少的自我状态的竖柱。凭直觉判断你在两种自我状态中所花时间的多少,以此决定两种自我状态的高度。

例如,如果我认为自己使用成人自我最多,使用照顾型父母自我最少,那么我需要先画出这两个竖柱,就像图3.3那样。

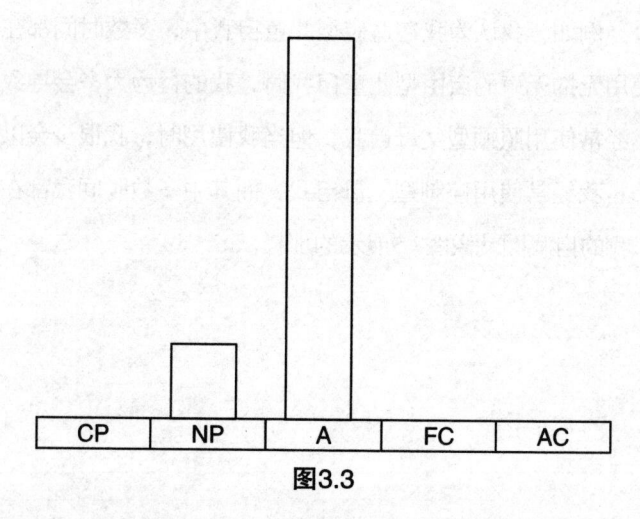

| CP | NP | A | FC | AC |

图3.3

接下来,要画出剩下的三个竖柱,这个自我图才算完成。竖柱的高度代表你在该自我状态中所花的时间。图3.4是已经画好的自我图。

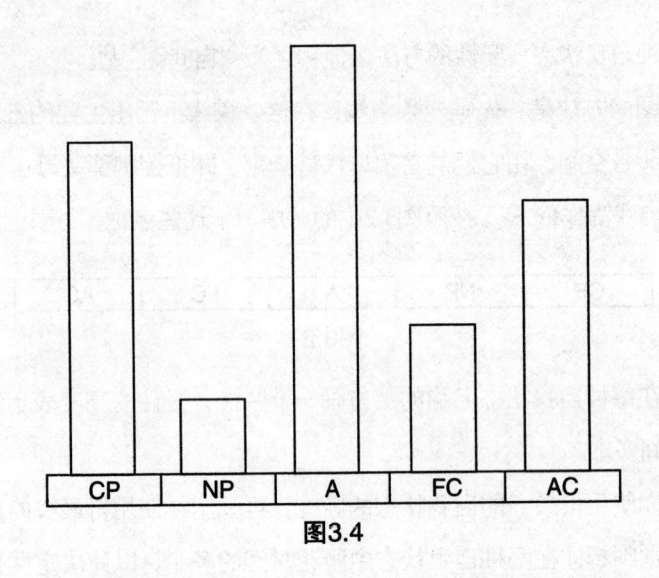

[图3.4：CP、NP、A、FC、AC 五根竖柱的条形图]

图3.4

每个竖柱的绝对高度不重要，重要的是它们与其他竖柱相比的相对高度。

杰克·杜谢没有说要把每一竖柱再分为正面和负面两部分，但区分出来也是蛮有意思的。你可以在CP、NP、FC、AC中用阴影表示它们的负面部分，剩下的就是正面部分。例如，我认为我在适应型儿童自我中，多数时间都在正面地遵循规则；当我使用无拘无束的自由型儿童自我时，我的行为大多会导致舒适、有益的结果；我不经常使用照顾型父母自我，但当我使用时，我很少会以负面的方式让人"窒息"；我经常使用控制型父母自我，而其中多数时间我都在正面地指导他人。这样，我的自我图就像图3.5展示的那样。

正面的　　负面的

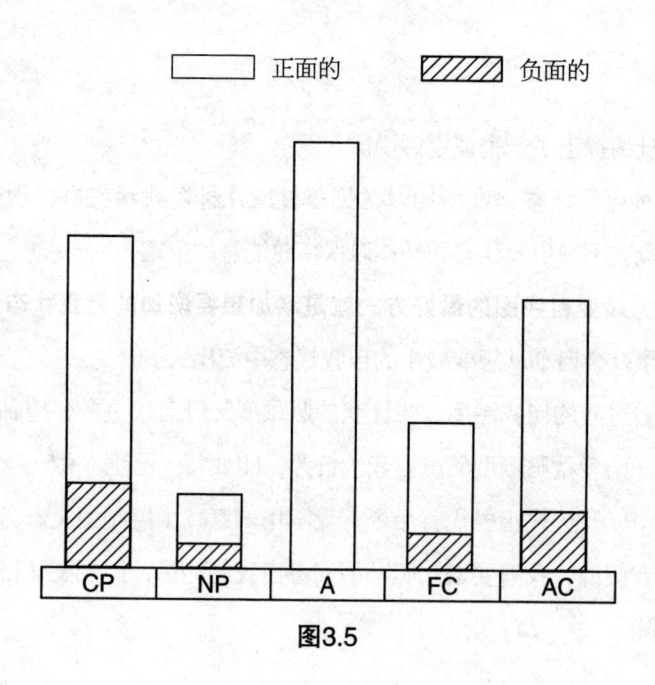

CP　NP　A　FC　AC

图3.5

● 开始画你自己的自我图吧。

如果你正在做团体训练，边画边向另一位团体成员分享你的想法。要用直觉快速完成。

关于你自己，你学到了什么呢？

有些人觉得一个自我图在所有情境中都适用；也有人发现他们需要画两个或更多的自我图，可能一个用在"工作"中，另一个用在"家"里。如果你也是这种情况，那就针对每种情境各画一幅。你有什么新发现？

向一个熟悉你的人解释你的自我图，请这个人画出你的自我图。对比他和你画的自我图，你有什么新认识？●

恒定假说

杰克·杜谢提出了一个恒定假说。

"当一种自我状态强度增加时，另一种或几种自我状态则呈现代偿性的减少。心理能量在不同自我状态间转移以保持总能量的恒定。"

杜谢认为**改变自我图的最好方式就是增加想要增加的自我状态**。当这样做时，心理能量就会自动从想要减少的自我状态中流出去。

假设我看过我的自我图后，想让我的照顾型父母自我更多，控制型父母自我更少，我就开始多做照顾型父母自我的行为，比如每天给别人做一次背部按摩，或者在工作中以开放式指导代替命令。我不用刻意减少控制型父母自我的行为，因为根据恒定假说，我只要增加照顾型父母自我的能量，控制型父母自我的能量就一定会下降。

● 你的自我图有什么想改变的吗？

如果有的话，想一想你需要增加哪种自我状态才能实现这种改变。

在你想增加的自我状态中，至少列出五种新行为，在接下来的一周内表现这些行为。

之后重新画出你的自我图。如果可能，找一个熟悉你的人给你画一幅新自我图。（不要告诉他们你在自我图中想要实现的改变是什么。）你的新自我图符合恒定假说吗？●

功能模式只描述行为，不描述感受或想法

在第一章和第二章中我们讲过，每种自我状态都是"一套前后一致的想法、

第三章 自我状态的功能分析

感受和行为"。而从本章的介绍中你会发现,功能模式只描述三大特征之一——行为。从这个角度看,你可以说功能模式只涵盖了自我状态"三分之一的内容"。但是,这三分之一却是自我状态中至关重要的一部分,因为这三者中只有行为是可以直接观察的。

提出功能模式是为了解释人们如何表现行为,而不是为了解释人们为什么表现这样的行为。功能模式描述我们看到、听到的关于他人的"外显"行为,不评判他人"内部"发生了什么。这对于我们研究人际交流模式非常有用,它帮助我们客观地观察"一方对另一方说了什么和做了什么"以及"另一方回应时说了什么和做了什么"。

然而,这种对于行为的关注也有缺陷。功能模式乍一看很吸引人,见到该模式的人都能从直观上知道"控制型父母自我"和"自由型儿童自我"这些名称指的是什么,因此,人们很容易认为自我状态只包括行为,比如"她的样子和声音就像一个开心的孩子,因此她处在自由型儿童自我中"或者"那个人很照顾人,这说明他处在照顾型父母自我中"。

如你所知,这些想法是不准确的。要想"全面"了解一个人处于哪种自我状态,我们不仅需要考虑其行为,还需要把想法、感受与行为结合起来。

我们可以这样谈论"自我状态的功能"吗?

近年来,一些TA作者认为既然功能模式不涉及感受和想法,我们做功能分析时最好也不要使用"自我状态"一词。他们还提出,我们最好不要用熟悉的三个圆的图来画功能模式,因为这三个圆圈与自我状态联系太紧密了。

到底用什么来替代自我状态的名称和三个圆图,许多作者提出了自己的意见。本书作者之一(IS)提出了一个由五个矩形组成的"五行为模式",它们的名称分别是控制、照顾、信息加工、适应和自由表达。苏珊娜·坦普尔(Susannah Temple)也使用矩形表示她的"九种行为模式",并整合了我们上面提到的传统功能模式中"正面"和"负面"的部分[3]。

  但是到笔者写这本书为止，这些图形和名称并未成为TA的主流理论，也许在本书的未来版本中它们会大放异彩。与此同时，我们希望你能记住，因为功能模式只关注行为，所以它没有涵盖自我状态的全部内容。在接下来的两章中，我们会向你介绍自我状态其余的内容，告诉你如何识别自我状态的这三个特征——想法、感受和行为。

第四章
第二层次结构模型

在上一章的功能模型中我们给自我状态做了细分，以说明它们是如何在行为中得以体现的，即它们的"描述"。而现在，我们要用第二层次结构模型来看自我状态中都包含了什么，即它们的"组成部分"。

从我出生的那一刻开始，我就在体验世界。我将这些体验都贮存在记忆中。

我们的记忆中真的有一块地方，将我们生活体验中的每个时刻都贮存下来吗？我们能够将它们都回忆起来吗？没有人确切地知道，可能是我们的潜意识把它们都贮存下来了。目前我们还不清楚这种贮存是如何完成的，但是我们知道人的确保有对过去的记忆（有一些可以轻松地回忆起来，还有一些就不那么容易了）。对童年早期的回忆尤其困难，这些记忆只能通过梦、幻想以及其他触及潜意识的方式回忆起来，比如催眠或肌肉测验（能量心理学中的一种技术）。

我们在本章中所用的"记忆"一词，比日常语境中的含义广泛。在日常交往中，我们所说的"记忆"只是我们回忆起来的过去的事件或经历，但这里我们不仅指回忆。当然，回忆是这个过程的一部分，除了将这个事件或经历贮存起来以外，我们还会将当时的情感、想法和行为都贮存起来。在我们回忆起某个事件的同时，我们还会重新体验我们在事件发生时的感受、想法和行为。换句话说，这些第二层次的自我状态是经历过的现实，我们可以像我们的父母或我们儿时的自己那样去感受、思考和行动。

我们每个人的记忆中都贮存着无数的想法、感受和行为体验，就像我们在上文中所描述的那样。第二层次结构模型的目的是在自我状态的框架下将这些记忆分成有用的类别。

如果你愿意，你可以将第二层次结构模型想象成是一个档案系统。想象有一个商人坐在桌前，每一天他都要处理各式各样的文件——收到的信件、做出的回复、账单、员工记录，等等。当一天的工作结束时，他不会将这些文件随意丢进地上的麻袋里，相反，他会有条理地把这些文件存到他的档案系统里。

他这样做的原因显而易见。通过这样一个档案系统，他可以把文件按照对他生意有益的方式组织起来。假设他需要绘制一份财务报表，他只需找出名为"账单"的文件夹，那里面所有的支出记录都可以直接为会计所用。

同样，TA从业者用第二层次结构模型为个体有关想法、感受和行为的记忆遗迹归档，而归档的方式也将有助于他用结构分析理解该个体的人格[1]。

图4.1展示的是第二层次结构模型。该模型作为一种"档案系统"是如何运作的呢？

当我们还是孩子时，都会从父母那里收到一些信息。对于收到的每条信息，我们都会按照一定的方式来思考它，并对该信息形成一定的幻想。面对这些信息我们还会体验到一些情绪，之后我们决定如何回应它。此外，我们的父母还会告诉我们关于这些信息为何重要的原因，这些原因所包含的内容不仅是它们表面的含义，也传递着隐藏的情绪信息。

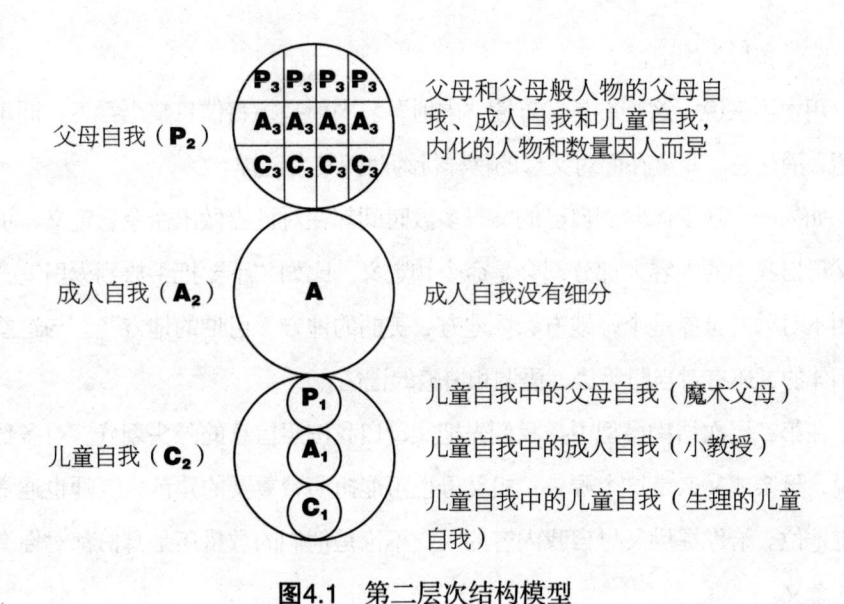

第四章 第二层次结构模型

图4.1 第二层次结构模型

- 父母自我（P_2）：父母和父母般人物的父母自我、成人自我和儿童自我，内化的人物和数量因人而异
- 成人自我（A_2）：成人自我没有细分
- 儿童自我（C_2）：
  - 儿童自我中的父母自我（魔术父母）P_1
  - 儿童自我中的成人自我（小教授）A_1
  - 儿童自我中的儿童自我（生理的儿童自我）C_1

在第二层次结构模型中，我们从父母或父母形象者身上获得的信息都贮存在P_3里，他们告诉我们的关于这些信息为何重要的原因贮存在A_3中，而信息中隐藏的含义贮存在C_3中。

我们自己对于这些信息的想法成为A_2的内容。

遵循或不遵循这些信息会造成什么后果，我们对此产生的幻想构成P_1；针对自己的幻想，我们产生一定的感受，这些感受贮存在于C_1中；最后，我们将做什么的早期决定来自A_1。

接下来我们将详细讲解模型中的各个"文档类别"。

第二层次结构：父母自我

你已经知道，父母自我状态代表着你从父母和父母形象者身上内化得到的所有想法、感受和行为。因此在结构模型中，父母自我的内容就是对于父母性想法、感受和行为的记忆。

用术语来说,这些就是父母性"内射"。内射是指将信息整个吞下,而不是咀嚼、消化它。儿童在面对父母的榜样行为时尤其会这样。

如果一个孩子体验到自己的父母多数时间都在对世界做出命令、定义,那么他父母自我中的内容大部分都会是命令和定义。比如"不要把手放到火里""偷东西不对""世界是个好地方、坏地方、美丽的地方、可怕的地方"。与这些语句相伴的,还有对当时手势、语调和情感的记忆。

在第二层次结构模型中,我们先把父母自我按照信息的源头划分。对多数人来说,母亲或父亲是这个源头;祖父母也可能扮演着重要的角色,老师也通常有一定地位。给你提供父母自我内容的人,不论是他们的数量还是身份都对你有独特的意义。

接下来我们知道,每个对你来说具有父母形象的人都有各自的父母自我、成人自我和儿童自我,这就形成了图4.1中的第二层次父母自我。

注意,按照惯例我们通常把整个父母自我状态记为P_2。但是,不同学者对P_2下细分出来的P、A、C有不一样的标记方法。在这里我们将它们记为P_3、A_3和C_3。

父母自我中的父母自我(P_3)

我的父亲从他的父母那里内射了许多口号和命令。他将这其中的一些传给了我,我则将它们同我从母亲那里获得的信息一同贮存在了我的父母自我里。这样一来,代代相传下来的信息就可以在父母自我中的父母自我中贮存下来。例如,苏格兰的父母告诉他们的孩子:"喝粥能让你长得壮,每天早晨你都要把它喝完。"想象一下,他们的祖先穿着动物毛皮,每天早晨在洞穴里一边搅着粥一边跟他们的孩子说同样的话。

第四章　第二层次结构模型

父母自我中的成人自我（A_3）

父母自我中的成人自我包含一系列对现实的陈述，这些陈述是个体从自己父母自我中的人物那里听来或者模仿来的。这些陈述中有许多是客观的，但也有一些是父母们对世界的错误认识或幻想。另外还有一些，它们曾经是事实，但现在已经不是了，比如"人无法在月球上行走"这句话就已经过时了。

父母自我中的儿童自我（C_3）

母亲、父亲和老师各自都有一个儿童自我状态，当我把它们内射到我的父母自我中时，我对他们儿童自我的感知也就成为内射的一部分。当我回忆他们时，我能触及他们儿童自我的感受、想法和行为，而且我可以像父母在我童年时那样去感受和反应。

我母亲在她小的时候做出决定，只要她阴沉着脸、扮作不开心，她就可以从他人那里得到自己想要的东西。后来到了我小的时候，要是她想从我这里得到什么，她依然会阴沉着脸，表现出不开心。所以现在我的父母自我中就有这样的信息——当我在管理他人的时候，我可以用阴沉、不开心的方式让他们按我的想法办事。

第二层次结构：成人自我

成人自我指的是我在回应当下情境时所产生的想法、感受和行为。这说明成人自我这个"文档类别"，贮存着我作为成人所具有的现实检验和问题解决策略。

在成人自我中，我们不仅可以找到应付外部世界的现实检验策略，还可以找到我们作为成年人对自身父母自我和儿童自我的评估。例如，我的P_2中有一个父母自我的命令——"过马路前要左右看"。作为一个成年人，我已经对此信息进行过评估，我认为它在现实中有道理，于是这个结论最终会被贮存到A_2中去。

多数时间我都处在成人自我中，因此他人和我的体验就是我正在"思考"。但如果你回想第二章的内容，成人自我从定义上来说还包含当下的感受和想法，那么你就会疑惑，感受如何有助于问题解决呢？想象下面这个场景，一只老虎从动物园跑出来了，从窗户跳进你的房间。如果你和多数人一样，当下你就会感到恐惧，而这个感受将极大地提高你的逃跑速度。

我若现在感到悲伤，这就会成为我解决另一种问题的方法，也即解决丧亲或丧物之痛。

在第二层次结构模型中，我们一般不会对成人自我再进行细分。在展示A_2时，我们只在图中画一个圆圈。

第二层次结构：儿童自我

个体贮存的童年经历都是儿童自我的组成部分。

要给这上百万条的记忆分类，我们可以用多种不同的办法，一个很容易想到的方法就是按照它们发生的年龄分类。一些TA学者，如范尼塔·英格里斯便做了此项工作[2]。

但是通常我们对结构性儿童自我的划分采取另一种方法，如图4.1所示。这背后的原因很简单，因为当我还是孩子时，我就已经具有父母自我、成人自我和儿童自我状态了。

每个孩子都有基本的需求和愿望（儿童自我），她幻想出实现它们的最佳方式（父母自我），同时，她还可以用直觉来解决问题（成人自我）。

为了表现这层含义，我们在儿童自我的大圈里又画了父母自我、成人自我和儿童自我。

儿童自我中的这三个内部分类，一般记为P_1、A_1和C_1。第二层次结构模型中的儿童自我状态被称为C_2。

儿童自我中的父母自我（P_1）

每个孩子在早年生活中都学会了要遵守特定的规则，这些规则通常都是由母亲或父亲制定的。

小孩子和成人不同，她没有足够的推理能力检验这些规则，也没有办法根据它们的合理性选择是否遵从它们。其实，她只知道这些规则是一定要服从的，但因为她经常不愿服从，于是她就会想办法吓唬或引诱自己来服从。

"如果我晚上不做祷告，魔鬼就会从火里跳出来抓我。"

"如果我不把饭吃完，妈妈就会离我而去，再也不回来。"

"如果我表现好，所有人都会爱我。"

幼年的儿童就是用这种魔术般的方法将父母发出的信息贮存起来的。由于这是孩子对父母信息含义的幻想，因此它们就成了孩子父母自我中的内容。长大后，我可以回到儿童自我中获取这些信息，它们构成了我儿童自我中的父母自我，即P_1。

这种魔术般幻想出来的父母自我，常常比实际的父母要可怕得多。即使家长爱孩子、竭尽所能照顾孩子，孩子还是会认为父母给自己发出了毁灭性的信息，如：

"马上去死！"

"不要从任何事情中获得快乐！"

"你不能思考！"

为了体现这种严苛的特质，早期的TA学者给P_1命名了很多恐怖的昵称，如巫婆父母、怪物和猪猡。

但是，孩子这种夸大的想象除了有坏的一面，也有好的一面。儿童自我中的父母自我还可以是仙女教母、好仙女和圣诞老人，因此我们倾向于将P_1称为"魔术父母"。

伯恩称P_1为"电极"，它的含义是儿童自我会几近强迫式的对这些有关奖惩的想象做出反应。

儿童自我中的成人自我或"小教授"（A_1）

儿童自我中的成人自我，即A_1，是儿童所有问题解决策略的集合。这些策略随着儿童的成长改变和发展。儿童发展领域的学者对这些改变做过细致的研究，如果你想深入了解儿童自我中的成人自我，那么他们的研究则是你的必读材料[3]。

当我还是一个小孩子时，我对探索周围的世界充满了兴趣。但我探索的方式并不像成人所说的那么具有"逻辑性"，我的探索更多以直觉和第一印象为基础。与此同时，我学新知识的速度比成人快得多。因此，鉴于儿童的这种能力，A_1还可以被称为"小教授"。

成年后，我依然可以回到儿童自我中，运用A_1的直觉和创造力。

儿童自我中的儿童自我（C_1）

六岁的简正躺在地板上，读着学校新发的书。一只猫走过来，简抬起头，伸出手去抚摸它。但今天这只猫心情不好，看到简伸来的胳膊上去就挠，结果挠伤了简。

紧接着，简六岁的大脑忘记了思考，她蜷成一团叫喊起来。妈妈闻声从另一个房间跑过来，在妈妈帮她处理好伤口、给她安慰之前，简处在婴儿的状态中。也就是说，六岁的简又回到了她一岁时的儿童自我状态中。

这件事成为简久远的记忆。成年后，当她回忆当时的场景时，她会首先进入她六岁时儿童自我中的成人自我（看书）；之后她会转到C_1，那个儿童自我中更早期的儿童自我里，并感受到当时被抓伤时的疼痛和惊慌。

婴儿在体验世界时主要凭借他们的身体感觉，这些感觉构成了儿童自我中儿童自我的绝大多数记忆。因此，也有人称C_1为"身体的儿童自我"或"婴儿"。

你见过俄罗斯套娃吗？当你把外面一层娃娃拧开时，里面会出现一个小一点儿的娃娃；而你拧开这个小一点儿的娃娃后，它的里面还有一个更小的娃娃；你拧开这个更小的……

第二层次模型的儿童自我就像这样。在我六岁的儿童自我中，我有一个年纪更小的儿童自我，比如三岁的我。在那个儿童自我中还会有一个年纪再小一些的儿童自我，一直这样进行下去。我们在画图时，不会把这些全部画出来。但如果你是治疗师，那么你要记住这种结构，因为随着对来访者治疗的深入，这种对不同年龄的儿童自我进行追溯的过程是很重要的。

将C_2与我们之前介绍的成人自我和父母自我放在一起，我们就得到了一个图4.1那样的完整的第二层次结构图。

第二层次结构的发展历程

（作者注：本部分内容已经超越了"TA101"要求的标准，但我们认为将它放在这里还是有必要的，因为通过阅读这部分内容，你可以深入了解人从婴儿期到成年自我状态的发展。如果你对TA还比较陌生，你可以先通读这部分，以后再回过头来研读。）

儿童刚出生时只有C_1（婴儿）。当我们深入C_1去观察，我们会发现一个更为早期的结构：P_0、A_0和C_0。它们代表着我们一出生时的人格结构。该结构蕴含了我们在胚胎期形成的先天功能和适应手段。C_0是我们的本能驱力与饥渴；P_0是婴儿为了实现需求而先天具有的功能；最后，A_0是先天的问题解决机制。例如，C_0说自己饿了，P_0就用哭声来向环境发出信号，当外界无人应答时，A_0会哭得更大声。当有人喂奶时，P_0会本能地吸吮乳汁，A_0会想办法找到乳头。对于这种本能的运作方式，我们可以举出无数例子。婴儿在六个月大之前都会运用这些自我状态，之后A_1（小教授）就会开始发展。

A_1是孩子充满直觉性、创造性和天才的部分，它对世界及其运作方式无比好奇，并能用感受和直觉（右脑加工）来理解事物。儿童可以从对周边事物的掌握中获得极大的乐趣，比如学习站立、行走、爬高、自己吃饭等。这种状态持续到十八个月大，随后他们的A_2（成人自我）便发展。

A_2代表人格中逻辑和理性的部分（左脑加工）。这种思维方式以语言为基础，因此在儿童开始说话前，即十八个月到两岁前它是不会出现的。为了获得自主，儿童开始表明自己的意愿并且说"不"。他的这些做法经常和父母的意愿背道而驰，因此为了在自己的想法和父母的想法之间达成平衡，他就需要思考了。适量的挫败可以激励儿童思考；但一旦挫败过多，儿童便会出现反叛行为。挫败太少也对儿童不利，它会使儿童处于被动状态，让父母为孩子做一切。因此，父母向孩子提出清晰明确的期待和限制，能够帮助孩子学会思考。P_1（魔术父母）到三岁左右便开始发展。

P_1是儿童对世界运作方式的幻想，它以A_1直觉性的观点、经验和解释为基础。孩子们的许多认识都来自他们的魔术世界：女巫、怪物、圣诞老人、仙女教母，等等。这一阶段儿童的信念具有夸大性，它既可以是正向的，也可以是负向的。"如果我做X，全世界都会爱我、喜欢我。如果我做Y，全世界都会讨厌我、拒绝我。"儿童在这一阶段用魔术想法来控制行为，是为了吓唬自己从而不做父母不让做的事。在三到六岁这段时间，儿童首次尝试以魔术想法为基础来建立脚本。到六岁时，儿童自我（C2）就完全形成了，而P_2（父母自我）也开始在A_2思考（指推理，而非直觉）的基础上逐渐发展。

P_2指理性父母而不是魔术父母，尽管如此，P_2中依然有一些来自父母儿童自我的非理性的、魔术的想法。P_2中所包含的内容，大多是从父母和其他权威人物身上内化来的，而不是由儿童自身创造出来的。它包含了父母的所有自我状态（P_3、A_3和C_3），同时还包含了儿童A_2中关于做事最佳方式以及做事原因的决定。如果父母允许孩子问为什么一些事很重要、为什么我们要做这些事，那么孩子就能学着把成人自我的思考和父母自我的信息结合起来。八到十岁以前，P_2的信息只会从内部对儿童的行为产生影响，之后，随着儿童父母自我权力的增大，他便可以在与他人的交流中使用父母信息。十二岁时个体的成人自我和父母自我全部形成了，至此，个体便拥有了一套完整的第二层次人格结构。个体以后还会体验新经历、学习新信息、形成新价值观，但是他的基本结构和能力不再变化。

我们在此只是概述了第二层次结构的发展过程，如果你想对此话题更深入地学习，你可以参考本章的参考文献，尤其是潘·莱文、席芙夫妇和巴布莱克与凯波斯的著作[4]。

区分结构模型与功能模型

要想有效地运用自我状态模型，你需要清楚地了解结构和功能之间的区别。两者概念之间的混淆，长久以来一直阻碍着TA理论的发展。

其实，它们之间的差别很容易理解，只源于一个你已经知道的事实：功能模型是对观察到的行为的分类，而结构模型是对贮存起来的记忆和策略的分类。

只要记住这一点，你就能准确地区分结构和功能。

本书的作者之一（范恩·琼斯）在一篇文章中对这种区别做过更全面的探

讨，该文章发表在1976年的《人际沟通分析杂志》上[5]。他写道：

"伯恩在区分结构和功能模型时十分谨慎，我相信他之所以这样做一定是有原因的。当代的许多学者都想把这两者等同起来，这就像是认为'轮子'和'正在转动'是一样的。这两个模型表征着现实的不同层面。在自我状态分析中，'结构'指人格的组成部分，而'功能'或'描述'指人格在特定时空的运作方式。打个比方来说，这就像是从不同角度来看给房子制热、制冷的加热泵。我们可以从'结构'的角度来观察这个加热泵，我们会发现它有压缩机、导风器、恒温器等零件；我们还可以从'功能'或'描述'的角度观察它，我们发现它能制热、能通过传送空气来降温、还要用电等，这些都是对整个系统在特定时空如何运作的描述。"

当你想区分结构和功能时，你可以回想轮子和加热泵的例子。

此外，你还知道另一种叙述该区别的方法：

▶结构＝"什么"＝组成部分
▶功能＝"如何"＝描述

为什么正确区分它们如此重要？

每当我们讨论人与人之间的交流时，我们就要从功能的角度来思考；当我们考虑个体的内部状况时，我们就要从结构的角度来思考。

用术语来说就是：**TA在人际问题方面需要从功能角度入手，而在个体的内部问题方面需要从结构角度入手。**

本书第三部分关于"沟通"的讨论，基本全是在说功能；而第四部分的"人生脚本"主要是和结构有关。

当我通过观察和倾听判断你所处的自我状态时，我只是从功能模型的角度对你做了判断。可能我看到你的头歪向一边，你皱着眉，把一根手指的指尖放在了嘴里。根据这些现象，我认为你可能处在适应型儿童自我中。

我不能根据上述方法判断你是处于"小教授"还是"父母自我的父母自我"中，这些名称决定了你的记忆来源，但不能决定你的行为。只有当我听到你说的内容时，我才能对你的第二层次结构做出判断。

如果我想了解你的"小教授"或者"父母自我的父母自我"中所包含的东西，也就是什么而非如何，我就要做些侦查工作。总的来说，我要问你许多问题，此外，我还要对人格类型以及儿童发展的相关知识有所了解。

下一章我们介绍伯恩的四种自我状态诊断途径，并把它们同"结构—功能"的区别联系在一起。

结构与功能的关系

两个事物之间既有区别又有联系，结构模型和功能模型之间的关系就是这样。很明显，我的行为表现在一定程度上取决于我内部的记忆和策略。

假设我的行为是典型的负面适应型儿童自我状态。我蜷缩地坐着、胳膊和腿紧紧地抱在一起、牙关紧闭、脸涨得通红、汗从前额上大颗大颗地流下来。如果你当时看到我，你觉得我内部正处在哪种结构性自我状态中呢？

你可能认为我的身体感觉来自身体的儿童自我，即C_1。我可能确实在这个自我状态里，但我也可能是想起了恐怖的怪物或巫婆父母，那是我三岁时贮存到P_1中的形象。

还有可能我是在模仿我的父亲，他童年时受到威胁就会蜷缩成一团、脸涨得通红。如果是这样的话，我就处在父母自我中，也就是父亲给我的他的儿童自我（父亲的C_3）。

当然，我也有可能是在演戏，我做这些是为了实现一个你不知道的成人目的。如果真的如此，那我的内部可能就是在成人自我（A_2）和小教授（A_1）中变换着。

再重申一遍：当你通过看和听观察我时，你可以观察到功能；但是对于结构，你只能做出推测。

第一层次模型既包含结构也包含功能

在第二章中你看到了简单的由三个圆圈构成的自我状态图。你知道由于这些圆圈没有细分，因此这是第一层次模型。伯恩称之为"第一层次结构模型"。TA文献经常使用这个全称。该三圈模型可以展示结构：每个圆圈象征了自我状态的内容，即它的感受和经验。

但仔细想一想，你会发现该模型也可以展示功能。这一点可以根据伯恩对自我状态的定义看出："一个一致的感受和经验模式，并与相应一致的行为模式直接相关。"换句话说，行为也即功能，是每个自我状态的重要组成部分。因此，第一层次模型既包含结构也包含功能。

这意味着你在使用简单三圈模型时也可以做功能分析。这样，你就不用非得画出第三章中细分为五部分的完整的"功能模型"图了。伯恩在进行交流分析时用的基本都是简单的第一层次模型（交流指人与人之间的沟通）。本书在讨论交流时（第七章）也会用相同的方法。

第五章
自我状态的识别

伯恩列出了四种识别自我状态的方法，它们是：
- ▶从行为的表现来判断
- ▶从社交的互动来判断
- ▶从过去的经验来判断
- ▶从现象的体验来判断

伯恩强调诊断时最好多种方法同时进行，而且要做出完整的诊断，需要按上述顺序把四种方法都用一遍。在这四种识别方法中，从行为的表现来判断最重要，其他三种都是用来对它进行核实的[1]。

从行为的表现来判断

从行为的表现来判断是通过观察个体的行为来判断其自我状态的诊断方法。在观察过程中你要看或听：

▶话语

▶语调

▶手势

▶姿态

▶面部表情

通过同时观察这些线索，你可以对一个人的功能性自我状态做出诊断。可是，这些线索相互间具有一致性吗？

比方说你看到我端正地坐在椅子上，身体以中轴线为基准自然平衡，两脚稳稳地放在地上。从这些身体线索中你可以判断出我的行为属于成人自我的行为。

你观察我的脸，看到我眼神平和、面部肌肉放松；当我说话时，你听到我语调平稳。现在面部表情和语调就可以共同证明我在行为上处于成人自我。

但是仅凭单一线索本身不足以证明这些。假如我正坐在那儿谈自我状态模型的原理，你记下了我的话，这些话就像是来自成人自我。但如果你观察我，你会发现我把一只脚搭在了另一只脚上、我的头向一边倾斜、左手在敲打着椅子的扶手。虽然我的语言像是成人自我的语言，但是从手势与姿态来看，我处在适应型儿童中的可能性却是最大的。

自我状态有"标准的识别线索"吗？

TA书籍通常都会列出行为表现的标准线索表。比如，摇手指是控制型父母自我的行为，充满怨气的声音代表适应型儿童自我，叫喊着"哇哦！耶！"是自由型儿童自我的线索，等等。

但是，这种"标准线索"对于自我状态模型的本质会有一些挑战。

"标准线索"意味着当我处在适应型儿童自我中时，我会像儿童一样适应父母的要求。类似地，当我表现得像一个家长在照顾孩子时，我就处在照顾型父母自我中。

第五章 自我状态的识别

但是自我状态模型却不是这个意思。那么，模型用语的真正含义是什么呢？当我说我"处在我的儿童自我中"时，我的意思是我在按照我儿时的样子去行动、思考和感受，而不是随便任何一个孩子。当我说我"处在照顾型父母中"时我就是在按照我父母的样子去行动、思考和感受，而不是"一般意义上的父母"。

因此，要想从行为上确定我是否处在适应型儿童自我中，你就得知道我小时候听从父母要求时在外貌和声音上有什么表现。要想识别出我的照顾型父母自我，你就得知道我父母这么多年是怎么照顾我的。

我的适应型儿童自我和自由型儿童自我的行为线索与你的不一样，因为我们当时是不一样的小孩。而且因为我们有不一样的父母，所以我们控制型父母自我和照顾型父母自我的行为也不尽相同。

那么，这是否意味着"标准线索"表就一无是处呢？

幸好，该问题的答案是"不是"。当孩子们听父母的话或者做出自发行为时，还是有一些共通之处的。父母们在控制或照顾孩子时，也会有相似的表现。因此，如果我们找的是这些具有典型性的行为，那么我们就可以有效地对功能性自我状态做出诊断。但要注意，这个诊断只是个开始。

为了让我们的诊断更加确凿，我们还需要去了解这个人。这样一点儿一点儿地，我们就可以列出这个人在各种自我状态下的独特行为了。

在此，我们希望你能列出自己的行为线索表，而不是由我们提供一个标准的模板。

●拿出一大张纸，在上面画出六个竖列。最左端竖列的名称写作"线索来源"，其余五个竖列的名称分别是功能性自我状态模型的五个类别，即CP、NP、A、FC、AC。

回到"线索来源"这一竖列，将下面这五个标题依次列出：

·话语

·语调

·手势

·姿态

·面部表情

再画六条横线穿过这些竖列，使每个竖列下面都有五个空格。一个空格留着写"话语"，一个写"语调"，以此类推。

这样做是为了让你在每列中填写自己的行为线索。

我们以控制型父母为例。你要在这里填写的行为线索是你模仿你父母控制或命令他人时的样子。想一想，你在什么情况下容易进入控制型父母自我（CP）的状态？可能是你在工作中管理下属时。如果你已经为人父母，想一想你在教导孩子时会做出什么样的行为？

这里我列出了我在控制型父母自我（CP）中可能出现的行为。

话语："不要这样！停！要这样做。做得很好。这样不对。你应该。你必须。"

语调：深沉、共鸣、严厉。

手势：右手在空中上下挥动。把两手手指对在一起形成一个塔尖的样子。双手交叉放在头后。

姿态：很靠后地倚在椅子上。头向后仰，"用鼻子对人"。

表情：嘴角微微朝下，眉毛抬起。

这些线索可能对你也适用，但最主要的还是要找出你自己的独特线索。现在就开始画吧。

只写出人们可以看到或者听到的东西，不要做解释。比如说，在"面部表情"一栏就只写人们能看到的你脸部的动作。不要用诸如"居高临下、颐指气使、高傲"这类词，这就是在解释。当你注视我、倾听我时，你可能会觉得我颐指气使，但这种特性不是你观察到的，而是你在头脑中形成的一种理解。你需要通过不断地练习培养自己对所观察事物的觉知。如果你想进一步对你的观察做出解释，那你就要明确你的观察和你的解释是两个不同的东西。

填完控制型父母（CP）这一列后，你可以用同样的方法继续填写其他列。对于照顾型父母来说，你要写下你模仿父母照顾他人时的行为。如果你本身已经为人父母，你可能就会在照顾自己孩子的时候表现出这种行为。

对于适应型儿童自我来说，你要写下的行为线索是你重演儿时听从或违抗他人时所做的行为。这些行为可能出现在你听从或违抗他人时，比如你的伴侣、老板等。

对于自由型儿童自我来说，你需要回想最近你有没有像儿时一样，既没有遵从他人的命令，也没有违抗他们。也许当时你正在坐过山车，当车子冲下坡时你在捂着脸尖叫；也可能你正和你的孩子在儿童戏水池里玩，你很快就和他们打成了一片，叫着、笑着，互相往彼此身上泼着水。

回想一下，各处功能性的父母和儿童自我都有着正面和负面的表现形式。当你在压制别人时，你有来自负面控制型父母自我的行为吗？如果你是位家长，你会不会偶尔让孩子感到窒息？如果你有过这种行为，那么当你处在负面照顾型父母自我时，他们会从你身上看到、听到什么？当你和老板对话时，你会不会感觉到自己一方面正爬向他，一方面又希望自己离他很远？如果你有过这种想法，那么当你看自己负面适应型儿童自我的录像时，你会从中看到什么，听到什么？

在成人自我这一栏里，你要写出你根据当下成年的自己而做出的行为。可能是你最近在工作中和同事交换信息的一个场景，可能是你在超市按照购物清单买东西，也可能是你在阅读一本书，从中学习有关自我状态的知识。你要记住，成人自我不只包括当下的想法，也包括当下的感受。因此，适合于当下情境的情绪表达也是成人自我的行为。

在自由型儿童自我这一栏下，你要写出你以前作为一个自发的儿童时的行为，而非一个自发的成人的行为。●

在观察我的行为线索时，有时你需要再多问几个问题，来帮你判断这些行为到底符合哪种自我状态。假设你看到的我正没精打采地坐着、身体向前倾、头埋在手里、嘴角向下、深深地叹了一口气、眼里满是泪水。

根据这些线索，你猜测我是在表达悲伤，但这时我处于何种自我状态呢？我有可能是刚听说有位亲人去世了，这样的话，我的悲伤就是对当下的一个恰当反应，也就是说我正处在成人自我状态中。还有可能是我刚记起了幼时丧亲的经历，在此之前我从未让自己对这件事展露过悲伤，这种情况下，我表现的感受就来自自由型儿童自我。还有一种可能是我在重演负面适应型儿童自我的行为模式，我想用没精打采和悲伤的样子来操控身边的人。

为了核实你对我行为线索评估的正确性，你还需要问一些问题，如我与他人关系如何？我有着怎样的个人成长史？我的父母有什么特点以及我会重演童年的哪些经历？

下面我们学习伯恩的另外三种诊断方法，请用这些方法检验你之前为自己列出的行为线索清单，根据所学知识对该清单进行修改与补充。

从社交的互动来判断

之所以从社交的互动来判断，是因为他人跟我交流时会根据我所用的自我状态来调整他们自己，因此，知道他们回应我时所用的自我状态，就能对我自己的自我状态做一个核实。

例如，如果我用父母自我跟你交流，那你很有可能就会用儿童自我回应我；如果我以成人自我与你交流，那么你也很可能用成人自我来回应我；如果我用的是适应型儿童自我，那么你可能会用父母自我来回应。

因此，如果我发现人们常用儿童自我回应我，我就有理由相信，我可能经常在用父母自我跟他人交流。如果我是一个经理，我的团队成员不是讨好我就是在背后违背我的命令，这两种行为都像是适应型儿童自我的回应，因此，我可能常常意识不到我是在对他们使用控制型父母自我。若我想改变这种局面，我可以列出我在工作环境中所用的控制型父母自我的行为，然后，再试着用成人自我的行为替代它们。同时，我的团队成员回应给我的自我状态，还可以作为社交互动的判断检查我父母自我行为改变的程度。

●回想一下，最近有没有人用儿童自我回应过你。你是通过哪些行为线索判断他在用儿童自我的？

你是不是用了控制型父母或照顾型父母从而诱发了这种回应呢？如果是这样，请你审查你的行为线索清单，看看对方是通过哪些线索认定你是处于父母自我中的。

要想让对方用另一种自我状态回应你，你要如何改变你的行为？

回想他人最近对你做出的成人自我和父母自我回应，做同样的练习。●

从过去的经验来判断

在根据过去的经验做出判断时，我们会对个体的童年进行询问。我们会了解有关他们的父母以及父母样的人的信息，这样，我们就能对他们的功能性自我状态进行再次核查，同时还可以认识到他们的自我状态结构。因此，根据过去的经验判断，既可以了解过程也可以了解内容。

假如你正在一个团体中，身体前倾、眉头紧皱，你用手遮着眼说："我蒙了，我现在没法思考。"从行为表现来看，我认为你正处在适应型儿童自我中。

若从过去经验角度来诊断，我会问你："小时候当别人让你思考时，你有什么感受？"或者我可能会问："在我看来，你现在像是个六岁的孩子。你现在能想起童年时的什么事吗？"你可能会想起："对了，我父亲以前逼我读书，我把词念错了他就笑我。所以我以前为了气他就假装自己很笨。"

在另一个场景里你可能正靠在椅背上、头向后仰，顺着鼻子看向你的邻居，你对她说："你刚才说得不对，真实的情况是……"随后她可能就退缩了，耸了耸肩并抬起了眉毛，像处在适应型儿童自我中那样。这样，行为和社交两种线索就都说明了你正处在控制型父母自我中。要想得到过去经验方面的核实，我会问："你能保持现在的姿态不动吗？你父母在向你讲述事情真相时这样坐着吗？"你可能突然大笑说："是啊，这次还是我爸！"

你的回答核实了我的行为诊断。在发现你的行为符合适应型儿童自我后，我又接着证实了你的内心正在重演童年时你对父母压力做出的回应。而当你表现出父母自我的行为线索时，你又报告说你是在模仿父母的行为。

回顾你为自己列出的行为线索清单，运用过去经验的判断，对每个自我状态中的线索进行再核查。

第五章　自我状态的识别

061

当你在核查控制型父母自我和照顾型父母自我时，你要回想你的每个行为是模仿自哪位父母或父母样的人。和这些行为相伴的，你还模仿了哪些想法和感受？

核查适应型儿童自我和自由型儿童自我时，你要回想你小时候是在什么情况下做出了这些相同的行为。当时你多大？出现了什么想法和感受？

对于成人自我的核查，你要确认你列出的行为并非是对儿时的重演，也不是你模仿来的父母行为。

之后你会发现，有一些行为线索其实需要换到其他列里去。比如，你最初列为成人自我的行为，可能更适合放在适应型儿童自我那一列。

从现象的体验来判断

像现在正在真实发生一样体验过去的情境在我身上很少发生。伯恩写道："……现象角度的证实只会在……个体能完全重历当时自我状态的情况下才会发生。"

假设你刚回想起你父亲逼你读书，并在读错时笑话你的情境。如果咱们俩在做治疗，我就会让你回到童年的那个场景。可能你会想象父亲正站在你面前，你要对他说出你六岁时没能说出的话。你开始可能对他抱怨，然后你的愤怒会重新点燃，你大喊道："这不公平！"同时，你对着垫子击打，就像在打父亲一样。这时，我们就能根据现象的体验来判断出这是你儿童自我的一部分内容了。

伯恩在这里使用"现象的"一词的含义与字典里的不同，他没有解释为什么这样使用，读者只要了解伯恩的"现象的"含义如上所述即可。

实践中的自我状态诊断

在理想状态下，这四种诊断方法我们都会用，但实际上这通常是不可能的。当我们不能把所有方法都用上时，我们只能尽可能地做出最正确的诊断。

当我们把TA用于组织、教育和沟通训练中，或仅仅用于维护与他人的日常关系时，我们主要都是按照行为表现做出回应的。社交的互动能给我们提供一些支持，但即便是在TA治疗中，根据行为表现判断也是自我状态识别的首要方法。

为了更有效地使用TA，你要持续不断地练习和完善你的行为诊断技术。时常回顾自己的自我状态线索表，随着你对自身自我状态的转换有了更深的觉察，你可以不断修改你的线索表。

如果可能的话，你可以给自己录音或录像，逐秒分析你的自我状态线索。如果有录像，你可以将话语、语调和身体信号的改变与内部的感受结合起来。

养成在与人交流时进行行为诊断的习惯，比如在你开会、上课时，在与配偶、老板、员工谈话时。留意对方与自身的自我状态转换，一开始你可能感到尴尬，但你要坚持下来，直到它成为你的第二本能。

不要向对方透露你的分析内容，除非他想知道！

在可能的时候，抓住机会用过去的经验和对现象的体验对行为诊断进行核实，但前提是要事先获得他人的明确许可。这样核实得越多，你的行为诊断就会越准确。

表现的自我和真实的自我

为了便于我们讨论自我状态，我们到目前为止假设一个人在某个时刻只处于某一种自我状态。然而现实没有这么简单，一个人的行为可能符合一种自我状

第五章 自我状态的识别

态,但他体验到的自己却可能处于另一种自我状态。

例如,想象我正在单位和同事讨论一个企划案,刚开始,我的精力全部都在手头的这个问题上。如果你观察我行为表现的话,你能准确地判断出我正处在成人自我状态。我内部也体验到我正处在成人自我状态,即我正在对当下进行回应,我正在交换信息、评估信息。

但随着谈话的持续进行,我逐渐感到了厌烦,我在头脑中对自己说:"真希望我能离开这里,今天天气这么好,能到外面透透气就好了,但估计没戏……"现在我的体验处于儿童自我中,我在重演小时候坐在教室里上无聊的课时,又想出去玩的体验。

虽然我感到厌烦,可是我还要继续手头的工作,因此在行为层面,你依然会看到我在和人交换意见。表面上看,我的行为依然处在成人自我中,但我的行为却已不再符合我体验到的自我状态。

为了描述这种现象,伯恩提出了表现的自我与真实的自我这两个概念[2]。

当个体的行为处于某种自我状态中时,我们说这种自我状态具有表现的力量。

而当个体体验到自己正处于某种自我状态中时,我们则说他体验到的自我状态是他真实的自我。

通常来说,具有表现力量的自我状态就是个体体验到的自我状态,即真实的自我。以上例来说,当我开始工作讨论时,我的成人自我既具有表现力,也同时是我体验到的真实自我。

但在我生出厌烦情绪后,我的真实自我变成了儿童自我,可是我的表现方式依然符合成人自我。因此,我的表现力依然保存在成人自我状态中。

假设我的同事又谈了一段时间,我打着哈欠,完全不知道他在讲什么,可他却要我对他的一个观点提意见,于是我就会红着脸对他说:"对不起,我走神了。"或者我会说:"我需要呼吸一点新鲜空气。"然后打个招呼就出去了。这样我的表现力就在儿童自我中,同时我体验到的真实自我也在儿童自我中。

● 至少举出三则表现力在一种自我状态里，而体验到的真实自我却在另一种自我状态的例子。

在过去的一周中你自己有过这种经历吗？ ●

不一致性

很明显，表现的自我与真实的自我又给自我状态诊断带来了一些麻烦。由于有表现力的自我状态决定着个体的行为，因此我们会认为个体的行为线索就标志着这个自我状态。只要个体体验到的真实自我也是该自我状态，那么我们就可以根据行为诊断对个体的内在体验有一个准确的认识。

可是，如果个体的真实自我变为另一种自我状态，而他的表现力仍然留在原始的自我状态中怎么办？你要如何用行为诊断发现这种变化呢？

事实上，有时你根本发现不了，尤其当个体的活动水平相对较低时更是如此。比如你看我端正地坐在那里听讲座，没什么动作，也不说话。你首先从行为上猜测我正处在成人自我状态，但是内心里我可能正处在儿童自我状态。如果不做进一步的询问，你绝对不会知道这一点。

通常来说，会有一些透露真相的行为线索。当他表现的自我与真实的自我不相同时，你会发现他的行为和他内在的体验是分离的。他会出现这样的外部表现：他最显著的行为会指向他表现的自我状态，但同时，他还会有一些细微的行为与表现的自我状态不符，它们符合个体体验到的真实自我。

用术语来讲就是，他的行为具有不一致性。

在我和同事讨论时，我最显著的行为一直都符合我表现的自我状态，即成人自我。但如果你仔细观察我的行为，听我说的话，你会发现当我厌烦了并把真实自我变为儿童自我后，我身上发生了一些变化。在我变化前，我说话的音调会有明显的起伏,但现在我的音调很平淡;以前我的眼神会有规律地时而落在文件上,时而落在我同事的脸上,但现在我的眼只会无神地盯着桌子的一角。这种不一致的行为能帮你辨别我是否已将真实自我从成人自我转到了儿童自我中。而当儿童自我具有表现力后,你将再次看到一致性。

在使用TA的过程中,识别不一致性是你最重要的技能之一。我们将在第七章讲交流时再次回到这个话题。

伯恩的能量理论

对于表现的自我和真实的自我在不同自我状态间转换时会发生什么,伯恩提出了一种理论解释。对该理论的详细讨论已经超出了本书的范围,因此我们只在本部分做简要的概述,你可以根据参考文献深入了解。

伯恩认同弗洛伊德关于心理能量的假说。他认为该能量会以三种形式存在:受限的能量、不受限的能量和自由的能量。另外,"活跃的能量"指不受限能量与自由能量之和。

伯恩在解释这三种能量形式的区别时以树上的猴子做比喻。当猴子坐在高处的树枝上时,它具有潜在的能量,该能量将在猴子摔向地面时释放出来。这种潜在的能量指的就是受限的能量。

假如猴子真的从树枝上摔了下来,那么这种潜在的能量就会释放出来,变为动能。这指的是不受限的能量。

可是,猴子作为一个有生命的机体,他可以选择跳到地上而不是摔下来。伯恩认为这种自主的能量使用形式就是自由的能量。

我们认为每种自我状态都有自己的界限。自由的能量可以随意地跨越自我状态间的界限,在不同自我状态间移动。此外,每种自我状态内部都存有一定能量,如果在特定时刻该能量没有得到使用,那么这就是受限的能量。而如果它得到了使用,受限的能量就会变为不受限的能量。

例如,工作讨论伊始,我积极地运用成人自我中的能量,这时该自我状态中的能量就是不受限的。此外，通过把注意力集中到手头的工作上，我还把自由的能量投入到了成人自我中。

在这个例子中，我本可以使用父母自我中的能量，比如，我可以在脑中对我是否足够努力做出父母性评判。但是我没有这样做，因此父母自我中的能量就依然是受限的。

伯恩假设当某自我状态中不受限能量与自由能量之和（即活跃的能量）在特定时刻达到最大时，该自我状态就会具有表现力。而真实自我的自我状态，则是自由能量最多的自我状态。

在工作讨论刚开始时，我的成人自我既有表现力，又是真实自我。因此，我们可以推断，我的成人自我在这段时间里既包含最多的活跃能量，又包含最多的自由能量。

当我感到厌烦后，我的一些自由能量便转入了儿童自我中。之后我又继续重复这样做，直到我儿童自我中的自由能量比成人自我和父母自我中的多，这时，我体验到儿童自我是我的真实自我。但是，我的表现力依然在成人自我中，这说明我的成人自我依然保有最多的活跃能量。

如果讨论又过去了很久，我的儿童自我中受限的能量变得越来越不受限了，最终儿童自我中的活跃能量超过了成人自我中的活跃能量，这样，表现力就会落到儿童自我中。

有时，个体的三种自我状态同时存在一些活跃能量。比如，我的成人自我依然具有表现力，我还在和我的同事交换专业意见。与此同时，我的父母自我中会出现一些不受限的能量，我会在心里批评自己没有完全理解这个工作。另外，我还会在儿童自我中释放一些能量，为我没能遵从父母性的要求而感到耻辱。

如果第一眼看去你觉得这部分的理论阐述很难，没关系，大部分人都会有这种感受。在你对自我状态的识别有所熟悉后，你可以重新返回来读这部分内容。如果你对该理论有兴趣，你可以从伯恩和其他理论家的文章中，对该话题进行更为详尽的了解。

第六章
病态的自我状态结构

到目前为止，我们假设自我状态可以从内容层面被清晰地区分开。同时，我们还认为个体可以按自己的意志在不同自我状态间移动。

如果两种自我状态的内容混在了一起怎么办？或者，如果一个人不能进入或离开某种特定的自我状态怎么办？伯恩将这两种问题分别称为污染和排除，它们二者又同属于病态的自我结构[1]。

污染

有时候，我会把儿童自我或父母自我的部分内容错当作成人自我的内容。当这种情况发生时，我们就说我的成人自我受到了污染。

这就像是一种自我状态入侵到了另一种自我状态的疆界之内。在自我图中，我们让两个圆圈有一定重合，并在重合区域涂上阴影以表示这种现象，阴影区域就是污染。

图6.1a展示的就是父母自我对成人自我的入侵，即来自父母自我的污染。图6.1b展示的是来自儿童自我的污染。图6.1c是双重污染，在这里父母自我与儿童自我都和成人自我有一定重合。

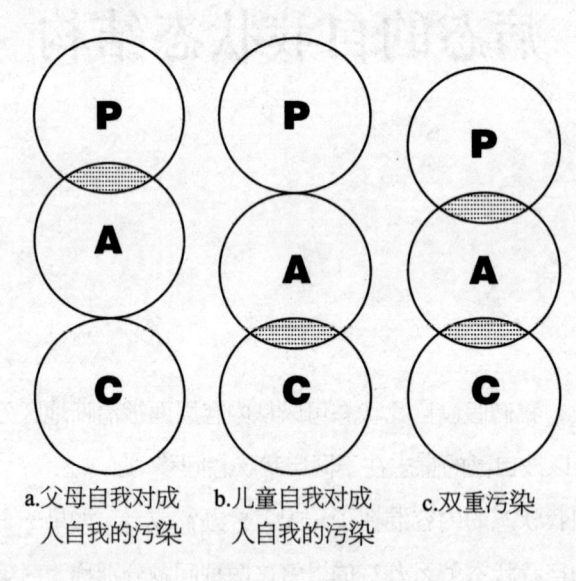

a.父母自我对成人自我的污染　　b.儿童自我对成人自我的污染　　c.双重污染

图6.1　污染

来自父母自我的污染

当我把父母自我的内容错当是成人自我的现实时，我就是受到了来自父母自我的污染。我们有时会把他人灌输给我们的信念当作事实，伯恩称此为偏见。比方说：

"苏格兰人都很刻薄。"

"黑人都很懒散。"

"白人会剥削你。"

"世界很黑暗。"

"任何人都不能相信。"

"如果你一开始没有成功，那就再试、再试、再试。"

如果我把这种结论当作现实，那么我就受到了污染。

当一个人说自己时用"你"代替了"我"，那么很可能她接下来说的话就带有来自父母自我的污染。例如，玛吉对自己生活的描述是："不论发生什么事你都要坚持下去，不是吗？再有，你也不能让别人知道你的感受。"玛吉极有可能是从她父母那里学到的这两句话，而且她父母也可能把它们当真。

当成人自我受到父母自我污染时，我们的思考过程就被称为**合理化**。受到污染的成人自我会帮父母自我收集信息，而且只收集能够证实我的偏见的信息。

来自儿童自我的污染

当我受到儿童自我污染时，我的成人思维便会受到儿时信念的影响。这些信念都是幻想，它们由感受激发并被我们视为事实。可能我正要离开一个派对，当我走出门时听到人们在笑，于是我对自己说："他们是在背后嘲笑我呢！"

这时我实际是在重演我早年的一个决定，那时我暗自认为："我一定有什么问题，除我之外的所有人都知道这是什么问题，但他们都不告诉我。"

我没有意识到这是一次重演，在污染的状态下，我把儿时的情境错当成了成人的现实。

如果我愿意，我可以回去问他们是否真的在笑我，如果他们真诚地说"没有"，那么我就可以走出污染。这种做法可以帮我将成人对现实情境的评估与儿童过时的认知区分开。之后我便会意识到，屋里的人们是在笑一个和我无关的笑话。也许我以后还会想起幼时被讥讽的经历，但我知道这已经是过去的事了。

假如人们真的是在笑我，我可以想："那又怎样？他们笑我是他们的事，我还是很好啊。"这样，我也可以走出污染。

但是，如果那天我还没有准备好摆脱儿童自我的污染，那么即便人们跟我说："没有，我们不是在笑你。"我也会对自己说："哼！他们肯定是在说谎，他们只是想表面对我好一点儿而已。"

伯恩有时用妄想形容儿童自我污染所形成的信念，一些常见的妄想包括：

"我在拼写、算术和语言方面很糟糕。"

"人们就是不喜欢我。"

"我一定有什么问题。"

"我天生就胖。"

"我不能戒烟。"

如果儿童自我的污染来自童年早期，那么个体的妄想就会显得更为奇特，尤其当个体的童年充满创伤时更是如此。

"只要我在别人身边就能杀死他们。"

"要是我死掉了，妈妈就会爱我了。"

"人们想用宇宙射线杀死我。"

当成人自我受到儿童自我的污染时，我们的思考过程就被称为合理化。受到污染的成人自我帮助儿童自我收集信息，而且只收集能将我的妄想合理化的信息。

双重污染

当个体重演父母自我的内容并得到自身儿童自我的认同时，他们错误地把这些结论当成了现实，于是双重污染就发生了。比方说：

（P）"任何人都不能相信"结合（C）"我不会相信任何人"。

（P）"看好孩子，但不要让他们出声"结合（C）"要想在这个世界活下来，我就得保持安静"。

一些现代TA学者认为，所有污染都是双重的。在他们看来，个体对自身、他人和世界所有过时的、扭曲的信念都包含在双重污染中。用TA术语来说，这些信念就是**脚本信念**[2]。

●拿出一张纸，在标题处写"我是什么样的人"，然后花两分钟写下你对自己的看法。

两分钟结束后，你可以稍事休息、做做深呼吸、环顾一下四周。接着调整坐姿、端正地坐在椅子上，双脚自然放在地面以进入成人自我状态。现在再看你刚才写下的文字，请你判断这些描述到底是现实的写照，还是来自儿童自我的污染。

如果你认为有一些描述是儿童自我的污染，那就请想一想事实到底是什么。划去儿童自我污染的描述，再添上成人自我的新认识。例如，假如你是这样写的：

"我不能很好地和人相处。"

你可以把它划掉然后写：

"我聪明又友好，我能和他人相处得很好。"

按照这种方式将来自儿童自我的污染信息全部改写。

下面再拿出另一张纸，花两分钟写下你从父母或父母样的人那里听到的话语和信念。

接着，再像之前那样进入成人自我状态，通读你写下的内容，看看它们到底是真实的还是来自父母自我的污染。如果你觉得其中有需要改变的，就将它们划掉再替换上新的。比如说，你可以划掉：

"如果一开始你没有成功，就要再试、再试、再试。"

把它换成：

"如果一开始你没有成功，那就改变现在的做法以获得成功。"

这个练习有趣又实用，你可以利用空闲时间完成它。●

排除

伯恩认为，人们有时会将一种或更多的自我状态隔离出去，他把这种现象称为**排除**。

图6.2展示了把一种自我状态排除出去的三种可能情况。在图中，我们把排除出去的自我状态打上叉，然后再在该自我状态与其临近的自我状态之间画一条横线。

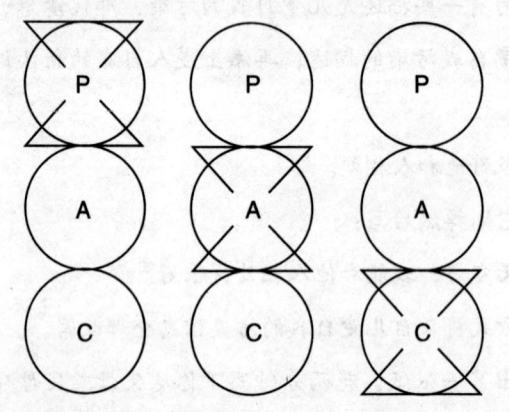

a 排除父母自我　b 排除成人自我　c 排除儿童自我

图6.2 排除

将父母自我排除的人不会按照世界的既成规则行事，他们每遇到一个新情境，都会刷新自己的规则。他们善于运用小教授的直觉力探寻周边的一切。他们多是争名逐利的人，比如顶级政治家、成功的总裁或者黑手党老大。

如果排除了成人自我，我就会丧失成人现实检验的能力，而只听从内心父母自我与儿童自我间的对话，我的行为、感受和想法就会反映出它们之间的冲突。由于我没能充分运用成人自我现实检验的能力，因此我的行为和想法就会变得奇怪，我甚至还会患上精神病。

排除儿童自我的人将无法回忆起童年的经历，而与这些经历相关联的想

第六章 病态的自我状态结构

073

法、感受和行为也会受到阻断。如果问他:"你的童年生活怎么样?"他就会说:"不知道,我一点儿也记不起来了。"成年后当我们表达感受时,我们通常都处在儿童自我中,因此,我们常常说排除儿童自我的人"冷血"或者"过于理智"。

如果三种自我状态中有两种都被排除出去了,那我们就会把唯一使用的自我状态称为是恒定的或者排它的。在图中它表现为一个加粗的圆圈,图6.3对它的三种可能形式做了展示。

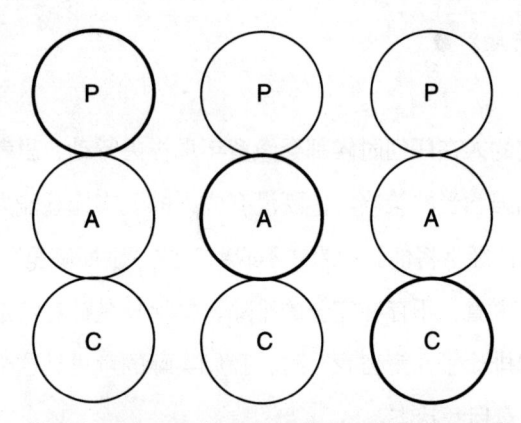

a排除父母自我　b排除成人自我　c排除儿童自我

图6.3　恒定的(排它的)自我状态

父母自我恒定的人单纯地根据父母性规则处理事务。若问她:"你觉得我们应该如何完善这个规划?"她可能说:"我觉得这个规划挺好的,继续按它走就行,这就是我的意见。"问她:"你有什么感觉?"她会说:"在这种情况下你就要保持冷静,不是吗?"

按照伯恩的说法,成人自我恒定的人是"无法享受乐趣的",他"基本就只是个计划者、信息收集者和数据处理者"[3]。

这里我们要补充一句:有时伯恩举的例子和他对自我状态的定义并不相符,而我们认为此处就是这种情况。他认为成人自我恒定的人"无法享受乐趣",这与他对成人自我的定义不符。伯恩在最初的自我状态模型中指出，成人自我是对当下直接反应的一系列行为、想法和感受。个体在成人自我中也可以"享受乐趣"，只是此时他认为"有趣"的活动，可能和在父母自我或儿童自我中的不一样。

> ●你可以想一想如何把这些内容应用到自己身上。你"成人自我的乐趣"和"儿童自我的乐趣"有什么不同？有没有哪些事情能让你作为儿童和成人都感到有趣？●

儿童自我恒定的人在任何时候都会像童年那样去行动、思考和感受。遇到困难时，他会运用增强感受的策略。他既没有成人的现实检验能力，也不遵从父母性的规则，因此人们经常将他们视为"不成熟"或"歇斯底里"。

以我们的经验来看，不存在完全的排除，排除只是针对特定情境而言的。比如当我们说某人"排除了儿童自我"时，我们实际的意思是这个人除了特定情形以外，很少进入儿童自我状态。

没有儿童自我，人的功能得不到发挥；没有成人自我，在变化的环境无法生存；没有父母自我，人不能与社会融洽共处。

沟通：交流、安抚和时间结构

[第三部分]

第七章
交流

你正在室内坐着读这本书，我进来跟你说："嗨，你好！"你抬起头回答我："嗨！"这样我们就完成了一次简单的交流。

当我给出一个沟通，然后你给我一个回复，一次交流就这样发生了。用正式的术语来说，给出的沟通被称为刺激，回复的沟通叫回应。

交流的正式定义就是一个交流刺激加上一个交流回应。伯恩认为，交流是"社交对话的基本单位"。

你我可以继续我们刚才的对话。作为对你的"嗨！"的回应，我可以问："今天过得怎么样？"然后你可以再回答。这样我们就进行了一系列交流。对上一句的回应，又成为下一句的刺激。二人之间的沟通总会以一系列交流的形式呈现。

在进行交流分析时，我们使用自我状态模型阐释沟通是如何发生的，有时也用来阐释沟通是如何失败的。此外，我们还会探讨人们如何同时在多个层面上进行沟通[1]。

互补的交流

我问你："几点了？"你回答："一点。"我们交换了此时此地的信息。我们的用词是成人自我的，我们的语调和肢体信号也证实了这是成人自我。

图7.1描绘了这种成人—成人交流。箭头表示每个沟通的方向，也就是矢量。S代表"刺激"，R代表"回应"。

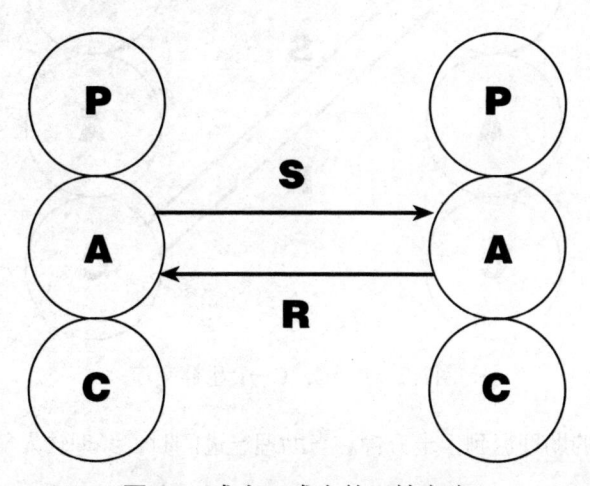

图7.1　成人—成人的互补交流

当向你询问信息时，我处在成人自我中。为了展示这一点，我们让S矢量从PAC图的成人自我圆圈处出发。我想让你的成人自我听到我的沟通，因此S矢量最终指向你的成人自我。

由于你的回应只包含事实信息，因此你的沟通也源自成人自我，并且想让我的成人自我接收这个信息。所以，这个R矢量又从你的成人自我回到我的成人自我。

这幅图展示了一种互补交流。我们对**互补交流**的定义是：**交流矢量相互平行，并且被指向的自我状态与做出回应的自我状态相同。**

你可以检视这个定义是否与成人—成人交流的例子相符。因为在互补交流中，矢量总是相互平行的，因此我们还经常称其为**平行交流**。

图7.2展示的是另一种互补交流，也就是父母自我和儿童自我之间的互补交流。

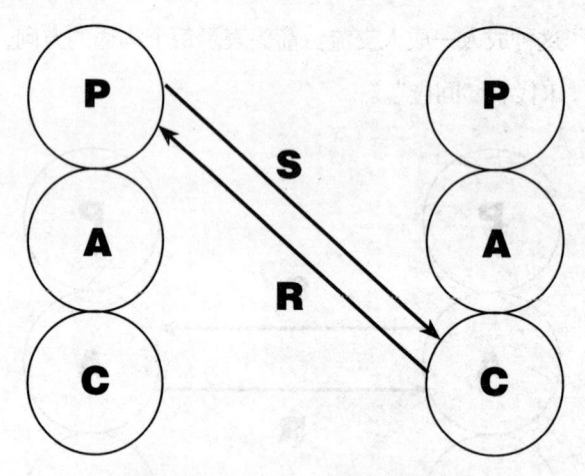

图7.2　P→C，C→P互补交流

商店经理的助理迟到了十分钟。当助理走进门时，经理转入父母自我对他咆哮道："你又迟到了！这样下去绝对不行！"助理在儿童自我中畏惧、脸红，低声说："对不起，我下次尽量不再犯了。"

经理父母性的咆哮，说明她想让助理的儿童自我接收她的刺激。因此S矢量是从她的父母自我圆圈指向助理的儿童自我圆圈。当然，助理的确也进入了他的儿童自我。他低声的道歉就是为了配合经理的父母自我，这可以从R矢量的摆放位置看出。

你可以看到，这个例子同样也符合互补交流的定义。

● 互补交流的另外两种形式是父母自我—父母自我，儿童自我—儿童自我。你可以大胆地为这两种交流各画一个图，想一想在每种情况下如何

标出它们的刺激和回应。●

沟通第一定律

互补交流中蕴含着对对方的预期。向你询问时间时，我期待你用成人自我回应我，而且你也确实这样做了。当经理训斥她的助理时，她期待对方能用儿童自我给她道歉，最后她也得到了。

一段对话可以包含一系列互补交流。如果有这么一段交流的话，其中就会有一种有什么预期内的事正在发生的感觉。

经理："我也觉得你会感到抱歉！这是你本周的第三次迟到了。"

助理（抱怨）："我已经说过我很抱歉了，老板。我被堵在路上了。"

经理："哈，别跟我来这套！你可以早点出发啊……"

这样的交流可以一直持续下去，直到交流的人觉得累了，或者想要做点儿别的事。

这就是沟通第一定律：

●只要交流保持互补，沟通就可以无限持续。●

注意，我们没有说"会持续"而是"可以持续"。对话进行一段时间后肯定会结束，但是只要交流是互补的，沟通过程本身就不会破坏刺激和回应间的自然流动。

●想象一段对话，其中包含一连串成人自我对成人自我的互补交流。之后再想象类似的父母自我对儿童自我、父母自我对父母自我和儿童自我对儿童自我的交流。检查这些对话是否符合沟通第一定律。

如果你在团体中两两结对，那么请用角色扮演的形式练习各种交流。看看你能在一连串互补交流中保持多久。●

交错的交流

我问你："现在几点了？"你涨红着脸站起来喊道："几点？几点？别找我问时间！你又迟到了！你到底是干什么吃的！"

我用成人自我提问是想引出你成人自我的回应，但你反而进入了愤怒的父母自我状态。于是，你用你的训斥让我从成人自我转到了儿童自我。图7.3描绘的就是我们之间的这种交流，这是交错交流的一种。称为"交错交流"是因为这类交流的矢量在图中通常都是交叉的。

此外，"交错"这个词也能恰当地形容出这类交流造成的感受。当你用喊叫交错我们的交流时，我会觉得我们的沟通好像被截断了。

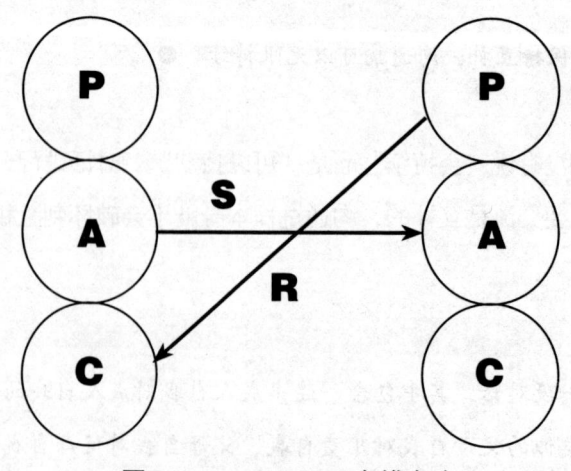

图7.3　A→A，P→C交错交流

正式来说，交错的交流是指交流矢量不平行，或者做出回应的自我状态不是被指向的那个自我状态。我们再来看看经理和迟到的助理。助理进来后，经理用父母自我向他怒吼。但是，助理却平静地看着老板，没有畏缩、道歉，并且用平和的声音说："我听到了你的愤怒，我也理解你为什么会有这种感觉。请告诉我你现在想让我怎么做。"

他用A→A回应交错了经理的P→C刺激。我们可以在图7.4中看到这一点。这里的回应再一次切断了刺激发送者所预期的沟通。

沟通第二定律

当交流被交错时，接收交错交流的一方可能会转入做出交错交流一方所引导的自我状态，之后他可能从这个新的自我状态做出平行交流。

我向你询问时间，你指责我迟到了，这时我也许就会转入适应型儿童自我并且道歉。或者，我还可能使用相同的自我状态做出叛逆的答复："我也没有办法。真不知道你这么小题大做是要干吗！"此时，我已经忘记最初我是想用成人自我询问信息的。

沟通的第二定律是：

> ● 交流受到交错会导致沟通中断，而且为了重新开启沟通，沟通的一方或双方需要变换自我状态。●

"沟通中断"给人带来的感觉可能只是一个小停顿，但也可能是另一个极端：让双方愤怒离场、摔门而出或老死不相往来。

经过计算，伯恩认为交错的交流在理论上有七十二种。但幸运的是，实际生活中只有两种最为常见，它们分别是A-A刺激受到C-P回应或P-C回应的交错。

图7.4　P→C，A→A交错的交流

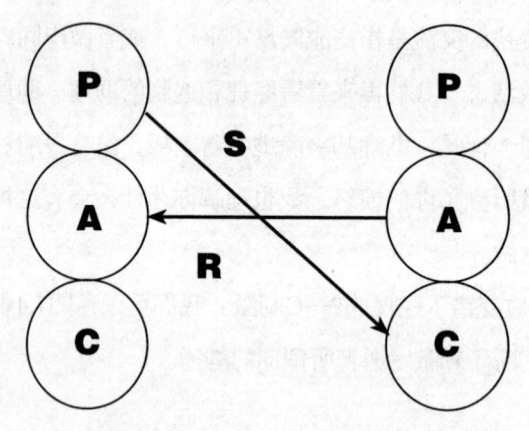

举一个A-A刺激被C-P回应交错的例子。如果接收回应的人转入父母自我，并从这个自我状态开启一段平行交流，这段对话会如何进行？

针对A-A刺激受到P-C回应的交错，也进行相同的练习。

举一个A-A刺激受到C-C回应交错的例子。画出其对应的交流图。从这个例子中要知道，平行的矢量并不总意味着平行的交流。

如果你在团体中，两两配对进行角色扮演，让每个交流都是交错的。当对方说话时，请判断他是想把你引进哪种自我状态中，然后再用一种不同的自我状态做出回应。之后，对方还要对你进行交错。这样持续下去，看你们能坚持多久不进入平行交流中。结束后，对你们在练习过程中的体验进行讨论。这与之前维持平行交流的练习有什么不同？

暧昧的交流

暧昧交流同时传递两层信息：一层是外显的或者说社交层面的信息，一层是隐藏的或者心理层面的信息。

第七章 交流

083

社交层面通常都是成人自我对成人自我，而心理层面通常是父母自我对儿童自我，或儿童自我对父母自我。

妻子："你把我的车钥匙放哪儿了？"

丈夫："我把它放你抽屉里了。"

仅从字面上来看，我们会说这是成人自我对成人自我的互补交流。没错，在社交层面上它确实是。但让我们加上声音和视觉效果重新看一遍。

妻子（严厉地、句尾语调下降，面部肌肉紧绷、皱着眉头）："你把我的车钥匙放哪儿了？"

丈夫（声音颤抖、语调升高，耸肩探头、从上抬的眉毛下向外看出）："我把它放你抽屉里了。"

在心理层面上，这是一个平行的P-C，C-P交流。我们用实线箭头代表社交层面的刺激和回应，并标为"Ss"和"Rs"。虚线的箭头代表心理层面的刺激和回应，标为"Sp"和"Rp"。

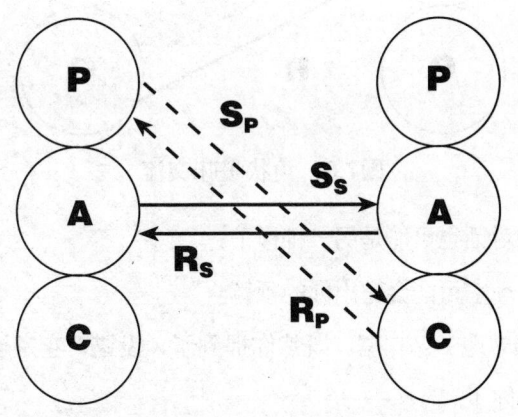

图7.5 双重暧昧交流：社交层面A→A，A→A；心理层面P→C，C→P

我们把类似的暧昧交流，即A-A社交层面信息覆盖在P与C之间的心理层面信息（C-C，P-P的情况比较少见）之上的交流，称为双重交流。

伯恩还描绘了另一种暧昧交流——**角状交流**。在这种交流中，我在社交层面上对你做出成人自我—成人自我的刺激，但我潜在的信息用我的成人自我指向你的儿童自我。我希望你能接受我的邀请并做出儿童自我的回应。这里有一个经典的例子，即一个销售员想吸引客户做出冲动购买行为。

销售员："当然了先生，这款相机是我们最高端的产品，但是我估计它可能会超出你的预算。"

客户（轻蔑地）："我买了！"

图7.6的交流图展现了S_s和S_p之间的夹角，正因如此，这类交流才有角状交流之名。

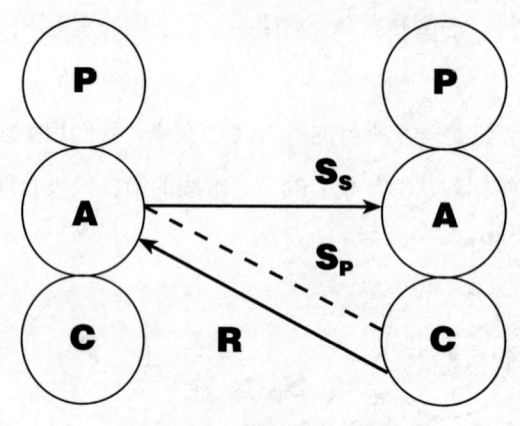

图7.6 角状暧昧交流

当然，他们的对话也可能是另一种样子：

销售员："……它可能会超出你的预算。"

客户（深思熟虑地）："嗯，既然你提到了，没错，它是超出了我的预算。不管怎样还是谢谢你了。"

这里，销售员的小伎俩没能成功地"钓到"客户的儿童自我。

这个例子说明一个关于交流的要点：当我给你一个交流刺激时，我永远也不可能让你进入某个特定的自我状态，我最多能邀请你用某个自我状态做出回应。

沟通第三定律

伯恩的沟通第三定律是：

暧昧交流的行为结果取决于心理层面，而非社交层面。

伯恩用了"取决于"，而不是"可以取决于"。他这么说意味着，当双方在两个层面上沟通时，最终起作用的总是隐藏的信息。如果我们想理解行为，我们必须关注心理层面的沟通。

用TA术语来说就是"用火星人的思维思考"。伯恩描述了一个来自火星的小绿人，它来地球观察地球生物。这个火星人对我们沟通表达的含义完全没有概念。它只是观察我们如何沟通，然后再记录下随之发生的行为。

假设自己就是那个火星人，既关注心理层面，也关注社交层面，以此验证伯恩这条惊人的发现。行为结果总是由心理层面决定，他说得对吗？

交流与非言语

在暧昧交流中，社交层面的信息都是通过词语表达的。要想在心理层面上"像火星人一样思考"，你需要观察非言语的线索，可以是语调、手势、姿态和面部表情。在呼吸、肌肉紧张、脉搏速度、瞳孔扩张、出汗等指标中也存在细微的线索。

我们把心理层面的信息称作"隐秘的信息"。但实际上，如果你知道该从哪里找，你会发现它们一点儿也不隐秘。非言语的线索就在那里等你来察觉。

小孩子可以用直觉读出这些信息。在成长过程中，我们被系统地训练出要忽略这些直觉（"盯着人看是不礼貌的，亲爱的"）。要想有效地应用TA，我们需要重新训练自己去关注肢体语言。通过练习对自我状态的行为性诊断，你会有一个好的开始。

其实，每次交流都包含心理层面和社交层面的信息。但是在暧昧交流中，这两个层面不匹配、表达的意思不同，词语的信息掩盖了非言语的信息。

在第五章中你已经学过，不一致性是形容这种不匹配的专业术语。"像火星人一样思考"就是学习观察这种不一致性。

这就引出了一个更一般性的观点。若想对任何交流进行准确分析，你需要既关注非言语线索又关注言语线索。

回想之前妻子询问丈夫车钥匙在哪儿的例子。单看词语，像是成人自我—成人自我的交流。加上非言语线索，它就变成了父母自我—儿童自我的交流。用同样的词语和不同的非言语线索，可以产生多种不同的交流。

试一试这个练习，保留夫妻之间的对话内容，看看通过添加不同的非言语信息，你可以得到多少种不同的交流。

在团体中，用不同的非言语线索对这对夫妻进行角色扮演。

选择

没有哪种交流本身是"好的"或"坏的"。如果你想进行一段可预测的、顺畅的对话，你就要维持平行交流。如果你觉得和某人的对话总是卡住或者不适，那么你可以看看你们之间的交流是否经常交错。如果常常交错，你可以决定是否

第七章 交流

通过避免交错和他进行顺畅的交流。

如果你觉得办公室里最无聊的事就是与你进行顺畅的交流，或者，如果你的邻座正一边喝着你的咖啡，一边诉说着她的悲痛故事。这时，你可能很愿意用交错的交流打断他。

斯蒂夫·卡普曼在他"选择"一文中提出一个观点：我们可以选择自己喜欢的方式来交流，特别是我们可以选择新的交流方式，打破那些熟悉但不舒服的、与他人"锁死"的交流[2]。

在工作中，杰克好像总是在道歉或者为自己辩护，他的领导便利用了他的这一特点，总是批评他，告诉他事情应该怎么做。

领导："你应该把这份报告用更大的字体打印出来。我读起来太费劲。"

杰克："哦，对不起，这是我的疏忽。"

领导："嗯，我想你也搞不清楚，我还发了一封邮件提醒你。"

杰克："我在尽量看每封邮件，但老实讲，我最近太忙了……"

他们二人好像"锁死"在这种控制型父母—适应型儿童的互动中。如果杰克最后想打开这把"锁"，他如何使用选择？

卡普曼写道："我们的目标是'改变正在发生的，采取你能够做的任何方式获得自由'。要做到这一点，你就必须让另一方摆脱其原有的自我状态，或是改变你自身的自我状态，或者两者都变。"为保证该策略成功，他列出了四个需要满足的条件：

▶一方或双方的自我状态必须发生实质的改变。

▶交流需要被交错。

▶对话主题需要变化。

▶忘记之前的话题。

我们认为,第一项、第二项是核心条件,另外两个虽然也适用,但是是"备选项"。

领导:"你应该把这份报告用更大的字体打印出来。"

杰克(假装从椅子上跌落、躺在地上、四脚朝天晃动):"啊!你是说我又做错了是吗?我到底该怎么办啊,老板?"

领导笑了起来。

杰克没有用适应型儿童自我道歉,而是进入了顽皮的自由型儿童自我,随后老板接受了杰克的邀请,也进入自由型儿童自我。

用自由型儿童自我进行交错只是一种选择,杰克也可以先用一个更传统的方式,用成人自我进行交错:

杰克(拿出记事本):"请告诉我,对这类报告你以后想要多大的字体?"

任何时候只要你觉得陷入不适的交流,你可以选择五种功能性自我状态中的任意一种进行交错,同时你也可以选择对方的任意一种自我状态发出交流刺激。卡普曼甚至认为,正面和负面的自我状态都可以选用。所以杰克也可以用负面控制型父母自我压制领导的负面控制型父母自我的指责:

领导:"你应该用大一点儿的字体。"

杰克(皱着眉头站起身、音调尖利):"等一下,这是你的错。你应该确保我们都知道这条信息才对。"

我们建议,在开始练习选择时你应该多用正面自我状态。不论在何种情况下，你都要用成人自我来判断。选择哪种交错才能更安全、恰当地得到你想要的结果？

你永远无法保证你的交错会把对方引到新的自我状态中。如果确实没将对方引入，可以试试改变自己的自我状态，再做出一个不同的交错。

●设想一个情境，你觉得和另一方陷入熟悉的、不适的平行交流中。它可以发生在工作中也可以发生在亲密关系里。运用自我状态的功能模型，找出你和对方各自所处的自我状态。

之后，练习至少选择四种自我状态交错这段交流。练习中可以把所有可能的交错都列出来，即使它看起来很夸张。

从这个可能的列表中选一个或几个看起来能安全、恰当地取得效果的选项。如果你排除了一些选项，认为它们"不恰当"，那就再审视一遍。记住，你有能力使用任何一种自我状态。有时，一些不常用的交错方式会起到最好的效果。用成人自我将不常用的交错与确实不安全的交错区分开。

如果愿意的话，你完全可以到真实的情境中检验你的选择并观察得到的结果。

在团体中只要愿意，任何人都能讲述自己想摆脱的"锁死"困境。其他团体成员用头脑风暴的方式想出可能的选择，然后把每种交错情境表演出来。提出问题的人要注意头脑风暴中产生的每个想法，但在给完所有建议之前不要对其做出评价。之后，要由问题提出者决定选择哪个建议，是选一个、几个还是都不选。如果他把某个建议付诸行动，结果要由他自己负责。●

第八章
安抚

你走在路上看到迎面走来的邻居。在你们擦肩而过时,你微笑着说:"早啊!"你的邻居也微笑着回答:"早。"

这就是你和你的邻居相互交换了安抚。安抚是关注的单位[1]。我们对这种交流非常熟悉,因此我们通常不经考虑就做出来了。但是,假如这个情境有了一点儿变化,比如在邻居走来时,你微笑着说"早啊",但你的邻居没有做出任何回应,他/她就像你不存在一样从你身边走过。这时你会有什么感受?

如果你和多数人一样,你会对邻居的没有回应感到惊讶。你可能会问自己:"有什么问题吗?"我们需要安抚,如果得不到我们会产生剥夺感。

刺激饥渴

伯恩指出了一些普遍存在于所有人身上的饥渴。其中之一就是对身体和精神刺激的需求,伯恩称之为刺激饥渴。

第八章 安抚

他引用了一些在人类与动物发展方面的研究。瑞内·斯皮茨（Rene Spitz）做过一项著名的研究，他对在孤儿院长大的儿童进行观察[2]。这些孩子虽然能够吃饱穿暖、干净整洁，但他们还是比由母亲或其他直接照料者带大的孩子更容易产生身体和情感上的问题。斯皮茨认为孤儿院的孩子缺乏刺激，他们除了房间的白墙之外没什么可以看的。最重要的是，他们与他们的照看者只有很少的肢体接触。他们不像一般的孩子一样，能够从照看者那里得到抚摸、拥抱和安抚。

伯恩选用"安抚"一词意指婴儿对抚摸的需求。他指出，成人后我们依然需要肢体接触，但是我们学会了用其他形式的关注代替肢体抚摸，比如一个微笑、一个称赞，或者一个皱眉或责骂，这些都表明我们的存在得到了关注。伯恩用关注饥渴表示我们对于他人关注的需求。

安抚类型

我们可以对安抚做如下分类：

- 言语或非言语；
- 正面或负面；
- 有条件的或无条件的。

言语安抚与非言语安抚

在本章开始的例子中，你和你的邻居既交换了言语的安抚，也交换了非言语的安抚。你们既说了话，又相互微笑。

你们还可以交流更多其他的言语安抚，范围从"你好"到一段完整谈话都可以。

非言语的安抚可以是招手、点头、握手或拥抱。

联系上一章，你会发现任何一种交流都是在交换安抚。大多数交流都既包括言语内容，又包括非言语内容。你可以只用非言语信息交流，但很难想象只有言语而没有非言语信息的交流，除非你是通过电话聊天。

正面安抚与负面安抚

正面安抚是安抚的给予者想让对方愉快地安抚自己，负面安抚是想让对方痛苦地安抚自己。在开始的例子中，你和邻居之间交换的就是正面安抚，既有言语的也有非言语的。

如果你的邻居回应你时没有微笑，而是对你皱眉，他就给你了一个负面的非言语安抚。他也可以对着你的眼睛来一拳，那就是更强烈的非言语安抚了。若要给你一个负面的言语安抚，他可以在你高兴地说了"早啊！"之后，跟你说"哼！"或者"没见你之前还是挺好的"。

总体来说，正面安抚能让你感觉良好，负面安抚会让你感觉很糟。你可能觉得，人们一定会寻求正面安抚而避免负面安抚。实际上，我们寻求安抚的原则是这样的：**任何一种安抚都比没有安抚要好**。

这一观点得到了许多动物研究结果的支持。有一项研究是这样的：两组老鼠幼崽被分别放置在两个完全相同的没有任何特征的盒子中，其中一组每天被电击数次，另一组不接受电击。让实验者感到吃惊的是，受到电击的那组老鼠虽然很痛苦，但它们比没有被电击的那组成长得更好[3]。

我们和这些老鼠一样。为了满足我们的刺激饥渴，我们像愿意接受正面安抚那样，也愿意接受负面安抚。

婴儿本能地知道这些。几乎所有人在童年早期，都经历过没有得到自己需要或想要的正面安抚的时候。这种时候我们就会想办法获得负面安抚。虽然这种安抚很痛苦，但相比没有安抚，我们还是更愿意选择这种恐怖的安抚形式。

成年后我们会重演儿时的模式，继续寻求负面安抚，这就是某些自我惩罚行为的原因。在我们讨论心理游戏、扭曲和脚本时，我们还会谈到这个观点。

有条件安抚与无条件安抚

有条件安抚与你做了什么有关，无条件安抚与你是谁有关。
- ▶ 正面有条件安抚：你这个工作做得很好。
- ▶ 正面无条件安抚：有你在身边真好。
- ▶ 负面有条件安抚：我不喜欢你的袜子。
- ▶ 负面无条件安抚：我恨你。

对以上这四种安抚各举出五个例子。举例时既要有言语安抚也要有非言语安抚。

在团体中，每个人依次对他/她左边的人做一个正面有条件安抚。留意每次安抚给予和接受的情况。在轮完一圈后，一起讨论都观察到了什么。然后再反方向做一圈，完成后接着讨论安抚的给予与接受情况。

安抚与行为强化

在我们还是婴儿时，我们试验各种行为从而发现哪些行为可以得到我们需要的安抚。如果某个行为确实得到了安抚，那么我们可能会重复这个行为。每次使用它都得到安抚，我们以后就会更多地使用它。

就这样，安抚会强化受到安抚的行为。成人和婴儿一样需要安抚，因此也会重复使用最能带来安抚的行为。

我们说过我们会遵循一个原则，即任何形式的安抚都比没有安抚要好。如果正面安抚不足以满足我们对安抚的需求，我们就会寻求负面安抚。

假如我小时候做出决定，我最好还是寻求负面安抚，不想冒险什么安抚也得不到。于是成年后，当我受到一个负面安抚时，这个负面安抚会和正面安抚一样对我的行为产生强化作用。这有助于我们深入理解为什么有些人一直重复看起来像自我惩罚式的行为。

同时，我们据此也能知道打破某种负面模式的方法——我们可以改变自己寻求安抚的方式。我们可以寻找愉悦的正面安抚，而不是争取痛苦的负面安抚。每次我们因为一个行为得到正面安抚时，我们在以后更愿意去做出这个行为。

在这里，**安抚的质量和强度很重要**。虽然这两个指标都无法用数字计量，但人们肯定会对安抚的来源以及安抚是如何给出的做出主观评价。

例如，假设一位德高望重的TA同行仔细通读本书后，对我们两位作者给予了正面安抚，我们肯定觉得这个安抚的质量比一个对TA不感兴趣、仅大致浏览了前言与章节标题的人给予的安抚更高。

我们再来想象，一个孩子通过做出父母不喜欢的行为，得到了父亲的负面安抚。这个安抚可能以严厉的声音以及摇晃的手指传递出来，也可能伴随着怒吼和肢体打击。很明显，这个孩子很可能觉得后者比前者更剧烈。

给予和接受安抚

有些人习惯在给予安抚时，先是正面的安抚但最后却有一个负面的结尾。

"我能看出你理解了，多多少少吧。"

"这件大衣很好看，你是在二手店买得吗？"

这种安抚称为"**骗人的安抚**"。就好像他们给了一些正面的东西然后又拿走了。

也有人会很大方地给予正面安抚，但态度却不真诚。这种人会在屋子的另一

第八章 安抚

端看着你,然后冲过来给你一个大大的拥抱。他会咧嘴笑着对你说:"哇哦!你能出现在这儿真是让我感动。你一进来,整个房间都蓬荜生辉。你知道吗,我读了你写的那篇文章,特别有启发性,观点很深刻……",等等。

伯恩把这种行为称作"**扔软糖**",也有作者用"**整形的安抚**"形容这种不真诚的正面安抚。

也有些人走向另一个极端,不会给予他人任何正面安抚,尤其当这个人来自一个正面安抚非常缺乏的家庭中时更会这样。文化背景也有一定影响,英国或斯堪的纳维亚人一般在给予正面安抚方面都比较少,尤其是正面的肢体安抚。来自拉丁或加勒比文化的人,给予正面安抚比较慷慨,他们觉得那些北方人冷漠、保守。

在接受安抚方面,我们都有自己的偏好。我可能喜欢听到针对我做了什么安抚,而不是我是谁的安抚;你可能喜欢无条件的安抚。也许我觉得接受一些负面安抚没问题,但你接受一点儿负面安抚就会生气。你可能陶醉于肢体的安抚,但我对于比握手更近的肢体接触会感到局促。

我们多数人都习惯接受某些特定安抚。由于对它们过于熟悉,我们会贬低这些安抚的价值,同时还会暗暗地想要得到较少获得的安抚。可能我清晰的思维能力经常为我赢得正面的言语的有条件安抚,我确实喜欢这种安抚,但我也会觉得它们"千篇一律"。我真正希望的是有一个人能跟我说:"你看起来真精神!"然后再给我一个拥抱。

我甚至还会更进一步否认自己最想要的安抚并不是我想要的。假设我小时候想让妈妈温暖地拥抱我,但她很少这么做。为了减轻痛苦,我做出决定要忽略我对拥抱的渴求。成人后我继续使用这一策略,但自己却完全意识不到。我会避开肢体安抚,否认自己对它仍有需求而且一直没有得到满足。

用TA术语来说,每个人都有自己偏爱的安抚商数。"萝卜白菜各有所爱"这句话说的就是这个意思。于是我们也就能理解为什么安抚的质量无法得到客观衡量了：对你来说质量高的安抚，对我可能就是低质量的。

安抚过滤器

当一个人得到的安抚与她安抚商数的偏好不符时，她容易忽略或贬低这个安抚。我们说她这就是在漠视或过滤这个安抚。当她这样做时，你可以在她接受安抚的方式中观察到不一致性。

例如，我真诚地对你说："我钦佩你在这份报告中展现出来的清晰思路。"但假如你在儿时就决定说："我长得好看而且风趣幽默，但思考不是我的强项。"这时我的安抚就会和你偏好的安抚商数不符，于是听到我这么说之后你虽然会说"谢谢"，但你同时还会皱鼻子、撇嘴，就像吃到什么难吃的东西一样。另一种常见的安抚漠视是这个人会大笑："谢谢，哈哈！"

就好像我们在自己和他人给予的安抚之间放置了安抚过滤器一样，我们会对安抚进行选择性地筛选。符合我们安抚商数偏好的安抚可以进来，不符合的就丢在外面。反过来，我们的安抚商数也帮我们维持着对自己的认识。

有些人幼时做出正面安抚是很少的或是不值得信赖的决定，于是认为自己要靠负面安抚生活。成年后他们依然会把正面安抚过滤出去，只让负面安抚进来。这些人比起胡萝卜来说更喜欢大棒，给他们的称赞，他们一般都会漠视。

"我喜欢你的头发。"

"哈！是啊，必须时不时记得要洗它们。"

童年经历十分痛苦的人会认为接受任何安抚都是不安全的。他们把安抚过滤器勒得非常紧，几乎所有安抚都会被他们拒绝掉。通过这种方法，他们保证自身儿童自我的安全，但也让成年的自己失去了本可以安全获得的安抚。在找到方法打开自己的安抚过滤器之前，他们很容易变得退缩和抑郁。

● 在团体中，回想之前那两圈安抚的给予和接受。

在给予安抚中，有哪些是直接的？哪些是污染的？有谁扔过软糖吗？

在人们接受安抚的过程中，谁胸怀开放地接受了安抚？谁又漠视了别人的安抚？他们是怎么表现出来的？

有没有人公开地拒绝过自己不想要的安抚，而不是漠视这个安抚？

现在组成四人小组，选择在后面的练习中你们只用正面安抚，还是正负面都用。如果小组中有人只想用正面安抚，其他人必须尊重他的选择。

小组成员轮流做"安抚的接受者"。在三分钟内，"接受者"要接受其他三个人给自己的言语安抚，安抚可以是有条件的也可以是无条件的。

三分钟结束时，"接受者"要跟大家分享他/她在这个过程中的感受。

可以考虑以下几个问题：

在我接受的安抚中，哪些是我预想到的？

哪些安抚是我没有预想到的？

哪些安抚是我喜欢的？

哪些安抚我不喜欢？

我希望得到哪些安抚但并未得到？

之后再进行下一位"接受者"并重复这个过程。●

安抚经济学

克劳德·斯坦能认为，我们在童年时被父母灌输了五条有关安抚的限制性规则：

▶可以给予安抚时不要给。

▶需要安抚时不要找别人要。

▶不要接受自己想要的安抚。

▶不想要的安抚也不要拒绝。

▶不要给自己安抚。

这五条规则加在一起，构成了斯坦能所说的**安抚经济学**[4]。斯坦能指出，通过训练儿童遵循这些规则，父母便能确保"……局面会从安抚可以无限供应，变为安抚的供应量较少，父母可以抬高价格"。

斯坦能认为父母这样做是为了控制孩子。通过教导孩子们安抚的供应量少，父母便赢取了对安抚的垄断地位。因为知道安抚至关重要，于是儿童很快就学会了按照父母的要求行事。

斯坦能指出，成年后我们还会无意识地遵守这五条规则。最终，我们一生都会处在一种安抚半剥夺的状态中。我们会花大量能量寻求我们至今还认为处于短缺状态的安抚。

斯坦能认为我们乐于接受安抚垄断者的操纵和压制，它们可以是政府、企业、广告商或艺人。治疗师同样也可以被视作安抚的承包商。

为了重新唤起我们的觉察、自发和亲密，斯坦能呼吁我们要拒绝父母强加给我们的关于安抚交换的"基本训练"。相反，我们要觉察到安抚是无限供应的，我们可以在任何时候给予自己想要的安抚。无论我们给予多少安抚都不会耗竭。当我们想得到安抚时，我们可以自由地提出要求，而当有人给我们安抚时我们也可以接受它。如果我们不喜欢别人给予的安抚，我们可以公开地回绝。同时，我们也可以享受自我安抚。

在TA界，并不是所有人都认同斯坦能用"安抚经济学"来解释政治或经济上的压制的做法，你可以有自己的观点。

第八章 安抚

可以肯定的是，我们多数人都会按照早期童年决定限制自己的安抚交换。这些决定都是根据我们婴儿期对父母压力的解读形成的。成年后，如果我们愿意，我们可以重新评估这些决定并改变这些决定。

●在团体中，回想你之前做过的安抚练习。在整个团体或在小组中讨论你对给予、接受和拒绝安抚有何体验？你对哪个感到舒服？对哪个感到不舒服？让你感到不舒服的，你有没有将它追溯到你父母在你幼时给你设定的规矩？这些规矩很可能是你从他们的榜样行为中学来的，而不是他们用语言表达出来的。●

要求安抚

我们所有人基本上都被教导过这样一个关于安抚的迷思："需要你提出要求而得到的安抚是没有价值的。"

而现实是："你通过要求得到的安抚跟你不经要求得到的安抚一样有价值。"

如果你想要一个拥抱，跟对方要求并得到拥抱，它跟你通过等待和期盼得到的拥抱一样好。

你可能反驳说："如果是我要求的，对方给予我要求的安抚可能只是为了表示友好。"

用成人自我来评估，这确实是可能的。但同时，这个安抚也可能是真诚的。对方也很有可能是想给你安抚的，但是他们自身的父母自我却一直在说："不要给予安抚。"

跟对方核实他的安抚是否真诚，这个选择你一直都有。如果他的安抚不真诚，你还有其他选择。你可以毫无顾忌地接受这个安抚，也可以拒绝他的软糖行为并要求同一个人或其他人给你真诚的安抚。

● 在团体中，组成四人小组，如果你愿意，还可以选择之前"三个人给予安抚一个人接受"的练习中的人。

这是一个要求安抚的练习。轮流做"安抚接受者"，但这次"接受者"要花三分钟来向其他成员要求安抚。

三个安抚者如果真的愿意给予对方要求的安抚就给予安抚。如果你是安抚者，但你不想给予这个安抚，你可以对对方说："我现在不想给你这个安抚。"不要对此做任何解释。

三分钟结束后，"接受者"要跟他人分享他或她的体验。

之后再进行下一个"安抚接受者"并依此继续。

如果你是单独一个人，写下至少五个你想要求却通常不会去要求的正面安抚。它们可以是言语的、非言语的或是两者的结合。在接下来的一周中，至少向一个人要求所有这些安抚。

如果得到了安抚，你要对安抚者表示感谢。如果没有得到，你可以用成人自我询问他不想给予这个安抚的原因。

提出获得安抚的要求即完成练习，不论你有没有得到它们。当你向他人要求你列出的所有安抚后，你可以为完成练习而给自己一个安抚。●

安抚图

吉姆·麦肯纳发明了安抚图[5]，像杜谢分析自我状态的功能一样，用条形图分析个体的安抚模式。

第八章　安抚

制作一个安抚图，首先需要图8.1那样的一个空白表格。你需要在四个竖列中填图，以此代表你直觉估计的自己给予安抚、接受安抚、要求安抚和拒绝给予安抚的频率。

在每个条目下对正面和负面的安抚分别做出估计。中轴往上代表正面安抚，中轴往下代表负面安抚。

	你多久给予他人一次正面安抚？	你多久接受他人的一次正面安抚？	你多久向他人要求一次正面安抚？	你多久拒绝给予他人一次期待的安抚？	
总是					+10
非常频繁					+9
					+8
通常					+7
					+6
经常					+5
					+4
很少					+3
					+2
从不					+1
					+0
	给予	接受	要求	拒绝给予	-0
从不					-1
很少					-2
					-3
经常					-4
					-5
通常					-6
					-7
非常频繁					-8
总是					-9
					-10
	你多久给予他人一次负面安抚？	你多久接受他人的一次负面安抚？	你多久向他人要求一次负面安抚？	你多久拒绝给予他人一次负面安抚？	

图8.1　安抚图

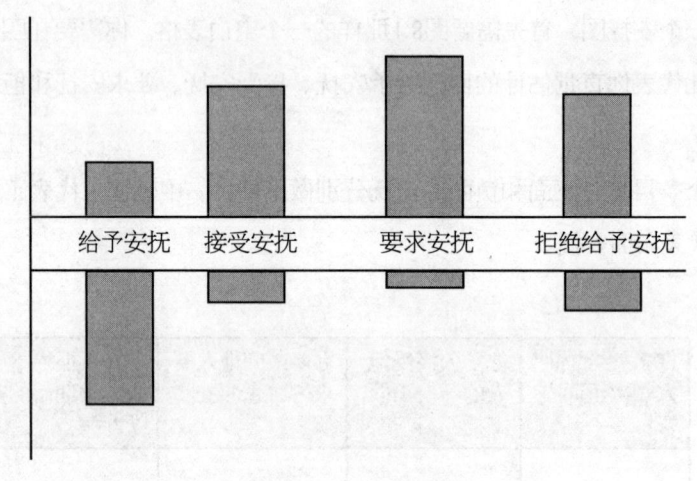

图8.2　安抚图实例

图8.2展示的是一张完成了的安抚图。该个体较少给予正面安抚，但可以给予大量负面安抚。她喜欢接受他人的正面安抚，而且时常向他人要求正面安抚。她认为自己很少接受或向他人要求负面安抚。通常她拒绝迎合他人的期待给予正面安抚，但她不会拒绝给予负面安抚。你觉得与这张图的作者相处会有什么感觉呢？

画出你自己的安抚图，请用直觉快速画出。

"要求安抚"这一栏的负面部分包括你用间接的方式获取他人关注，但该方式让你感到痛苦和不适。在这种情况下，你有这样一种儿童自我的信念："不管什么安抚都比没有安抚好。"同样地，在"拒绝给予安抚"的负面部分，也存在着他人用间接方式向你要求负面安抚而你拒绝给予的情形。

麦肯纳认为，每个标题下的正面和负面部分都存在一种反向关系。例如，如果一个人接受正面安抚少，他在接受负面安抚方面很可能会高。这个规律对你的安抚图适用吗？

看看你对自己的安抚图有没有想改变的地方。

第八章 安抚

如果有，改变的方法就是增加安抚图上你想变多的那根柱子的行为。麦肯纳指出，这比着眼于减少你认为自己过多的行为更可能奏效。因为你的儿童自我可能不愿意放弃旧有的安抚模式，除非你有一种更好的模式替代它。

如果你确实想改变自己的安抚图，你要给自己想增加的部分列出至少五种行为，然后在接下来的一周中做出这些行为。比如说，如果你决定给他人更多的正面安抚，你可以给你的五位朋友一人写一句你从未表达过的赞美的话，然后在下一周向他们说出来。

麦肯纳认为，随着你增加你想要的部分，你不想要的部分就会自动减少，这个观点是真的吗？

自我安抚

毋庸置疑，我们许多人儿时被教会了斯坦能的第五条规则："不要给自己安抚。"父母告诉我们："不要炫耀！夸赞自己是很粗鲁的。"学校继续给我们灌输，当我们成绩在班里名列前茅或是在运动会上赢得奖项时，他人可以夸赞我们表现得有多好，但我们自己则应耸耸肩、谦虚地说："啊，这没什么。"

成年后，我们继续这种适应型儿童自我的行为。当我们进入成年期时，我们多数人都已经习惯贬低自己的成绩，甚至对自己都要贬低。通过这种方式，我们对一种重要的安抚来源，即自我安抚进行限定。

我们任何时候都可以安抚自己，下面是练习这个让人愉悦的技能的一些方法：

在团体中，团体成员轮流告诉大家自己的一个优点。不想这样做的人在轮到他时只要说"过"就行。

在练习过程中你可以公开、真心地夸赞自己。

一个人夸赞自己时，其他人要仔细听，并且对这个人分享的优点表示欣赏。

如果你想跟大家说你的一个优点，你可以做一个更深入的夸赞练习。在这个练习中，每个成员都要轮流走到圆圈中心夸赞自己，而且要夸够一定时间。夸赞者要直接看着周围的成员跟他们讲，声音洪亮，所有人都能听到。如果想不出其他优点了，可以重复之前说的优点。

其他成员要鼓励夸赞者，对他说一些善意的话："没错！很棒！再跟我们说一些！"

这个练习的另一个变形称为"自我安抚旋转木马"。团体分为两组，每组围成一个圆圈坐下，内外两圈。内圈的人面朝外，跟外圈的人两两对应。

需要一个团体领导者或志愿者计时。在三分钟的时间内，每一对中内圈的那个人要不断向对方夸赞自己，而外圈的人要倾听并认同。计时员喊"换"时，外圈的人夸自己，而内圈的人倾听并认同。

又过三分钟后，计时员喊"移动"，这时内圈的人要向左移一个位子，于是就有了一个新搭档，接着还要再夸自己三分钟，然后外圈这个新搭档再夸自己三分钟。之后内圈的人再换位置，依此持续。

当每个人都向其他所有人夸过自己后练习才可以停止，或者是没有时间或体力了才停止。

个体练习。找一大张纸，在上面写上你所有的优点，用多长时间都可以。如果你所处环境允许的话，你可以把纸贴在一处你常看到的位置。如果不方便贴，你可以把它放在随手可拿的一个地方。每当你想到自己一个新优点时，就把它加在这个单子中。

至少写出五种对自己正面安抚的方法。也许你会听着最爱的音乐，温暖地泡在浴缸里放松。或者你也可以请自己吃顿大餐或出去旅行。不要把这些安抚当作对某件事的"奖励"，你只是为了自己享受这些东西。

用成人自我检查，看这些安抚是否是正面的。确保这些安抚是安全、健康、付得起的。之后你就可以放心地给自己提供这些安抚了。

安抚银行

虽然自我安抚是安抚的一个重要来源，但它无法全部替代他人给我们的安抚。我们每个人好像都有一个安抚银行似的[6]，当别人给我们安抚时，我们不仅在给予的当下拥有这个安抚，还会把它贮存在安抚银行里。之后我们可以再回到银行中，把这个安抚拿出来当作自我安抚使用。如果我们特别喜欢某个安抚，我们可以重复使用它多次。但是，终有一天这些贮存起来的安抚会失去它们的效力，我们需要在银行中加入他人给予我们的新安抚。

安抚有"好""坏"之分吗？

我们很容易认为正面的安抚是"好的"，负面安抚是"不好的"。TA文献中经常会做出这种假设。人们都想得到并给予无限量的正面安抚，最好是无条件的。父母们会得到这样的建议，如果他们适时给孩子提供正面安抚，他们的孩子就会成长得好。但现实中，这个问题没这么简单。

回想一下，我们的安抚需求是基于关注饥渴产生的。关注本身就是一种安抚。如果忽略一个人的所有负面行为，那么，我们只能算是给予这个人部分关注。有选择、有节制地给对方一系列无条件正面安抚，可能与对方的内部经验不符，因此就会发生有趣的事情：虽然他被正面安抚包围着，他反而觉得缺乏安抚。

有条件安抚无论正面和负面，对我们来说都很重要，因为我们在用它们来认识世界。这在童年和成年期都一样。小时候，我把胡萝卜干洒了一地，于是妈妈吼了我一通，我不喜欢妈妈吼我。我学习到如果我想让妈妈笑而不让她吼我，我就得把胡萝卜干放在碗里。负面有条件的安抚让我知道底线在哪里，这样我才不会做出格的行为。这就像在大桥上安防护栏，这样我才不至于掉下桥去。

对于成年的我来说，有条件的安抚也具有相同的信号功能。一个负面有条件安抚可以告诉我，有的人不喜欢我的行为方式。随后我可以自主选择是否要改变自己的行为，让对方喜欢。一个正面有条件安抚告诉我，有的人喜欢我的行为，因此获得正面有条件安抚会让我感到自己有能力。

如果没有负面有条件安抚，我就不知道自己的界限在哪里，即便有些行为对我没有好处，我也没有改变它的动力。如果一个人不被告知嘴中呼出的气味难闻、衬衫需要时常更换，那么他就会因周围人的"礼貌"而看不到别人唯恐避他不及的原因。

对于负面无条件安抚来说，即便它对我有好处，我也不想要这种安抚。如果有人跟我说"我真受不了你"，我就知道不论我做出怎样的改变都改变不了他对我的看法。因此为了照顾我自己，我要远离他们。

有证据显示，当父母只用正面安抚抚养孩子时，孩子最终会无法辨识安抚的正负[7]。他的父母一直都在否认或忽视他的某一部分内部体验，这会给他以后的生活带来各种问题。幸运的是，多数父母都会遵从自己的冲动，混合使用正面和负面安抚来设定规矩。

因此，一个健康的安抚商数包括所有正面、负面、有条件和无条件的安抚。

虽然这么说，但传统TA强调正面安抚还是有原因的。尤其是在（美国）北方的诸多文化中，人们很吝惜给予正面安抚。在职场，老板会指责迟到的员工，但当员工正点到时，老板却很少表扬他们。在学校，老师在评判约翰尼的拼写试卷时，会标出他唯一一个写错的单词，对其他九个写对的却只字不提。

老板和老师若想提高他们的反馈的效力，那么就需要既对不好的行为给予负面安抚，又对好的行为给予正面安抚。总体来说，如果我们想一直保持良好的自我感觉，我们就需要比负面安抚更多的正面安抚。

安抚与漠视

直接的负面安抚必须要跟漠视明确区分开[8]。

漠视肯定隐含着某种对现实的扭曲。在安抚的环境里，如果我用贬低、扭曲的方式批评你，我就是在漠视。和直接的负面安抚不同，漠视的内容会和你真实的状况或你真正做的事情不符。

在后面的章节中，我们会仔细探讨漠视。现在，我们先来看一些漠视与直接的负面安抚对照的例子。

负面有条件安抚："你这个词拼错了。"
漠视："我看你就不会拼单词。"

负面有条件安抚："你这么做时我觉得不舒服。"
漠视："你这么做让我觉得不舒服。"

负面无条件安抚："我恨你。"
漠视："你就是招人讨厌。"

和直接的负面安抚不同，漠视不能告诉我如何做出建设性的改变，因为它本身就是对现实的扭曲。

第九章
时间结构

当人们成群地聚在一起时，有六种不同的度过时间的方式。伯恩列出了这六种时间结构模式：

- 退缩
- 仪式
- 消遣
- 活动
- 游戏
- 亲密[1]

伯恩指出这些都是满足结构饥渴的方式。当人们进入一个没有时间结构限制的情境时，他们要做的第一件事可能就是给自己制定一个结构。罗宾逊·克鲁索在初到荒岛时通过探索周边环境以及建造居所让自己的时间有了结构。单独关押的囚犯则需要自己制作日历、安排每天的事项。

如果你参加过团体动力训练的话，开始团体的时间是完全没有结构的，因此你会感受到这种情境带来的不适。当人们问起"我们要在这儿做什么"时，最终每个成员都会进入六种时间结构之一中。

第九章 时间结构

我们可以把这六种方式跟我们已知的自我状态和安抚联系在一起。从退缩到亲密，排序越靠后，安抚的强度越大。

TA文献中有时也会指出，排序越靠后的时间结构心理风险越高。当然，安抚的不可预知性也会增高，我们能否被对方接受变得更难预测。我们的儿童自我的确会将这种不可预知性当作危险。当我们还是孩子时，我们根据父母给予的安抚判断自己是否表现良好，我们把父母的拒绝当作生存威胁，因此，可能被拒绝就是一个即时的、真实的危险。

对于成年的我们来说，时间结构不再有孩提时的那种危险。没人能"使"我们产生某种感觉。如果有人拒绝我，我可以向他询问原因并请他做出改变。如果他们不肯做出改变，我可以离开这段关系，并寻找一段可以接受我的关系。

退缩

假设我在参加团体动力练习，包括我在内房间里有十二个人。我们坐在那里，没有行事表。有一段时间，大家都沉默地坐着。

我可能把注意力转向我的内部，也许在头脑中有一段独白："不知道我们来这里要干什么？算了，估计有人知道。啊，这个椅子真不舒服！如果我问那边那个女士，她可能知道我们来这儿是要干吗的……"

我也许离开这个房间，进入我的想象中。我的身体虽然坐在这里，但灵魂已经飞到明年的假期或者昨天和老板划船的事情上去了。

我这时就处在退缩中。当一个人退缩时，她的身体是和大家待在一起的，但与其他团体成员没有交流。

退缩时，我可以使用任何一种自我状态。由于缺乏外部线索，他人可能无法通过行为诊断判断我所处的自我状态。在退缩中我只能得到并给予自我安抚。由于没有和他人交流，因此我避免了儿童自我中被拒绝的心理风险。有些人在团体中习惯性地退缩，因为他们幼时做出决定：与他人交换安抚是件危险的事。他们建立起一个庞大的安抚银行并经常使用。就像沙漠中的骆驼一样，他们喜欢长时间得不到外部安抚的状态。尽管如此，在我退缩很久之后，我最终还是会面临安抚银行破产、感觉到自己缺乏安抚的危险。

仪式

我们正在团体中坐着，坐在我对面的一位男士打破了沉默。他转向他的邻座说道："我觉得咱们还是做一下自我介绍吧。我叫弗雷德·史密斯，见到你很高兴。"然后他伸出手想要跟对方握手。

弗雷德决定要用仪式组织他的时间。这是一种众所周知的互动方式，人们可以像预先排练过一样做出它来。

所有孩子都学过自己家庭文化中的仪式。如果你来自西方国家，有人伸出手要跟你握手，你知道你该握住对方的手并摇一下。一个印度孩子也同样学会了做双手合十的动作。英国孩子知道，当有人问"你好吗？"，你也要回问相同的问题。仪式多种多样，最简单的是美式的单一安抚交换："你好！""你好！"最复杂的则是宗教仪式，它的程序要写下来，牧师和教众需要遵循详细的指示，整个过程持续好几个小时。

从结构上说，仪式保存在父母自我中。实施仪式时，我们处在儿童自我中，听从这些父母自我的指示，或者我们直接从父母自我做出行为。从功能上说，仪式通常都由适应型儿童自我表现出来。多数情况下，由于我们适应了预期的规范，仪式会带来怡人的结果，因此我们会将它归类为适应型儿童自我的行为。但由于仪式中包含着刻板的用语、语调和肢体语言，我们用行为诊断验证它属于适

第九章 时间结构

应型儿童行为比较难。

儿童自我觉得仪式比退缩在心理层面上更为危险。你对他人打招呼，他人可能会回答你也可能不回答你。尽管如此，仪式还是为人们提供了熟悉的、正面的安抚。仪式互动双方会仔细计算互相交换的安抚数量。虽然安抚强度低，但它们仍是给安抚银行充值的一大途径。如果你不信，你可以想象一下，如果你伸出手跟对方握手，但对方没有理你，这时你会有何感受？仪式安抚的可预知性对于那些早期决定在亲密关系中交换安抚是危险的人们可能非常重要。

消遣

回到之前的团体中，沉默已被打破，现在好几个人都在聊他们在团体中的感受。

"我之前高中的时候参加过这种团体，我们最终也没搞清那个团体是干什么的。"

"对，我明白你的意思。我不喜欢长时间的沉默。"

"跟你说吧，我觉得组织这种活动的人挣钱太容易了。为什么呢？当初我报名参加时以为……"

谈话者已经进入了消遣。我们经常使用这个动词，意味着他们正在消遣。

消遣像仪式一样，以人们熟知的方式进行。但是消遣的内容却不像仪式那样严格受限。消遣者可以有更多余地去创造自己的谈话。

在所有消遣中，谈话者谈论某个东西但不会做出相关行为。团体练习中的消遣者在泛泛地讨论他们现在的团体以及其他团体，但没有迹象表明他们要对团体中的情况做出反应。

消遣的常见线索是"消遣=过去的时光"。消遣者经常讨论昨天在外面发生的事情，而不是对当下进行探讨。典型的消遣是鸡尾酒派对上听到的那些轻松、肤浅的对话。

伯恩给一些常见的消遣方式起了有趣的名字。男人会围绕"通用汽车"进行消遣，女人则喜欢"厨房"或"服饰"这类消遣，前提是她们愿意待在传统的性别角色中。当家长们聚在一起时，他们通常会讨论"P.T.A."（家长—老师协会）。

"约翰尼正在长第二组牙齿，我们昨晚几乎没怎么睡。"

"哦，是的，我记得我家的两个孩子当时……"

对英国人来说，最广为人知的、没有被伯恩命名的消遣是"天气"。

消遣通常都是由父母自我或儿童自我做出的。在父母性的消遣中，人们会传递诸多先入为主的观念。

"今天的年轻人，真不知道他们在做什么。"

"哦，我知道，为什么呢，因为就在昨天……"

儿童自我的消遣者会回到儿时，重演当时的想法和感受。

"这种安静让我觉得很不舒服。"

"嗯。我不知道我们在这里要做什么。"

有些消遣在社交层面上听起来像成人自我说的。但当你"像火星人一样思考"时，就会发现它们来自儿童自我。

"我觉得我们这样在这里坐着是处于适应型儿童自我。你觉得呢？"

"我觉得我在成人自我中。可能几分钟以前我在儿童自我里。"

伯恩称这种消遣为"TA精神病学"。社交层面的信息交换掩盖了真正的议题，其实他们表现出的是儿童自我对团体中真实状况的回避。很明显，我们需要通过观察语调和非言语信号检验这个判断。

消遣提供的主要是正面安抚，也有些是负面的。通过对比仪式和消遣的安抚，我们会发现后者的安抚更强烈，但可预测性略低。因此在儿童自我看来消遣

第九章　时间结构

的"风险"会略大。

在社交互动中，消遣还有一个额外的功能，它能试探对方是否适合在心理游戏或亲密关系中跟自己进行更强烈的安抚交流。

活动

团体中坐在我对面的女士起身说道："我们一直都在谈我们在这里应该做什么，但我在想我们到底要做什么。我有个建议，我们可以用两分钟对我们可以做的事情来个头脑风暴，然后投票做其中的一件。"

她的邻座回应说："我觉得这个主意不错。我可以站在黑板前做记录。"团体内的所有人都同意了，于是开始提出自己的建议。

现在我们就处在活动中。团体成员间的沟通指向一个要去实现的目标，而不仅是讨论。这就是活动和消遣之间的区别。在活动中，人们将自己的能量指向某个实质的结果。我们在职场的多数时间可能都处在活动中，也有一些其他例子，比如修理电器、给孩子换尿垫或开支票。"认真"从事一项运动，或者想努力掌握一件乐器的人都处在活动中。

成人自我是活动中占主导的自我状态，这是因为活动需要实现此时此地的目标。有时，我们在活动中遵循一定规则，每当这种时候，我们就会进入正面适应型儿童自我或者正面父母自我。

有条件正面安抚和有条件负面安抚都会出现在活动中。在活动结束时，为了评价活动做得好坏，我们常常会给予迟来的安抚。与消遣相比，活动中的安抚强度和心理"风险"度既可能高也可能低，依情况而定。

心理游戏

团体的头脑风暴做完了，黑板上写了十几条建议。"好了，我们现在投票，"记录员说，"我念出每条建议，如果念到你想做的那个，请举起你的手。"

投票结束，记录员开始唱票。"嗯，结果很明显，"他说，"我们要轮流做一圈自我介绍，介绍我们是谁，来这里想得到什么。"

"等一下。"人群中另一个声音说道。大家都看向这个人，这是一个名叫约翰的男士，他之前告诉过大家他叫约翰。现在他正用胳膊肘抵着膝盖，身体向前倾着。他皱着眉头说道："我现在很困惑，谁说所有人都要遵循这个投票结果的？"

记录员勉强挤出一个微笑、头微抬、透过鼻子看向约翰。"啊，是这样，"他说，"投票的机制就是这样，少数服从多数这叫民主，现在清楚了吗？"

"不，抱歉，我不清楚，"约翰说，"实际上你让我更困惑了，这和民主有什么关系？"他斜眼看着记录员，眉头皱得更紧了。

记录员没办法了，叹了一口气、耸了耸肩、扫视一圈后沮丧地说："好吧，这个想法只能到这儿了。"

但是约翰同时也转变了他的立场。他直起身坐着、眼睛大睁、嘴巴张开、从侧面拍了一下自己的头。"哦不，"他说道，"我怎么老是这样，可能我已经把大家的练习都搅乱了。对不起，真的对不起。"

约翰和记录员各玩了一个心理游戏。

心理游戏分析是TA理论中的一个重要部分。我们在之后的章节更详细地探讨它，现在，我们只需要注意约翰和记录员间交流的主要特征。

他们互换了一系列交流，这些交流结束后他们都感觉很糟。

第九章 时间结构

在他们感到不良感受的前一秒,他们好像突然转换了角色。约翰一开始很急躁、向大家提出了他的反对意见。随后他又转为自责、跟大家道歉。与此同时,记录员也从居高临下的解释转换为沮丧和无助。

对双方来说,在转换的前一秒他们都感觉到了有什么预料之外的事情发生。如果他们用时间描述这种感受,他们可能会说:"现在到底是怎么了?"

除这种意外的感觉之外,约翰和记录员以前肯定也有过多次类似的经历。每次的环境和人员可能不同,但这种转换的实质是不变的,因此他们的糟糕感觉也是一样的。

实际上,约翰和记录员在他们开始交流时,就已经表现出通过暧昧交流玩游戏的意愿了。他们在社交层面上好像是在交换信息,但在心理层面上约翰却在邀请记录员玩游戏,而且记录员也接受了。

我们都会时不时地玩心理游戏。在后面识别自身时间结构的练习中,如果你有像刚才描述的这种交流的话,你就要把它记作"心理游戏"。它会在你身上不断重复,最终让你感觉很糟。然后当到达某个时间点时,你就会问自己:"刚才发生了什么?"并且通过某种方式感受到角色转换。

所有游戏都是儿时策略的重演,只是它们现在已经不适合成年的我们了。因此,从定义来讲,心理游戏是从负面自我状态发出的:负面适应型儿童自我、负面控制型父母自我或者负面照顾型父母自我。而且,根据定义心理游戏也不会跟成人自我有关系。

心理游戏总会导致双方交换漠视。这些漠视都是心理层面的。在社交层面,游戏玩家双方会觉得这是在交换安抚。在游戏的初始阶段,他们觉得这些安抚有正有负。但到游戏结束时,他们只会体验到强烈的负面安抚。心理游戏的心理"风险"会比活动或消遣都高。

亲密

我听着约翰从反对转为道歉，我开始感到愤怒。我没有压制我的怒火，相反，我表达出来。我对约翰说："我对你刚刚说的话感到很气愤。你跟所有人一样都是可以思考的，我希望你可以继续做练习。"我说话时声音严厉、洪亮。我的身体向约翰前倾，我觉得自己的脸已经涨红了。我的语调和肢体信号与我表达的内容是一致的。

约翰的脸也像我的一样涨红了。他的身体往前倾，好像要从椅子上站起来，在头的上方挥动着胳膊。"我也很生气！"他喊道，"我从一开始就有这种感觉了。没错，我是能思考，但现在我想有一些自己的空间来思考，不用你冲我喊。"

约翰和我此时就处在亲密中。我们不加审核地向对方表达了自身的真实感受与想法。

亲密中不存在"隐秘信息"。社交层面和心理层面是一致的。这就是心理游戏和亲密的重要区别。

另外，同样重要的一点是亲密中表达的感受适宜终止一种情境。约翰和我互相表达愤怒时，我们通过情绪和语言让对方知道自己想要的是什么。我们都无法使对方做出某种行为，但我们从感受和思维层面清晰地告知了对方我们想要的东西。

相反，心理游戏结束时双方体验到的感受无法帮助玩家化解这个局面。这一点从玩家会不断重复这个游戏便可以看出。

在后面我们更细致地探讨心理游戏和扭曲时，我们还会重新回到这个有益感受和无益感受的区分上来。

伯恩在这里选择的"亲密"一词，要从其专业角度来理解。作为时间结构的亲密跟字典中亲密的含义有时相关，有时不相关。当人们在性或人际交流角度

第九章 时间结构

"亲密"时,他们可能相互分享彼此的感受和欲望。这时,他们就处在亲密的时间结构中。但是,常常也有激烈的情绪关系主要建立在心理游戏之上。

有时,人们用心理游戏代替亲密。他们之间也存在相似强度的安抚(虽然游戏的安抚主要都是负面的),但是却没有相同程度的"风险"。在游戏中每个人都会把承担后果的责任转嫁给对方,但是在亲密中每个人都会接受自己的责任。

在写到亲密中的自我状态时,伯恩指出:

"亲密是一种坦率的儿童自我对儿童自我的关系,其中没有心理游戏或是相互利用。它由所涉及各方的成人自我建立起来,因此他们都很清楚彼此的合约与承诺……"

这段引用文字中的斜体部分,旨在强调成人自我在亲密中的作用。伯恩之后的一些TA学者对这个描述进行了简化,认为亲密纯粹是儿童自我之间的交流。伯恩的观点还是那么一如既往地微妙、意义重大。若想在亲密中产生联结,我们首先要用成人自我的思维、行为和感受力与对方建立起关系。在这个受保护的框架里,我们便可以在需要时回到儿童自我,与他人分享我们儿时未得到满足的需求并使之满足。

一些TA学者认为,亲密还会促发彼此父母自我的关怀和保护行为[2]。这个父母自我状态包含的信息是:"我不会漠视你,同时也不允许你漠视我。"

亲密中的安抚比任何一种时间结构的安抚都要强烈。亲密中可以交换正面和负面的安抚但却不存在漠视,因为从定义来说亲密是对真实愿望和感受的交流。

我们在这一章前面部分描述亲密时,故意选了一个负面安抚的例子。这样做是为了打破伯恩之后一些TA学者倡导的观念——亲密必须总是完美的正面安抚。

当亲密中确实出现正面安抚交换时,人们尤其感到愉悦和满足。例如,我们可以想象刚才那个场景的团体另一种发展方式。在向约翰发泄怒火后,我放松下来,我看着他的眼睛微笑着说:"嘿,我觉得我现在更了解你了,我很高兴你跟我讲了你的感受。"约翰也看着我,微笑地说:"我也很高兴,而且你能听得进我说的话，我很开心。"我们走向彼此握了握手。

由于亲密没有预先固定的程式，因此它是所有时间结构中最无法预测的一种。所以，我的儿童自我把亲密作为与人交往最具"风险"的一种途径。我害怕的是我对别人坦诚开放了，但别人却没有这样对我。矛盾的是当一方的坦诚得到了另一方的回应时，这又是风险最小的一种方式。当我和他人处在亲密中时，我们会不带漠视地进行沟通。因此，对所涉及的各方来说，亲密的结果一定是有建设性的，但各方是不是总能觉得舒服则是另一回事，这可能取决于交换的安抚是正面的还是负面的。

制作一个时间结构饼形图：画一个圆圈，之后对其进行分割，使每部分代表你在六种时间结构中度过的时间。

看看你是否想改变你的时间结构图。如果想改变就画出你期望的分布模式。对于你最想增加的时间结构，写出至少五种增加它的行为，并在接下来的一周表现这些行为。之后，再重新画出你的时间结构饼形图。

注意你每天和他人交流时是如何组织时间的。会议中、工作中、和邻居谈话时、聚会时，在任何情境下都要对自己的时间结构进行分析。不要告诉别人你在做什么，除非你确定对方想要知道。

在团体中，六人一组，选一个话题一起聊三分钟，期间每个人角色扮演一种时间结构。三分钟计时结束，一起讨论各自的体验。之后再选一个话题，每个人更换一种时间结构再次表演，依此重复下去。

团体比较大时，可以围着屋子一至六报数。所有报"一"的人表演退缩，报"二"的表演仪式，"三"表演消遣，等等。之后所有人扮演自己的角色在屋里随便走动，进行一场五分钟的"时间结构酒会"。计时结束时，与团体中的其他人分享你的体验。

写出我们自己的人生故事：
人生脚本

[第四部分]

第十章
人生脚本的本质与起源

你已经写好了自己的人生故事。

你从一出生就开始写,到四岁时你已确定了大致的框架。

七岁的你已经为故事填上了主要的细节。从这时起直到十二岁,你又为它做了一些润色,添加一些内容。你在青春期对故事进行修改,增加一些现实中的人物。

和所有故事一样,你的人生故事也有开始、过程和结束。你的故事里有男女主人公、反派、配角和跑龙套的人。有主题和次要情节,它或喜或悲。可能极具吸引力,也可能无聊透顶。它可能振奋人心,也可能令人发指。

现在作为成人的你,已经忘记故事是怎样开始的。可能直到现在你都意识不到自己已经写下的这些故事。但是,尽管意识不到,你依然在按照许多年前写下的故事来生活,这个故事就是你的人生脚本。

假设现在你已经将你的人生故事写好了。

请你拿出纸和笔,回答下列问题。请凭直觉迅速作答,写下脑中出现的第一个答案。

你故事的标题是什么？

这是一个什么故事？幸福还是悲伤？成功还是凄惨？有趣还是无聊？用你自己的语言写下你的想法。

用几句话描述它的最终场景：你的故事有着怎样的结局？

保留好你的答案。随着你对人生脚本理解的加深，你可以再返回来看你的答案。

在TA的日常表述中，我们一般会把人生脚本简写为脚本。

人生脚本的本质和定义

脚本理论最初是在二十世纪六十年代中期，由伯恩和他的学生（特别是克劳德·斯坦能）创立起来的，此后，许多学者在此基础上进行发展。作为TA理论的组成部分，脚本概念的重要性逐渐增强，截至目前，它和自我状态模型并列成为TA的核心理论[1]。

在《团体治疗的原则》一书中，伯恩对人生脚本的定义是**"一个无意识的人生规划"**。之后，在《语意与心理分析》中，他又提供了一个更为完整的定义：**"一个形成于幼年、受到父母强化、被生活事件证实并经过选择达到高潮的人生规划。"**

为了对脚本有更好的理解，我们值得花时间详细探讨这一定义。

脚本是一个人生规划

个体成年的生活模式受到其童年经历的影响，该观点是TA以及其他许多心理学派的核心。但是，TA的脚本理论与其他学派的不同之处在于，它认为儿童为自已定下的是一个详尽的人生规划，而不只是一个大致的对世界的看法。该理论认为，个体的人生规划会采取戏剧的形式有明确的开端、中间和结尾。

脚本指向一定的结局

脚本理论的另一不同之处在于，它认为人生规划会"经过选择达到高潮"。小孩在创作人生剧本时会把结局同整个故事整合在一起，从开场往后的所有情节都是精心安排好的，一步一步指向最后一个场景。

用TA术语来说，最后的这一个场景称为脚本结局。脚本理论认为，当我们作为成人按照脚本生活时，我们无意识地选择一些行为来使自己靠近脚本结局。

脚本是我们决定的

伯恩说脚本是"一个形成于幼年的人生规划"，这就意味着儿童会对人生规划做出决定。我们的人生规划不仅是由外部力量如父母或环境决定的，用TA的语言来讲，脚本是我们决定的。

这样我们可以推断出，即便生活在相同环境的孩子，也会根据自己的决定制定出不同的人生规划。伯恩举了一个例子。有位母亲告诉她的两个儿子："你们最终会进疯人院的。"于是一个儿子成为一所精神病院的住院病人，而另一个儿子却成为一名精神病医生。

脚本理论中的"决定"和一般字典中对该词的解释不同，它具有专业层面的含义。儿童在对脚本做出决定时不会进行特意的思考，这和成人的决策制定过程不同。最初的决定源于感受，它们在儿童尚未发展出语言之前就已经做出了。此外，儿童还会依靠一种和成人不同的现实检验方法来做出决定。

脚本受到父母的强化

虽然父母无法决定儿童对脚本做出何种规划，但他们依然可以对该过程施加重要的影响。从儿童出生开始，父母就在不断地向她发出信息，而她就会以这些信息为基础形成对自身、他人和世界的看法。这些脚本信息既有非语言形式的也有言语形式的，它们构成了儿童主要脚本决定的基本框架。我们会在第十三和十四章对各种脚本信息进行介绍，并说明它们是如何与脚本决定联系起来的。

我们意识不到自己的脚本

成年后，我们只有在梦和幻想中，才能看到我们早期记忆的迹象。我们虽然按照早期决定生活，但如果不花时间探索自己的脚本，我们可能也不会意识到自己做过这些决定。

现实会为了"证实"脚本而妥协

伯恩在写脚本"会受到生活事件的证实"时，把"证实"二字引起来就更好了。我们常常用自己的参考框架解读现实，这样我们就能证实我们的脚本决定了。我们这样做是因为，当我们由脚本衍生出来的世界观受到威胁时，我们的儿童自我会认为它威胁到了我们需求的满足，甚至威胁到了我们的生存。在随后讲到漠视、再定义和参考框架时，我们就能明白这种扭曲是如何产生并如何与生活问题联系起来。

脚本起源

我们婴儿期为什么要做出这种影响深远的决定呢？它们有什么作用？答案就包含在脚本形成的两大特点中。

（1）脚本决定是儿童为了能在这个看起来充满敌意、危机四伏的世界生存下来而制定的最佳策略。

（2）脚本决定是根据婴儿的情绪和现实检验力制定的。

斯坦·乌拉姆的研究为我们对于该问题的讨论做出了极大的贡献，在此我们要向他表示感谢[2]。

对于充满敌意的世界的反应

婴儿的肢体十分脆弱，对她来说世界充斥着高大的巨人，一个突然的声响都会预示着她处于危险之中。在没有语言或连贯思维的情况下，她认为只要爸爸妈妈离开了她就会死亡。如果他们对她发怒，那就是对她最沉重的打击。此外，婴儿不具有成人对时间的概念，如果她饿了或者冷了妈妈却没有出现，那么在她看来，可能妈妈永远也不会出现了，死亡也就降临了。或者还可能比死亡更惨——她会永远、永远地孤单下去。

当孩子两到三岁时，她可能有一个弟弟或妹妹。现在她已经大了一些，知道她不可能因而死去，但是妈妈的全部精力都放在了这个新生儿身上。妈妈对我的爱是不是减少了？这个小孩会夺走我的一切吗？现在，她感受到的威胁是失去妈妈对自己的爱。

在脚本形成的这几年里，儿童都处在比较卑下的位置。她认为父母拥有最高的权力，这种权力在她还是婴儿时决定着她的生死，之后，决定着她的需求能否得到满足。

因此，她会在反应中运用一些策略，尽可能地让自己生存下来并实现自己的需求。

早期现实检验力与情绪

小孩与成人在思维方式上不同，在体验情绪的方式上也不同。脚本决定的形成便以儿童对世界的独特感知方式为基础，该感知方式在六岁以前主要依靠感觉和直觉。

第十章 人生脚本的本质与起源

婴儿的情绪体验包括愤怒、痛苦、恐惧和狂喜。他的早期决定就是根据这些强烈的感受形成的，因此我们无须惊讶于为什么他的决定那么极端。假设他要待在医院做手术，这对成人来说也不是一次愉快的经历，于他就更是一场恐怖的灾难了；此外他还感到害怕，感到无比悲伤，因为妈妈不在身边，甚至有可能再也不会回来；他还感到愤怒，因为是母亲没有保护好他才会让他有此等遭遇。于是，他可能做出这样的决定："这些人想要杀死我。妈妈没有制止这件事，所以她也想要杀死我。我应该在他们杀我之前先杀掉他们。"

婴儿的逻辑原则是从特殊推知一般。比如说，母亲在回应孩子的要求时没有一致性，在孩子哭时她有时照顾有时忽视，那么孩子对此得出的结论不会仅仅是"妈妈靠不住"，他会认为"所有人都靠不住"或者"女人都靠不住"。对于一个四五岁的小女孩来说，当父亲不再像对待学步儿那样给予自己温暖的关注时，她就会十分愤怒，并且不只是"对父亲愤怒"，而是"对所有男人愤怒"。

为了弥补自己的无力感，儿童想象自己是全能的或者自己有魔力。比如，他可能感到父母之间关系不好，尤其当他是家里的独生子时，他就会认为："都是因为我。"如果父母发生了肢体冲撞，他会认为自己有责任保护较弱的一方，或者自己有责任解决他们之间的冲突。

如果孩子觉得自己受到父母的拒绝，他就会把原因归结于自己并做出"我一定有什么问题"这样的决定。

小孩子不太能区分想与做之间的区别。如果一个学步儿感到"我想要杀死这个新来的小孩，他抢走了家人所有的关注"，那么这对她来说和"我把新来的小孩杀死了"没什么两样。因此，她得出的结论是："我是一个杀人犯，我很坏、很邪恶。"成人后，她也会对她从未实施过的罪行隐隐感到内疚。

TA的一个核心技能就是学会感知婴儿的这种逻辑或魔术般的思维，用语言学家的话来说就是"对语言的感知"。特别是如果你想在治疗中应用TA，你就必须下功夫培养自己对儿童脚本语言的感知。

为了增进对这种语言的理解，你可以阅读埃里克森、皮亚杰和其他儿童发展专家的研究[3]。若想了解自己的脚本语言，你可以观察自己的梦。因为成年之后，对于婴儿期世界中的很多敌意的记忆，只有在梦中才能最为近距离地触及。

●练习：探索自己的脚本

梦、幻想、童话和童年故事都能为我们认识脚本提供线索。下面的练习应用了这些方法。

在做练习时，请自由发挥想象力，不用考虑它们有何作用或者它们代表什么含义。不要监视或者思考自己应当说什么，接受自己的第一印象以及随之而来的感觉就好。你可以在之后对它们进行解读。

该练习在团体和配对情况下效果最显著。但是，不论是团体还是个人，录下你们的反应是个不错的主意。练习过程中可以全程录音，之后重复回放，让直觉告诉你它是什么意思。你会惊讶于你对自己和脚本有多深的了解。

练习过程中，你可能体验到强烈的情绪，它们是随着脚本记忆被回忆起来而出现的童年感受。如果你出现这种体验，你可以在任何时候停止或继续。如果你想停止，你可以中断练习，将注意力集中在室内某个显眼的物体上，告诉自己（或者搭档）这是什么、有什么颜色、用途为何。想一些日常的成人话题，比如下一顿吃什么、下次上班是什么时间。与此同时，身体保持站立或端坐，让头部和肢体围绕身体中轴线保持平衡。

男、女主人公

你最喜爱的人物是谁？他可能来自你的一则童年故事，也可能是你记忆中一个剧本、一本书或一部电影的主角。他也可能是个真实的人。

选择你最先想到的人物。

现在开始录音，并且/或者示意你的搭档或团体听你讲话。你要变成你所选的那个人物并谈论自己，多久都行，要用第一人称"我"。

例如，假设我的故事的主人公是超人。我最开始可以说："我是超人。我的工作是帮助有困难的人，然后再消失。多数时候人们不知道我就是超人，因为我通常都有伪装……"

不论你选的是谁，现在都可以开始成为他或她，然后谈论自己。

故事或寓言

讲故事或寓言是第一种练习的变形。这次你还是要选一个你喜欢的人物，最好是脑海中最先出现的。这可能是一个童话故事、经典神话或其他任何你喜欢的事物。

你可以这样开始："很久以前，一位美丽的女孩被她邪恶的继母诅咒，于是永远地睡去了。她睡在城堡深处的一张床上，城堡四周满是尖尖的藩篱。许多国王和王子都来寻找这个女孩，但他们都没能劈开那道藩篱……"

为了从故事中获取更多信息，你可以充当故事中的任何人或物，并且每一次你都要对自己做些谈论。在上面的例子中，你可以做那个女孩、做继母、屋子、城堡、一位王子或藩篱。

作为藩篱，你可能会说："我是藩篱，我坚固、粗糙并且尖锐。我所有的尖都指向外部，这样人们就不能劈开我。我的任务是保护睡在我里面的那个小女孩。"

梦

从你的梦中选择一个。虽然任何一个梦都可以，但是最近的或者反复出现的梦能够揭示更多信息。

把梦讲出来，讲的时候要用现在时态而非过去时态。

然后就像前面的故事一样，让自己变成梦中的人和物并谈论自己。

回想自己从梦中醒来后的第一感觉。它让你高兴还是不高兴？

你喜欢梦的结局吗？如果不喜欢，你可以在练习中重写梦的结局。然后像刚才讲述梦一样，用现在时把重写的结局讲出来。

看看你现在是否对梦的结局满意了，如果还不满意就再写一个，重写多少次都没关系，直到你满意为止。

室内的物体

环顾四周，选择你看到的任何一个物体，最好是你最先想到的。现在，变成那个物体并谈论自己。

比如说，"我是门。我坚硬。我是方形的，由木头制成。有时我会挡住别人的去路，但当这种情况发生时人们会把我推到一边……"

为了从这个练习中获取更多信息，你可以请一位搭档装作你选择的物体，然后与他谈话。你的搭档不能做解释，他只需要像门、像壁炉或者像你选的任何东西一样和你谈话。例如：

"我是门。当我挡住别人去路时，别人会把我推开。"

"好吧，门，当人们推你的时候你有什么感受？"

"我感到很生气。但我是一扇门，我不能说话，所以我只能随他们去。"

"啊。那么门，为了让自己感觉好一些，你想做什么改变吗？"

把人生当作一场戏

在本练习中，你需要有个人扮成"引导者"，他会在你放松的状态下把你的剧本说出来，或者你也可以把剧本内容录下来，然后在放松的状态

第十章 人生脚本的本质与起源

下听。一位引导者也可以带领一个团体做这个练习。

引导者不用一词不差地念出剧本内容，实际上如果他只记下来一些节点的顺序，然后在用词方面即兴发挥会有更好的效果。在句与句之间，他应当留出足够的停顿，这会让听者有充分的时间形成意象。

你可以坐在椅子上或地板上放松全身，也许闭眼对你更有好处。然后引导者开始说台词：

"想象你在一个剧场里，你在等待戏剧的开始。这部戏剧讲述的是你的人生故事。

你要观看的这部剧是什么类型的？是喜剧还是悲剧？质量上乘还是粗制滥造？它有趣还是无聊，夸张还是实事求是？或者它是别的什么类型？

剧场里坐满了人、坐了一半、还是空无一人？观众看完后觉得兴奋还是无聊？高兴还是悲伤？他们会鼓掌吗，还是会走出去？或者他们会有什么其他反应？

你的这场戏，讲述你人生故事的这场戏叫什么名字？

现在灯光渐暗、剧幕拉开，属于你的这场戏开始了。

你看到了第一个场景，这是你生命最初的一个场景，你在这个场景中非常幼小。你身边有什么？有谁在那里？你看到了一整张脸还是一张不完整的脸？如果你看到了一张面孔，那么他的脸上有什么表情？你听到了什么？注意你的感觉，也许你的身体里有什么感觉，也许你感受到一些情绪。你有闻到或尝到什么味道吗？给自己一些时间感知你剧中的第一个场景。（停顿）

现在变换场景，在接下来的这个场景中，你变成了一个年幼的儿童，大概三到六岁的样子。你身处何方？你身边有什么？还有其他人吗？他们是谁？

他们有对你说话吗？你对他们说话了吗？你还听到其他声音了吗？

在这个场景中你有什么感觉？你的体内有什么感觉或感受吗？你有没有感受到任何情绪？

你有闻到或尝到什么味道吗？

现在，你正处在这场戏的第二个场景中，也就是你三到六岁的时候，慢慢感知你的所见、所听、所感、所尝或所闻。"（停顿）

接着，引导者还要依次在下面这些场景中说出相同的引导词：

青少年场景，十到十六岁；

当前场景，你现在所处的年龄；

十年以后的场景；

你这场戏的最后一个场景——死亡场景。在为该场景说出引导词时，引导者还要问"你在这个场景中有多大？"

最后，引导者让你慢慢回到现实当中。

你可以根据个人意愿与团体或搭档分享你的感悟。●

第十一章
人是如何按脚本生活的

我们在婴儿期编出自己的人生故事后，到成年期至少会有一段时间按这个故事生活。

在本章中，我们将向你介绍人是如何按照脚本使自己成为赢家、输家或非赢家的。我们向你展示人们是如何进入以及摆脱脚本行为的，并告诉你为什么了解有关脚本的知识对于理解人的生活方式那么重要。

你的脚本既有内容又有过程。你要记住内容代表"什么"，过程代表"如何"。

你的脚本内容和其他任何人的都不一样，它就像指纹一样独一无二，但是，脚本过程就只有相对较少的几种模式。关于这部分我们会在之后的章节中介绍。

赢家、输家和非赢家的脚本

从内容来看，我们可以把脚本归为以下三种：

▶赢家脚本。

▶输家脚本或有伤害性的脚本。

▶非赢家脚本或平庸脚本[1]。

赢家脚本

伯恩对"赢家"的定义是"能够实现自己所设定目标的人"。（罗伯特·高登对此做了补充："并且他的行为还会使世界变得更好。"）此外，"赢家"一词还意味着，实现目标的过程是舒适、快乐和顺利的。如果我在幼年决定自己将来要当一位伟大的领袖，并且最终成功地成了一位为人称道的将军或政治家，那么我就是赢家；如果我决定要做一个百万富翁，那么我愉快、自在地成一名百万富翁，就说明我是赢家；如果我决定做一名身无分文的隐士，并且最终快乐地在山洞里当着一个隐士，那么我就是赢家。**"赢"永远是相对于我给自己设定的目标而言的。**

输家脚本

相反，"输家"指"无法实现自己所设目标的人"。与上相同，重要的不仅是是否实现目标，实现过程中的舒适度也很重要。如果我决定要做一位伟大领袖，但是参军后却被军队开除，那么我就是个输家；或者如果我因绯闻被逐出政界，那我也是个输家；如果我决定要当百万富翁，可最后却成了一个身无分文的隐士，那我就是输家。

但是，如果我决定成为并最终成了百万富翁，可是却持续因为溃疡和经营压力而感到痛苦，那么我也是输家；如果我像隐士一样生活在山洞里，可却不断抱怨贫穷、潮湿和孤单，那我还是输家。

伯恩在论及"赢家""输家"与"实现所设目标"之间的关系时十分谨慎，因为他想强调我们不能简单地把"赢家"和拥有巨大财富的人对等，而"输家"

也并不一定就是缺乏物质财富的人。

　　事实上，有些人在童年期决定的想要达到的目标，只有在遭受痛苦、自我约束，甚至肢体伤害后才能实现。比如说，婴儿不借助语言也能决定："我做什么都会失败。"然后他就会按这个脚本决定去生活——为了实现他所设的目标他便会不断失败。还有小孩在早年做出这样的决定："为了让父母爱我，我必须死掉。"然后他们努力去实现这个悲惨的结局。虽然这种脚本不符合伯恩对输家的定义，但所有人都会把具有这种结局的脚本称作"输家脚本"。

　　根据结局严重程度的不同，我们可以把输家脚本大致分为三种：第一级、第二级和第三级。

　　第一级输家脚本是指个体的失败和所失去的东西比较轻微，可以在他的社交圈内讨论。比如说经常在工作中争吵、患上不用住院治疗的轻度抑郁，或者大学考试没有通过。

　　第二级输家脚本后果比较严重，它们不能成为社交交流的话题。这类例子可能包括受到多个单位的辞退、患上需要住院治疗的重度抑郁，或者因不良行径被大学开除。

　　第三级输家脚本最终会造成死亡、严重肢体伤害、患病或法律纠纷。第三级脚本结局可能因窃取公司基金而入狱、患有需要终生住院的精神障碍，或者因期末考试不及格而自杀。

　　我们常用"有伤害性的"一词形容第三级输家脚本与结局。该词源于古希腊语"hamartia"，意指"本质缺陷"。它反映了输家脚本是如何像古希腊戏剧一样，将人生从一个早期负面的决定无情地引向最终悲剧性的结局。

非赢家脚本

　　具有非赢家脚本的人是一个"中庸"的人。他每天都拖着沉重的脚步，没什么成功也没什么失败，他不会尝试去冒险。这种脚本模式通常称为"平庸的脚本"。

非赢家的人在工作中不会当上老板也不会被开除。他在工作年限里努力工作，拿到一个刻有纪念文字的大理石钟，然后进入安详的退休时光。他可能坐在摇椅里这样反思他的一生："要是时机合适我本可以做老板的。算了，我应该也不算差。"

赢家、输家和非赢家

伯恩认为，要想区分赢家和输家，你可以问他若是失败了他会怎么做。伯恩认为赢家知道怎么做，但是不会说出来；输家不知道怎么做，只会不停地谈论赢："当我赚到我的第一个一百万时……""当我的机遇到来时……"。**他把赌注都投到一个选项上，这也就是他会输的原因。**

赢家总是有多种选择，这就是他赢的方法。如果一件事没能成功，他就会换另一件事来做直到成功。

非赢家时赢时输，但在方向上不会有太大变化。**因为他不会去冒险，他会谨慎地生活，而这也就是他成为非赢家的原因。**

分类需谨慎

将脚本分为赢家、非赢家和输家只是一种大致的划分。同一个结局对你来说是非赢家，对我来说可能就是赢家；在我的社交圈不允许的事物，在你的社交圈可能被接受。

事实上，大多数人的脚本是赢家、非赢家和输家的混合。在我独特的童年决定中，我可能立志要在脑力工作方面做一个赢家，在体力活动方面做非赢家，而在人际关系方面做第一级输家。你的个人决定组合出的脚本可能是完全不同的。

最重要的是，你要知道任何脚本都是可以改变的。意识到自身脚本后，我就可以知道我在哪些方面做了输家的决定，然后可以再把它们改为赢家的决定。赢家—非赢家—输家的划分方式对于了解过去十分有效，它像一份价值非凡的地图，我们可以根据它改变现在。无论如何，它都不是对未来的盖棺定论。

> ●通过上一章的练习，你对自己的脚本有哪些发现，请再次回顾一下。
>
> 你认为自己的脚本基本属于哪一种，赢家、输家还是平庸？
>
> 有没有一些特定领域，你在其中给自己设定的目标就是赢、输或者平庸？
>
> 到目前为止，你有没有在哪些领域一直都属于输家或非赢家，但却想变成赢家？
>
> 若有，针对每一个领域，写下你认为成为赢家的表现。对你来说，赢家的结局会怎样？
>
> 然后再针对每个领域，写下至少五种可以为你带来赢家结局的行动，每天做一种。如果你处于团体中，向团体成员汇报你的成果。●

成年生活中的脚本

成年后，我们有时还会重演幼时决定的策略。每当这种情况发生时，我们都是在把做早期决定时的景象当成当下的现实并对其做出反应。我们这样做时就是处在脚本中。或者可以说，我们正在做脚本性行为或体验脚本性感受。

我们为什么会这样做呢？为什么我们不能随着成长而把幼年决定抛之身后？根本原因是我们仍然希望解决幼年未解决的根本问题——如何获得无条件的爱和关注。因此，即便是成年后我们也时常表现得像婴儿一样。和其他许多疗法一样，TA也把这一点作为大多人生问题的根源。

当我们进入脚本后，我们通常不会意识到自己在重演幼年的策略。而通过认识脚本以及探索早期决定，我们便可以发展这种意识。

我们不可能准确地预测一个人在什么时刻进入脚本，但根据下面两个因素，我们还是可以做出大致的推断：

（1）个体认为当下情境压力大。

（2）当下情景与童年的某个压力情境有相似性。

这两个因素相互强化。

压力和脚本

斯坦·乌拉姆提出压力量表的概念[2]，压力越大个体越容易进入脚本。如果我们给压力评分，假设可以给1到10分，我可能在6分或更高的压力情境下进入脚本，而你可能要到8分时才会进入脚本。

假如我和我的直属上司意见不一致，而这种情况的压力水平只有3，那么我就不会进入脚本，我会用成人自我的方式跟他讨论我们的分歧。我推断我们要么得出一个妥协的方案，要么允许各自保留各自的意见。如果是后者，那么就没什么问题。

但假如现在我的上司叫来了主管，同老板的辩论在压力水平上达到了6分，于是我就进入了脚本。在与主管面质时，我就像回到小时候见到生气的父亲一样，他像巨人一样站立在我面前大声骂着一些我听不懂的话。我现在的肢体反应、感受与想法和当年相同。在毫无意识的状态之下，我把主管当作我的父亲，并且像那个害怕的三岁孩子一样做出了回应。

"压力量表"很好地体现出压力与脚本性反应之间的关系。它并不是说压力会"让"所有人都进入脚本状态。进入脚本是一个决定，虽然这个决定是在无意识状态下做出的。

仅仅通过学习脚本，我进入脚本前就能承受较大压力了。如果我接受个人治疗，我解决问题的能力更会提升，我也就不会在困难面前轻易进入脚本了。

橡皮筋

我之所以在与主管辩论时进入脚本，不仅因为当时情境压力很大，还因为当时的情境与我童年的一个痛苦经历很相似。

用TA的语言来说，就是**当下的情境一下就被橡皮筋弹回了早年的情境中**。

我们有时感觉像是被弹回了早年的情境中，这种表述形象地描述了我们在这种情境下的感受。想象一个巨型橡皮筋跨越时间伸到现在，它捕捉到一个激起幼年痛苦回忆的当下特征，然后"哗"地一下就把我们带到了过去。

一般来说我们在意识中都不会对童年场景有所记忆，因此，我们也就不知道它们的相似之处在哪里。对我来说，橡皮筋是把我从主管那里拉到了我生气的父亲身旁，但是，尽管我惧怕主管的愤怒，我却未意识到站在他身后的是我父亲。

由于父母对我们的早年生活具有重要意义，因此橡皮筋的另一端常常就是他们。此外，我们的兄弟姐妹以及具有父母样的祖父母、姨母、叔伯也常常出现在橡皮筋的另一端。当我们加入一个团体时，我们常常会把父母或兄弟姐妹的形象加在团体成员头上。与很容易把我们带入某种情绪的人谈话时，我们有时把他们当作过去生命中的人物，而且我们在这样做时是没有意识的。

弗洛伊德称这种现象为移情，而在TA中，我们则通俗地称其为**"把一张脸放在某人脸上"**。当我和主管辩论时，我就是把父亲的脸放在了他的脸上。

另外，橡皮筋并不总是指向人，它也可以钓住声音、气味、特殊环境或其他让我们无意识地忆起童年压力情境的事物。

要想运用TA达成改变就要断绝与橡皮筋的联结。通过认识脚本以及进行个体治疗，我可以解决原始创伤不再重返童年的旧情境。这样，在应对当下情境时，我就可以按自己的意愿使用成人资源了。

● 回想最近你遇到的一个压力情境，并且该情境以不愉快的方式结束。请你特别回想你在该情境中的负面感受，但不用真的去重新体验。

接着，再回想过去一年中是否存在类似的情境，你在当时也体验到了那种负面的感受。

下面回到五年前，回顾一下你有没有经历过给你带来相同负面感受的情境。

然后，再在青少年时期搜寻给你带来这种不良感受的情境。

再往下回忆，在你童年时期，有没有发生过带给你这种负面感受的情境。

如果能够回忆，你还可以在更早的童年时期搜索类似的情境。当时你有多大？都有谁在旁边？发生了什么事？

本练习旨在寻找橡皮筋的另一端。近期经历与你童年时的经历有什么相似之处？如果你的近期经历还涉及其他人，那你又把哪个故人的脸放在了他或她身上？

当你意识到自己是在重演哪段旧时经历后，你就能与橡皮筋断开联结了。你要运用成人自我的意识提醒自己当下的人和你想象的那些脸是不同的。如果你开始经历那种不良的感受，你就要让自己意识到当下的情境和以前是不一样的。现在的你既拥有成人的资源和选择，也依然具有当时作为儿童的你的所有一切。●

脚本和身体

看起来我们最早的一些决定既有通过身体制定的也有通过头脑制定的。可能一个婴儿伸出手想让妈妈抱，但却发现妈妈常常不理他，于是为了减轻被拒绝所带来的痛苦，他就会压抑身体的欲望——为了防止自己再伸出手，他会让自己的胳膊和肩膀变得紧张。

多年以后，作为成人的他依然会保持紧张状态，但他却不知道自己正在紧张着。他的肩膀或脖颈感到疼痛。在深度按摩或治疗中，他感受到自己的紧张并将它释放出去。随着紧张感的释放，他在婴儿期压抑的感受也可能释放出来。

伯恩谈到过脚本信号，这些都是标志着个体进入脚本的肢体线索，比如深深地叹气、姿态变换或者某个身体部位的紧张。伯恩尤其关注括约肌的紧张，也就是人身体上各个孔周围的肌肉。

一些TA治疗师还对身体脚本这一领域做过专门研究[3]。

为什么理解脚本是重要的？

为什么人生脚本的概念在TA理论中如此重要呢？

原因是通过它，我们便可以理解人们为什么形成他们现在的行为方式。在我们研究那些表面看起来痛苦或具有自我挫败性的行为时，这种认识尤其重要。

例如，在介绍到后文的心理游戏时，你将看到人们一遍遍重复令自己痛苦不已的交流。既然它让我们如此难受，我们又为什么要不断重复呢？

脚本理论给出的答案是：**我们这样做是为了强化和发展我们的脚本**。当我们处于脚本中时，我们实际是在重复婴儿期的决定。对于婴儿期的我们来说，这些决定是生存下去并满足需求的最佳方式，但成年后我们却依然在儿童自我中抱持着这种信念。在没有意识的情况下，我们就按照早期决定的方式来设想当下的世界了。

当处在脚本中时，我们企图通过重演儿时策略解决成人的问题。当然，这样造成的结果只会和幼时一样。当我们得到这些不舒服的结果后，我们会对我们的儿童自我说："没错，这个世界就是和我以前想的一样。"

每当我们这样"证实"了自己的脚本信念后，我们就会离我们的脚本结局更近一步。比如说，我可能在幼时做出过决定："我一定有什么问题，人们都拒绝我。我最后一定会在悲伤中孤独地死去。"成年后，为了将我的人生规划继续下去，我故意让自己一次次被拒绝。每次被拒绝后，我都会再次"确认"我最终的结局将是孤单地死去。我意识不到自己拥有一个魔术般的信念，即只要我得到这样的结局，爸爸妈妈最终就会变得爱我。

脚本是"魔法般的解决问题方法"

我们童年期的基本问题是获得无条件的爱和接受，脚本为解决该问题向我们提供了一个有魔法的方法。成年的我们很难放弃这份魔力，因为我们小时候通常与一则童话形成认同，然后幻想如果我们的生命路径能像童话那样，我们也就能"永远幸福地"生活下去了。

但问题是童话其实戏弄了孩子们。它们教导孩子们，如果想遇到什么好事，你就先要做一个十足的受害者来赢取它。

比如，要想嫁给王子的话，你有这样一些有趣的选择。你可以努力劳作、受苦、边吃尘土边打扫，然后等待仙女的到来，让她送你去参加舞会；或者你可以吃下一颗毒苹果；再不然就在一根毒纺锤上刺破你的手指，然后等待一个喜欢亲吻死尸的人到来；再或者你可以把自己锁在一座高塔中养长头发等待一个人到来，而这个人喜欢寻找被监禁的人。另外，你还可以到处去亲吻蟾蜍或者试着把野兽变成王子。

如果你想娶一位公主，你的选择也同样很有吸引力。你可以四处亲吻死掉的女人；可以寻找被锁起来的女人；你可以去寻找想从你身边逃跑的女人或者装成野兽或青蛙；如果你想获得成功和喜爱，最开始你就要扮成小丑并接受别人的取笑。

童话的积极作用在于它能在孩子无力的时候给他们一种对自己生活的掌控感。唯一的问题是它给予的办法只是魔法，无法在现实中应用，但至少它让儿童在一个可能本没有希望的环境中生存下来。

成年后，我们心中的儿童自我继续相信这个魔法般的信念并努力使之实现。如果尚未实现，那么可能是我们遭受的苦难还不足以让我们获得解救。**摆脱脚本的一个环节就是要放弃"世界是完美的"这一信念，取而代之的是我们要运用成人自我的问题**

解决能力，在这个永远不可能完美却可以美好而有趣的世界实现我们的需求。

脚本是让人"免受灾难的保护措施"

人们之所以如此坚信脚本信念，其实还有另一个原因。假设我有不按脚本方式行为、思考和感受的选择时，对于儿童自我中的我来说，这就意味着放弃那个"魔法般的解决之道"。这本身就已经很糟了，可是同时它还意味着我要自己去面对所惧怕事物将会发生，而得不到预期的魔法结果的可能。

当我幼年做出这些决定时，我认为如果不遵循它们我身上就会发生无法言喻的恐怖灾难。我也不清楚究竟会发生什么灾难，我只知道它将令我十分害怕，因此，我会不惜一切代价避免它发生。要想避免它，我只知道一种方法，那就是遵从我做的关于自己、他人和世界的决定。而每次我又能"证实"这些决定是正确的，因此，灾难就不大可能发生在我身上。

成年后当我们按脚本生活时，我们实际上就是在重复婴儿期的这个动机。这就是为什么人们在做自我伤害的行为时，还会觉得"更舒服"的原因。他们在没有意识到的情况下，就活出了自己的信念："虽然我现在的行为让我很痛苦，但这比我用其他行为方式所带来的灾难要好得多。"

所有这些都告诉我们认识脚本在个人改变过程中的重要性。要想摆脱脚本，我必须知道我幼时哪些需求没有得到满足；现在我要用成人的资源满足那些需求，而不能再依赖脚本"魔法般的解决方法"。此外，我还要安慰自己，在摆脱脚本模式的过程中，我儿时所害怕的灾难是不会发生的。

脚本和人生历程

伯恩写道："脚本是个体在童年早期对自己的规划，是实际发生的人生历程。"

你的人生历程是四个因素交互作用的结果：

▶遗传

▶外部事件

▶脚本

▶自主决定

我继承的基因在很大程度上决定了我的身体构成。虽然在"天生与教养"的问题上学者们尚未达成一致意见，但是我的基因还是会对我的心智特点起到一定的作用。可能我幼时认定自己的命运是做一名运动员，但遗传基因只给了我一般的身体，那么要想达成自我实现，我最好还是用其他方式。

可能我的早期决定是健康地活到老，但在没有预料的情况下，我却不幸地经历了火灾、地震或飞机失事，于是一个偶然的外部事件就这样将我活到老的决定扼杀了。

有时，外部影响会打乱负面的脚本模式。例如，战争时期一个国家的民众会"团结一致"，这时受到神经问题困扰的人就比和平时期要少。（该论断并非要支持战争，治疗神经症还是有许多更轻松的方法。）

不论我是否接受正式治疗，在充分利用成人资源的基础上，我有许多人生决定是可用的，这种决定称为非脚本的或自主的决定。当我做出自主决定时，我是在运用成人的我来应对当下的现实。

那你又如何辨别自己是在脚本中还是处于自主状态呢？请继续阅读本书并完成练习，渐渐地你就知道该如何判断了。如果你仍有怀疑，就假设自己是在脚本中，尤其当这个情境重复给你带来麻烦时，你就把它当作自己在无意识中给自己安排好的。接着，用各种方法改变那个情境，让它不再给你带来麻烦。

第十二章
心理地位

伯恩认为，处于脚本形成早期的儿童"……就已经对自身和周围的人有特定观念了……这些观念很可能伴随他终生，它们可以归纳为：

（1）我好，或者（2）我不好；（3）你好，或者（4）你不好。"

将它们以各种方式自由组合，我们能得到关于自己和他人的四句话：

（1）我好，你好；

（2）我不好，你好；

（3）我好，你不好；

（4）我不好，你不好。

这四种观点就是**心理地位**[1]。一些学者称它们为基本地位、存在地位或者就只是称为地位。它们代表了个体对自身和他人根本价值的基本态度，其内涵比简单的对自身和他人行为的看法更为深刻。

儿童一旦形成了某种心理地位，就会按照它来构建自己的脚本。伯恩写道："每个心理游戏、每个脚本和命运都是以这四种基本地位之一为基础的。"

选择"我好，你好"心理地位的儿童很可能构建出一个赢家的脚本。他认为自己是可爱的、人们喜欢跟他在一起。他先做出决定认为自己的父母很可爱、值得信任，然后再把这个观点扩展到大众身上。

如果她的心理地位是"我不好，你好"，她就可能写下一个平庸或输家的人生故事。为了和自己的基本地位相符，她的脚本以受害或输给他人为主题。

在"我好，你不好"之上形成的脚本表面看起来像是赢的，但这些孩子认为自己必须处于优势地位，他人必须处于劣势。有时为了达到这种状态，他会让自己非常辛苦，因此他能实现自己的愿望，但却要不断处在斗争当中。也有时，他身边的人对于向他低头感到厌倦，于是拒绝他，这时他就会从一个"赢家"变成巨大的输家。

"我不好，你不好"的心理地位最有可能引致输家脚本。这种孩子坚信人生是徒劳的、人生充满了绝望。他认为自己处于劣势地位、不被爱，而其他人由于也是"不好"的，因此也不会帮到自己。最终他的脚本充满拒绝别人和被拒的景象。

心理地位的起源

TA的权威学者们对于心理地位是如何产生以及何时产生的，存在一些不同意见。

伯恩认为"……心理地位是早年（三到七岁）为了证实一个决定而产生，它以早期经历为基础。"换句话说，伯恩认为先有早期决定，之后为了让世界符合自己的决定儿童才产生了心理地位。

例如，婴儿不用语言就做出决定："我再也不会爱别人了，因为妈妈的反应说明我不可爱。"为了证实这个决定，他让自己相信："没有人爱我。"这也就是"我不好"。如果一个小女孩遭到父亲的身体虐待，她就会决定"我以后再也不相信男人了，因为爸爸对我很不好"。之后她又会把这个信念泛化为"所有男人都不值得信任"，或者是"你（他们）不好"。

克劳德·斯坦能认为心理地位在很久以前就有了，他认为心理地位起源于出生后的几个月中。在斯坦能看来，"我好，你好"的心理地位反映了婴儿与母亲之间相互的、舒适的依赖感。他将这种地位等同于儿童发展专家埃里克森所说的"基本信任"，认为它是"……事物的一种状态，在这种状态之下婴儿感觉自己与世界融合在一起，而世界的所有事物也与自己融合在一起"。

斯坦能指出所有儿童最开始都处在"我好，你好"的地位上，只有当他与母亲之间的相互依赖感被打破时，他才会转到其他心理地位上去。这可能是因为儿童认为母亲收回了之前给予的保护和接受。对于一些婴儿来说出生本身就是一个威胁，作为对这种不适感的反应，婴儿决定自己是不好的而他人也不好。于是，她便从埃里克森所说的"基本信任"转到了"基本不信任"。之后，她还会根据这种对自身和他人的根本看法构建自己的脚本。

因此，斯坦能在"心理地位证实脚本决定"方面认同伯恩的看法。但同时他也认为首先出现的是心理地位，之后才会产生脚本决定。

心理地位是个体对自身和他人的基本信念，人们用它来证实自己的决定和行为。

成年期的心理地位：心理地位象限图

我们每个人在成年之前都已基于这四种心理地位之一写好了人生脚本。但是，我们并非时时刻刻都处在该地位之中，我们每分每秒都在变换着心理地位。

富兰克林·恩斯特发明了一种用来分析这种心理地位变化的方法，他称之为心理地位象限图（图12.1）[2]。

恩斯特用的词是"我认为好的"，而非仅仅是"好的"。这有助于强调"好"是我对自身的看法以及我对你的看法。

今日TA 人际沟通分析新论

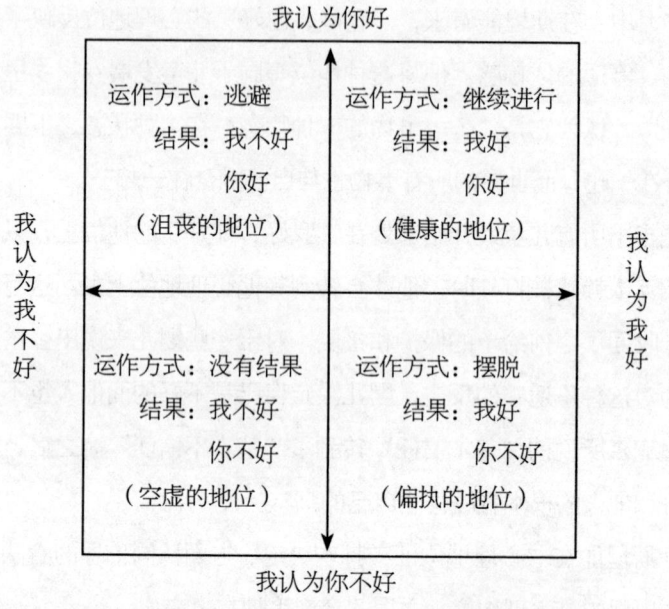

```
                            我认为你好
                               ↑
        ┌──────────────────────┼──────────────────────┐
        │  运作方式：逃避       │  运作方式：继续进行    │
        │    结果：我不好       │    结果：我好         │
        │         你好          │         你好         │
        │    （沮丧的地位）     │    （健康的地位）     │
我认为  │                      │                      │ 我认为
我不好  ├──────────────────────┼──────────────────────┤ 我好
  ←     │  运作方式：没有结果   │  运作方式：摆脱       │   →
        │    结果：我不好       │    结果：我好         │
        │         你不好       │         你不好        │
        │    （空虚的地位）     │    （偏执的地位）     │
        └──────────────────────┼──────────────────────┘
                               ↓
                            我认为你不好
```

图12.1　OK象限图：心理地位之窗

该图的竖轴表示你的心理地位，往上是"你好"，往下是"你不好"；横轴表示我的心理地位，往右是"我好"，往左是"我不好"。这四个象限分别对应一种心理地位。

通常，TA学者都用"+"代表"好"，"-"代表"不好"。有时"我"缩写成"I"，"你"缩写为"U"。于是四种心理地位可以简写成I+U+、I-U+、I+U-和I-U-。

在图12.1这个版本的象限图中，每种心理地位都有一个名称。恩斯特最初发明的图没有这些名称，但其他学者经常使用这些名称。

富兰克林·恩斯特指出，童年的各种心理地位都会通过某种社会互动方式反映在成年生活中，他称这种互动方式为"运作方式"。象限图中标有这四种运作方式的名字。如果我们在无意识状态下从我们的儿童自我进入了这些运作方式，我们可能就会像证实脚本那样，为其对应的心理地位寻找认证的理由。但是，我

第十二章 心理地位

们还可以选择进入成人自我，然后有意识地在这几种运作方式中选择任何一种使用。这样，我们期待的社交结果就能在我们的引导下发生。

"我好，你好"：继续进行

我刚到单位，老板就抱着一沓文件过来了。"这是我们一直在等的报告，"她说，"你需要看的地方我已经做了标记，请看完后给我做一个汇报。"我说："好的，我会的。"

在接受老板的任务前，我已经审视了自己的能力，我发现我有能力完成它，并且喜欢做这件事。此外，我认为她要求我做这项任务是公平合理的，因此我处在"我好，你好"的心理地位上。从运作方式来说，我的老板和我是在"继续进行"着我们应该做的事。

每当我从这个心理地位做出交流时，我都是在强化一个信念，即我和世界上的其他人都是"好的"。

"我不好，你好"：逃避

我刚坐下来翻开报告的第一页，就用眼角的余光看到有人向我走来。那是我的一个同事，他眉头紧锁，我以前见过这个表情，所以很清楚他想来干什么。他是来抱怨他的工作的，他会向我征求意见，然后却什么意见也不接受。从他来到我面前开始说话的那一刻起，我有两个选择：我可以进入脚本，或者从成人自我做出回应。

脚本的运作方式：假设我进入脚本并选择了"我不好，你好"的心理地位。我会对自己说："我真是拿这个家伙的抱怨没办法。我不想跟他聊，可他又是那种不论我做什么他都会继续讲下去的人。我必须得离开这里！"我的胃部发紧，而且我开始出汗。我基本没听到他说什么，只是咕哝了一句："对不起，吉姆，我必须得去一趟洗手间。"我朝着门走了出去，出门后才松了一口气、放松下来。我按照脚本"逃避"了吉姆，这种做法强化了我儿童自我的一个观念，即我不好，他人都好。

成人自我的运作方式：如果我选择待在成人自我中，我会对自己说："现在我不想听吉姆发牢骚。他的确遇到了问题，但帮他解决问题并不是我分内的事。只要他一开始说话就很难停下来，最好的办法是我现在就离开这里。"在吉姆说他的第一个烦恼说到一半时，我说："听起来确实很糟，吉姆，但我现在不能陪你，我得去图书馆查看这篇报告的参考资料。希望你可以解决你的问题。"接着，我拿起报告走了出去。我用成人自我有意识地选择了"逃避"这种运作方式。

"我好，你不好"：摆脱

十分钟后，我拿着一杯咖啡回到办公室。我正在专心看报告，这时门又开了，是我的助理，他看起来情绪低落。"恐怕我要给你说一个坏消息了。"他说，"还记得你交给我一个印刷的活吧。我把这件事给忘了，现在我们错过了印刷商的截止日期，我该怎么做？"

脚本的运作方式：我会从"我好，你不好"的心理地位做出反应。我气红了脸，向我的助理嚷道："你该怎么做？你该做的是马上把这件事处理好！现在就去。没做好这件事之前别让我听到你的声音，明白了吗？"一边说着，我感觉自己心率急剧加快、浑身发热。我的助理出去后，我对自己说："这年头要想做好一件事真是没人能指望，还得自己干！"我"摆脱"了我的助理，同时还像证实脚本一样让自己相信我是好的，而其他人都不好。

成人自我的运作方式：我对助理说："处理好这件事是你的任务。现在我在忙一个很紧急的工作，请你回去想办法尽快把这件事解决，四点钟回来再向我报告你的进度。"接着我低下头看报告，提示他我们的谈话已经结束。这里我同样"摆脱"了我的助理，但在这种方式下我关照了我自己，并且认可我们都是好的。

"我不好，你不好"：没有结果

电话响了，是我爱人从家里打来的。"家里乱透了！水管崩了，我还没来得及把水关掉，整个地毯就被泡了！"

脚本的运作方式：一听到这种情况，我立马进入了"我不好，你不好"的心理地位。我对自己说："我受够了，再也忍不了了。爱人什么忙也帮不上，真没希望了。"我对着电话叹了一口气："你知道吗，我再也忍不了了。今天一天发生的事儿再加上这件事儿，我真受不了了。"还没等对方说什么，我就挂了电话，我感觉筋疲力尽、心情沮丧到了极点。内心里，我也强化了自己的信念，我和他人都不好。

成人自我的运作方式：我决定使用成人自我，于是我回答道："木已成舟，坚持到我回家，然后我们再看怎么处理。"我选择了"没有结果"的运作方式。

个体改变和心理地位象限图

虽然我们不断变换所用的象限，但我们每个人都有一个最喜爱的象限，我们处在脚本中多数时间都在这个象限里，这就是我们童年时决定的我们的基本心理地位。

"我好，你好"是健康的心理地位。在这个地位上我能生活、能解决问题、能努力争取我想要的赢家结局。这是唯一一个以现实为依据的心理地位。如果我的心理地位是"我不好，你好"，我就会以低人一等的心态活出我的脚本。在没有意识的情况下，我选择运用不良的感受和重复的行为来"印证"这就是我应该在的位置。如果我有精神方面的问题，我的病很可能是神经症或抑郁症。如果我写下了一个具有破坏性的脚本，那么我的结局最终可能就是自残或自杀。

早期决定以"我好，你不好"为心理地位，意味着我通常会以一种防御、争强的姿态活出我的脚本，我身边的人会觉得我傲慢、冷漠、攻击性强。虽然这个心理地位得的病一般都是偏执，但是它同时也符合人格障碍的诊断标准。在第三级输家脚本中，我最终的结局可能是杀人或伤人。

如果我婴儿期以"我不好，你不好"为基本心理地位，那么我在脚本中主要感到的是一种徒劳感。我在这种心理地位中会认为世界、他人和我都不好。如果我写了一个平庸的脚本，我的惯常模式就是让我做的事没有结果。如果我写了一个具有破坏性的脚本，我的结局可能就是"发疯"，并且被诊断为患有精神病。

和脚本一样，心理地位也是可以改变的。只有在觉察脚本、接受治疗或经历强烈的外在事件后，这种改变才会发生。

改变一般在象限图中按特定顺序发生。如果一个人最开始在I-U-上花最多时间，她接下来就可能会转到I+U-上；把它当作最重要的象限过了一段时间后，她又会转入I-U+；而最终的目标是要让她在I+U+中多花时间，直到变成她最喜爱的心理地位。

要想从I+U-到达I+U+，中间要经过I-U+，这件事看起来可能很奇怪，但从临床经验来看，I+U-通常都是I-U+的防御机制。认为"我好，他人都不好"的婴儿之所以选取这个心理地位，是为了保护自己不让自己发现自己在父母面前是多么低等、弱小。但是作为成年人，为了达成改变必须面对并处理婴儿时期的痛苦。

心理地位象限图练习

● 画出象限图的两个轴，在其中标明每个象限的名称。

然后在轴上画一条闭合的曲线，表示出你每天在每个象限中平均花多

第十二章 心理地位

151

少时间。例如，如果你认为自己在I-U+中的时间最长，其次是I+U+，再次是I+U-，最后是I-U-，那么你的图就应该像图12.2那样。富兰克林·恩斯特称此图为象限分布图[3]。

你都是在什么情境下进入各个象限的？在每种象限中你一般都会做什么或说什么，你有什么感觉？

你在每个象限下都处在何种自我状态中？（用功能性模型）你又在引导别人使用什么自我状态？

你在每个象限中都会接受并给予什么安抚？

你既然已经画出自己的象限分布图，你对它有什么想改动的地方吗？

如果想改，就请想一想你要如何运用这四种成人的运作方式，而不致陷入脚本中。下一周选一个时机试用一种成人运作方式，如果你在团体工作坊中，向其他成员汇报你的成果。●

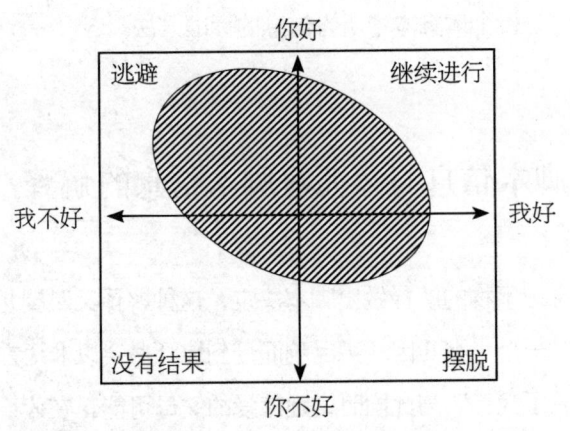

图12.2 象限分布图实例

第十三章
脚本信息与脚本图

你知道人生脚本中包含了一系列决定，这些决定都是儿童在面对有关自身、他人和世界的脚本信息时所做出的，而脚本信息主要来自儿童的父母。

本章介绍脚本信息的实质以及脚本信息的传递方式。我们需要一个模型——脚本图，它是我们分析个体脚本中所含信息的标准方法。

脚本信息与婴儿对脚本信息的解释

婴儿根据对身边事物的解释做出脚本决定，这种解释又以婴儿的感受和现实检验方法为基础。一个小婴儿因一声巨响而受到惊吓后会以非语言的形式做出决定："有人想要杀了我！"与此同时，她慈爱的父母可能正在为给她提供了一个安全的环境而庆祝。因此，婴儿从父母和周边世界中获得的信息和成人获得的信息有很大不同。

第十三章　脚本信息与脚本图

脚本信息的种类

脚本信息的形式可以是言语的、非言语的或者两种形式的结合[1]。

不论言语信息还是非言语信息都包含模仿的成分。言语的脚本信息可以以命令和属性这两种形式传达。

言语信息与非言语信息

在婴儿发展出语言以前，他根据他人的非言语信号理解他人的意思。婴儿对表情、肢体紧张、动作、语调和味道有敏锐的洞察力。

如果妈妈把孩子紧紧抱在身边给他温暖，孩子就把这种信息理解为："她接纳我，她爱我！"如果妈妈肢体紧张、僵硬，抱孩子时不够紧贴，孩子就会认为妈妈在说："我拒绝你，我不想和你亲近！"而此时妈妈自己可能都没意识到自己的紧张和疏离。

有时，婴儿还会从与父母无关的事件中获得脚本信息，比如巨响、突然移动和父母的分离（例如待在医院里），这些在婴儿看来都会危及生命。由于她认为现实归父母掌控，因此她认为这些威胁也来自父母。

在儿童能够理解语言后，非言语的交流仍然是脚本信息的一个重要组成部分。身体虐待或者威胁实施身体虐待对于儿童来说意味着父母拒绝自己，或者可能想让自己死。当父母和儿童说话时，儿童按照相伴随的非言语信息理解父母的意思。我们可以回想伯恩的第三条交流定律，当发生暧昧交流时心理层面的信息是重要的。

想象这样一幅画面：一个小孩子放学回家后，拿着老师刚发的书读给父母听，但是有一个生词读错了。父亲说："你读错了。"这句话可以伴随各种不同的非言语信号，而每种信号所包含的信息都会对儿童的脚本决定产生影响。

可能父亲的声音严厉、洪亮，他撇着嘴角、脸部扭曲，没准还会把书从她的手里打翻在地或者给她一拳。对孩子来说，他发出的信息是："我不想让你在我身边，我宁愿你死了。"

可能他语调平淡，没有从报纸上抬起眼来看她。看到这样的非言语信号后，孩子会把他的信息解读为："你对我不重要。"

可能他在说话时朝孩子挤了挤眼，还咯咯地笑了，小女孩运用小教授的策略还了爸爸一阵笑声。当然，爸爸笑得更开心了。她读到的信息是："要讨好我，你就要装傻。"

可能爸爸坐在她旁边平和地说了那句话，并给她指出了那个词，之后，他还给了她一些时间记住这个词。孩子会认为他的意思是："你可以思考。"

模仿

小孩对于人们的行为有着高超的洞察力，他们尤其注意父母之间以及父母与其他亲戚之间的互动。儿童通过运用小教授的现实检验策略，能够在不懈的试验中得到下面这个问题的答案——"要想从这里获得我想要的东西，最好的办法是什么？"

可能一个小女孩发现，每当妈妈想从爸爸那里得到什么时，她就会跟爸爸吵架，然后再大哭一场，于是小女孩得出结论："要想从他人那里得到想要的东西，尤其是从男人那里，我就要跟他们吵架，然后再哭。"

可能一个小男孩的兄弟死了，他发现父母每周都带着鲜花去公墓，他们好像总在悲伤，对死去的人比对活着的人更上心。于是小男孩得出结论："死人才会得到大家的关注。"他没有成人的理解力，不知道死亡意味着终结，因此他决定："为了从父母那里得到我想要的关注，我就要像我兄弟那样死去。"

命令与属性

脚本信息可以以直接命令的形式传达。"不要烦我！让你做什么就做什么！走开！快点！别闹！如果第一次没有成功，就再试、再试、再试！"多数父母会向他们的孩子施加成百上千条这类命令，而这些命令能否成为脚本信息取决于它们被重复的次数以及与它们相伴的非言语信息。

有时候，父母不仅会告诉孩子应该做什么，还会告诉他，他是什么样的人，这种信息就叫属性。

"你真笨！"

"你是我的小女孩！"

"你将在监狱里度过余生！"

"你永远也不会成功！"

"你很擅长阅读！"

这些是直接向孩子说的属性，它们可以是正面的也可以是负面的。这些属性作为脚本信息的效力受到与之相伴的非言语信息的影响。同样是说"你真笨"这句话，声音严厉再伴随一记拳头与声音轻柔并伴着一个微笑和拥抱，它们蕴含的脚本信息大不相同。

有时人们还会间接地传达属性，也就是父母跟其他人谈论自己的孩子。可能孩子当场就能听到，也可能这些话事后再以什么方式传到孩子的耳朵里。

"这就是那个安静的孩子。"

"吉尔真可爱！"

"他长得不壮，你知道。"

"她太顽皮了，总让我们操心。"

"爸爸说你是个讨厌的家伙！"

这些间接属性尤其容易被孩子理解为强有力的脚本信息。她认为现实是由父母决定的，因此当听到父母跟其他人谈论自己时，她想当然地把这些话当作事实。

在某些家庭中，属性通过心理层面的信息代代相传。这种信息会蕴含在家庭地位、姓名等事物中。比如，艾伦因为害怕自己会发疯来接受治疗，通过脚本分析，她发现家里另外两个叫艾伦的人——她的姨妈和祖母——都在自己这个年纪患上了精神病。她们家心照不宣的脚本信息是："我们家叫艾伦的人到了35岁都会发疯。"

创伤事件与重复

儿童根据一个让他感到特别受威胁的事件做出他最核心的脚本决定。可能一个小女孩受到了父亲的性侵，她把这个事件解读为一个极为强大的脚本信息，于是她决定："我再也不会相信男人了。"在生命早期与母亲分离的经历常常让孩子做出类似"我谁也不能相信"或者"人们想让我死掉"这样的非言语决定。一些TA学者甚至认为，出生这种创伤性事件本身就会给脚本决定带来强有力的影响。

可能更通常的情况是，孩子在重复经历脚本信息一段时间后才会做出脚本决定。可能是婴儿向母亲伸出了手，但母亲却不理他，于是他又伸，母亲又不理，直到他重复了好多次这种经历后，他才得出结论："妈妈不想让我亲近她。"一个小男孩成年累月地听人说"这是那个害羞的孩子"，他才会认为自己的确害羞。

伯恩把脚本信息比喻成一个个摞在一起的硬币。一摞硬币中会有一些放歪的，歪的硬币越多，整摞硬币歪斜、倾倒的可能性就越大。一个非常歪的硬币会让整摞倾倒，一堆稍有一点儿歪的硬币也会让整摞倾倒，尤其当它们歪的方向都一致时更是如此。他的比喻形象地描绘出了创伤事件和重复信息如何结合在一起形成了人生脚本[2]。

脚本图

你的父母双方各自有自己的父母自我、成人自我和儿童自我。他们的这三种自我状态都向你传递脚本信息，而你用自己的三种自我状态接收并贮存这些信息。从这个认识出发，克劳德·斯坦能设计了TA的核心模型之一——脚本图[3]（见图13.1）。

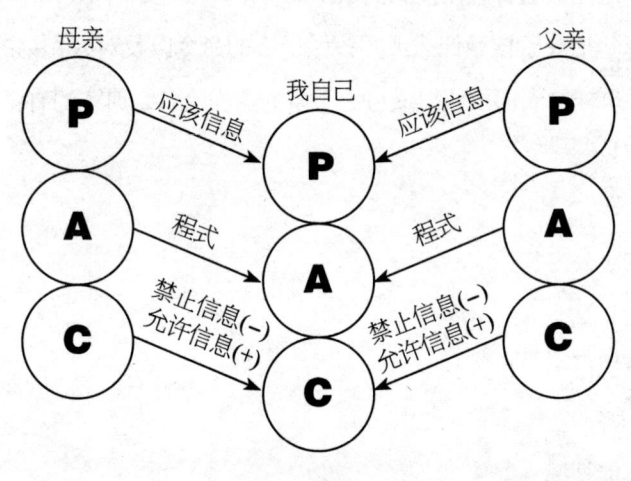

图13.1　脚本图

来自父亲和母亲的父母自我的信息被称为应该信息，你会把它们当作自己父母自我的一部分贮存起来。

父母成人自我的榜样信息或者"如何做"信息存入儿童的成人自我，称为程式。它们也可以来自父母的小教授，然后存入儿童的小教授。

来自父亲和母亲的儿童自我的信息有两种：禁止信息和允许信息。它们贮存在你的儿童自我中。

不同TA学者画的脚本图有所不同，我们在这里展示的是一个整合后的版本。

应该信息

应该信息是指父母的父母自我向孩子的父母自我传递的信息。最初被称为反禁止信息，因为当时人们认为这些信息是"和禁止信息对立的"。但是现在我们知道，这些信息只是有时会和禁止信息相反，更多的时候它们会强化禁止信息或者与禁止信息无关。不管怎么说，"应该信息"这个名称是固定下来了。

应该脚本是儿童随着应该信息而做出的一系列决定。

应该信息包括关于该做什么或不该做什么的命令以及对人和物的定义。我们都从父母或父母样的人那里获得成百上千条的这类信息，典型的有：

"乖一点！"

"别闹！"

"做我的小公主！"

"要努力！"

"要在班里得第一！"

"说谎不好。"

"家丑不能外扬。"

大多数时间，我们都会把应该脚本运用在积极方面，比如照顾我们自己或者适应社会。成人后，对于能不能在餐桌上打嗝或者能不能把不想吃的东西扔到身后这类问题，我们不用思考就知道答案，因为这类知识早已贮存在我们的应该脚本里了。类似地，我们也不会跑到车流中间，也不会把手伸到火里。

但同时，我们当中的多数也会把应该脚本信息运用在消极方面。假设我的头脑中有一条来自父母自我的命令——"要努力"。通过使用它，我可以在学校获得成功，也可以在工作中得到提拔，但是我也可能让自己过于劳累，我为了完成工作而牺牲休闲放松的时间、牺牲友谊。如果我的脚本具有破坏性，我就会使用"要努力"的应该信息让自己最终得到患溃疡、高血压或者心脏病的结局。

第十三章 脚本信息与脚本图

应该脚本中有五个特别的命令,它们是:

· 要完美

· 要坚强

· 努力试

· 要讨好(他人)

· 要迅速

它们称为驱力信息或简称为驱力。之所以使用"驱力"这个名称,是因为儿童在面对这些命令时感到必须遵从,他们认为自己只有服从这些驱力才能维持"好"的心理地位。

所有人的应该脚本中都包含这五种信息,只是比例不同而已。当我在内部播放一种驱力信息时,我会表现出一系列与此驱力信息相符的行为,而这些驱力行为在任何人身上都是一致的。通过研究一个人的驱力行为,我们可以对其重要脚本特征做出一些可靠的推测。在下一章中,我们会更细致地讲解驱力。

程式

程式中包含的信息告诉我们如何做一些事情。在脚本图的绘制过程中,我们用"这就是怎样……"来表述这些信息。我们每个人都从父母或父母样的人那里获得了无数这类信息,比如:

"这就是怎样……

从1数到10,

写你的名字,

熬粥,

系鞋带,

做一个男人(女人),

扮可爱,

成为全班第一，

隐藏你的感受。"

多数程式在应该脚本中都会得到积极、正面的应用，但我们也有一些负面的程式。比如一个小男孩根据父亲的榜样学到："这就是怎样努力工作，你要让自己不堪重负然后早早死掉。"一个小女孩从母亲身上学到："这就是怎样掩盖自己的感受，然后抑郁而终。"

通过脚本图我们可以更准确地认识这些负面程式，我们可以看到它们是从父母被污染的成人自我发出，并被存储于儿童被污染的成人自我中。此外，把许多程式中的"这就是怎样……"信息看成从父母的小教授（A1）传到儿童的A1而非A2中可能更好，但一般我们不会把图画得这么细致。

禁止信息和允许信息

想象一个妈妈和她刚出生的孩子，在这个妈妈照顾她孩子的同时，她可能就在重演来自她父母自我的信息，比如："孩子需要保护，要优先满足孩子的需求。"当然，她还有大部分时间处于成人自我中，她会运用从书中学到的方法照顾孩子。但是，她的儿童自我又怎样呢？

当这个妈妈重新回到自己的婴儿时期时，她会有这种感觉："真好！现在又有一个小孩能陪我玩了。"她享受自己与孩子之间的肢体安抚，就像她小时候享受别人的安抚与安抚别人一样。孩子收到这种非言语信息后会得出一条结论："妈妈需要我，她喜欢我在她身边。"

用脚本术语来说就是这个母亲在给她的孩子发出**允许信息**，在上例中，**允许信息指的是允许孩子存在，并且允许孩子与自己亲近。**

但是，另一个妈妈的儿童自我感觉到："危险！现在这个孩子得到了所有人的关注。我什么时候才会得到关注？大家会不会关注不过来？"这个母亲毫无意识地重演了自己在婴儿期的感受，对新生儿表现出恐惧与愤怒。在她的儿童自我的深处，她想拒绝这个孩子甚至想杀掉他。

她可能根本意识不到自己有这些感觉，在她自己或者任何外人看来，她都是一个慈爱温暖的母亲。

但是，她的孩子知道。他通过对非言语信号的敏锐捕捉发现了母亲的恐惧与愤怒。之后他会一点儿一点儿地以非言语的形式认识到："妈妈不想让我亲近她。实际上，她根本就不想看到我。"

这些来自父母的儿童自我的负面信息就是禁止信息。在上述例子中，**禁止信息就是"不要活"和"不要亲近"**。

成年后，我们也有一系列禁止信息和允许信息，它们被贮存在儿童自我中。我们针对这些信息而做的决定为我们的人生脚本奠定了重要的基础。所有这些禁止信息、允许信息以及在它们的基础上做出的儿时决定，有时会被称为**脚本的本体**。

区分禁止信息/允许信息和应该信息

在实践中，如何区分负面的应该信息和禁止信息？或者正面的应该信息和允许信息？分辨它们的方式有两种：

（1）**应该信息用言语表达，禁止信息/允许信息（最初）用非言语形式表达**。如果你仔细倾听脑中的声音，你会听到有人在说应该脚本的信息，而且通常这个人就是最初告诉你此信息的父母或父母样的人。

如果你违反了一条应该信息，此时你头脑中的声音就会变成告诉你这个信息的父母样的人对你的批评。

然而，我们一般不会听到禁止信息和允许信息，我们会通过情绪和身体感觉感受到它们，然后再在行为中体现出来。

如果你违背了一条禁止信息，你很可能体验到肢体的紧张和不适，你感到心跳加速、头痛、出汗或者胃痉挛。你找出各种方法制止自己违抗这条禁止信息，你可能觉得这些方法来自成人自我，但实际上它们只是想把禁止信息合理化。

例如，假设我从母亲那里得到了"不要亲近"的禁止信息，并且在幼时决定最好不要和任何人亲近。现在成年的我正在参加一个会心团体，团体领导让我们闭上眼，以触摸的方式选择一个搭档，并且还要通过感受对方的手认识对方。于是我开始轻微地出汗，脉搏也加速了，当我感到有人摸我的手时我突然睁开眼说："嘿！真看不出这个练习有什么意义。你觉得呢？"

有时我们也可以听到禁止信息，比如一个被父母给予"不要活"的禁止信息的人，也可能回想起父母说过"我希望你从没出生过"或者"快死吧"。

（2）禁止信息/允许信息来自童年早期，应该信息来自稍大一点儿的童年时期。 从发展的角度看，禁止信息和允许信息出现得比应该信息早，这当然和有没有发展出语言有关。通常来说，儿童在掌握语言以前接受禁止信息和允许信息，但是我们无法以一个年龄作为这个时期结束的标志。从经验来看，儿童直到六到八岁以前还是会持续接受禁止信息，而应该信息基本都是在三到十二岁之间获得的。

第十四章
禁止信息与早期决定

高登夫妇在治疗中发现，在人们负面的早期决定中有十二个主题反复出现。下面列出了他们发现的这十二条禁止信息[1]。

每条禁止信息都有其对应的允许信息。依照脚本分析的惯例，禁止信息都以"不要……"开头，允许信息以"可以……"开头。

要注意，"不要……"和"可以……"不是简单的对立关系。"不要……"是完全禁止，不让人做某件事。而"可以……"不是让人一定要去做什么，而是让接受信息的人选择要做还是不要做某件事。

此外大家还要知道，这些禁止信息和允许信息的名称只是为了脚本分析的方便才命名的，儿童获得禁止信息和允许信息的方式主要还是通过非言语形式。

十二条禁止信息

不要活

如果你思考过要不要自杀的问题，那么很可能你的脚本信息中就包含了"不要活"的禁止信息。如果你曾觉得自己没有价值、没有用或者不可爱，那你也可能得到过这条信息。

你可能记得父母对你说过"再这样我就宰了你"或者"我希望从没生过你"这样的话。这些言语信息能辅助证实你有这条禁止信息，但它们之所以对你产生巨大影响，还是因为你在早期接受过类似的非言语信号。

为什么父母会向孩子发出"不要活"的信号呢？很可能是因为父母的儿童自我觉得自己受到孩子的剥夺或威胁。可能一个年轻的小伙子婚后变成了爸爸，当他看到自己的妻子把全部精力都放在小婴儿身上时，他就被橡皮筋一下弹回了自己的童年时期。在无意识的状况下，他又回到自己两岁时的情境，当时他的家里刚来了一个新生儿。两岁的他非常害怕家人再也不会关注自己了，因此他要如何做才能把妈妈的爱夺回来？唯一的方法就是让那个孩子走开，最好是死掉。现在他已成年，他通过非言语形式向自己的孩子发出和以前一样的凶杀信号。

或者是一个已经生了好几个孩子的母亲不想再生了，但迫于家庭的压力或者"意外"，她又怀上一个孩子。她的儿童自我在尖叫着："不，不要再来了！现在我想关照一下我自己的需求！"她可能把自己儿童自我中的愤怒压抑下去了，压抑到连自己都不知道，但是在细微的方面，她还是向孩子表现出拒绝。虽然她在物质方面会把孩子照顾得非常好，但她从来不笑，很少跟孩子说话，因此孩子还是会感受到。

当父母在身体或精神上虐待孩子时，"不要活"的信息会鲜明地被表达出来。

"不要活"信息在脚本分析中十分常见。考虑到它想让人死的本质，如此常见的频率的确让人感到惊讶。但是婴儿与成人不同，他们很容易把父母的行为或外部事件理解成死亡的威胁，因此也就不足为奇了。此外，小孩子分不清确实发生的事与愿望之间的区别。可能只是想让家里的新成员死掉，她就会认为："我是一个杀人犯，我应该被处死。"于是她就自己给自己发出了"不要活"的信号。

同样的事还会发生在这种情况下。一个母亲委婉地向孩子表达了："在你出生的时候，你给我带来了很大的痛苦。"（伯恩将此称为"被撕裂的母亲脚本"。）于是孩子就认为："我的出生给妈妈带来了伤害或者我还杀死了她。我是个危险的人，我在别人身边，别人就会受到伤害或者被杀死。我应该受到伤害，我应该死。"

父母还可能说这样的话："要不是因为你我就能上大学了，或者我就能到国外旅行了，或者我就不用嫁给×××了……"

如果"不要活"是一个常见的禁止信息，那为什么人们不都去自杀呢？好在人们在活下来这方面很有天才，拥有"不要活"信息的孩子在他生命早期会做出复合型的决定，和死亡抗衡。这些决定会这样说："只要我……我就可以继续活下去。"空白的地方可以添上各种内容，比如"继续努力"或者"不和人亲近"。在后面的部分我们会对复合型决定进行详细的介绍。

不要做自己

当父母想要生一个女孩却生了一个男孩或者情况相反，该禁止信息就会出现。这里，他们非言语的信息是"不要做自己的性别"。这在他们给孩子取的名字中就能反映出来，比如一个女孩叫杰克或者一个男孩叫薇薇安。家长还会给女孩穿男性化的衣服，给男孩穿领口领结有褶边的衣服。成年后，这些被告诫"不要做自己性别"的人还会继续沿用异性性别的衣着或行为方式。

"不要做自己"的含义还可以更为宽泛，它可以简单地指"不要做自己，做其他的孩子"。相对一个年龄大的孩子，父母可能更想要一个小的孩子；可能相对于一个女孩，父母更想要一个男孩。对孩子持回避态度的母亲会不断拿自己的孩子跟别人家的孩子相比："街那头的小约翰能骑两轮自行车，多聪明啊！而且人家还比你小一岁。"这里的这个母亲幻想着一个"完美孩子"的形象，自己的孩子若有哪方面与这个形象相似她就会做出积极的反应,而其他不相似的方面她就会忽略。

父母还会说:"你和你那个没出息的哈利叔叔简直一模一样。"之后,孩子的行为表现越像哈利叔叔,他就会得到越多的安抚。

不要像个孩子

发出这种禁止信息的父母,他们的儿童自我觉得受到了孩子的威胁。但和之前不同的是,他不想让孩子走开,而是觉得:"这里只容得下一个孩子,而那个孩子就是我。但只要你表现得像个成人,我就可以继续忍受你的存在。"以后这种信息可能会以"你很大了,不能再……"或者"男子汉不能哭"这类语句表现出来。

从未被允许像孩子一样生活或者觉得孩子一样的行为对自己是种威胁的父母,也会发出"不要像个孩子"的信息。他们可能成长于萧条时期,或者成长在一个认为只有做事才有价值的古板家庭中。

有时长子或是独子会给自己这条禁止信息。在看到父母争吵后,家里的独子会想:"除他们之外就只有我在这里,我一定就是他们争吵的根源,只有我能改变这个状况,我一定要快快长大来接管这一切。"长子也会做出类似的决定,认为自己要对弟弟妹妹负责。

如果你觉得和孩子在一起很别扭,那么你可能就带着这条禁止信息。如果你在派对或其他类似的趣味情境中很放不开,那么你也可能带着这条信息。人们有时会把"不要找乐趣"和"不要享受"作为"不要像个孩子"的变形。当然,我们不一定非要在儿童中才能享受乐趣,但如果你儿时决定享受乐趣是孩子才会做的事,而且你要做个严肃的小大人,那么当你现在有机会玩乐时,你就会被橡皮筋弹回到你当初做决定的时刻。

在一些家庭中,如果你有许多乐趣,你就被贴上了懒惰或者罪恶的标签。可能这种家庭里的人认为，当你过于开心的时候坏事就要临近了。因此，你抵御坏事的方法就是不要太开心。

不要长大

得到"不要长大"禁止信息的一般都是家中最小的孩子。父母的儿童自我不想看到家里没有了小孩子，他们认为自己全部的价值就是做一个好爸爸或好妈妈。因此，一旦孩子长大，他们就会觉得自己的价值消失了。此外，这种禁止信息还可能来自自己不想长大的家长，这种家长给孩子发出的信息是"继续做我的玩伴"。

有时我们还会把"不要长大"称作"不要离开我"。一个女人到中年还待在家里照顾年迈的母亲，这种人可能带有这种禁止信息。

"不要长大"的另一种变形是"不要性感"。这种禁止信息通常是当女儿开始出现女性化的特征时由父亲传给女儿的。父亲的儿童自我害怕自己在性方面对女儿产生反应，于是与女儿保持距离，而女儿读到这种非言语信息后就会把它当成父亲不想让自己长大、不想让自己变成性感女性的信号。

不要成功

当父母的儿童自我嫉妒孩子的成就时，他就会发出这种禁止信息。假设有一个出身贫寒的父亲，从十五岁起外出打工，从来没有上大学的机会。现在，通过他的辛勤劳动，他和他的孩子们已经不用为经济问题发愁了。而且，为了能让女儿上一所好高中以便接着上大学，他还给女儿交了高昂的学费。

看到女儿学业优秀，这个父亲感到做父母的骄傲，但是他意识不到自己的儿童自我感到了苦涩、嫉妒，因为女儿有着自己从未享有过的机会。如果她真的学业有成怎么办？这说明女儿比自己优秀吗？在非言语的层面，他向女儿发出"不要成功"的信号，但在表面上他还是督促女儿努力。

有着"不要成功"脚本决定的学生，在班里表现得特别用功，而且把所有作业都做完，但一旦考试来临，她就用各种方法摧残自己。她可能感到惊慌失措然后离开考场，可能忘了交一份重要的作业，她甚至还患上心理疾病或者出现失读症。

不做（不要做任何事）

"不做"这一空白信息暗示着："什么也不要做，因为所有事情都是危险的，什么都不做才最安全。"当一个成年人行动犹豫不决总是感觉自己没有进展可又不采取切实行动改变这种局面，那么他可能带有"不做"的脚本信息。

给予"不做"禁止信息的父母在自己的儿童自我中害怕孩子一旦离开自己的视线就受到伤害。让家长如此害怕的原因并非来自现实，而是家长自身的脚本。这样的家长会说："约翰，去看看你妹妹在做什么，告诉她不要再做了。"

不要重要

带有该信息的人一旦被任命为领导就会感到恐慌，他们在做公共演讲时还会口干舌燥。这种人处于下属职位时业绩突出，但她不会寻求提拔，当有机会升职时她还会破坏机会。这种禁止信息的一个变形是"不要满足自己的欲望"。

这种信息同样来源于想拒绝孩子的父母，他们以非言语的形式从自己的儿童自我中传递出："只要你记着你和你的需求在这里并不重要，我就可以让你在我身边。"

不要有归属感

印度总理尼赫鲁曾经说过："在欧洲人身边，我感觉自己像个印度人；在印度人身边，我感觉自己像个欧洲人。"很可能尼赫鲁从父母那里接受了一条"不要有归属感"的禁止信息。带有"不要有归属感"禁止信息的人，在群体中有疏离感，因此群体的其他成员会觉得他"独"，或者"不喜欢社交"。

当父母像描述属性一样不断说自己的孩子"和其他孩子不一样"时，比如说孩子"害羞"或者"难搞"，这种信息就传递出来了。父母还可以通过自己社交不良的榜样向孩子传递这种信息。代孩子受过或者不断说孩子很特别，也会传递这种信息。

不要亲近

"不要亲近"暗示了禁止肢体接触。这类"不要亲近"一般通过父母的榜样作用传递，他们很少相互抚摸或抚摸孩子。另外，"不要亲近"还可能指"不要在情感上亲近"。这类"不要亲近"一般都是家庭世代传承下来的，这种家庭里的人不会相互倾诉自己的感受。

当父母总是与自己保持距离时，父母就给自己发出"不要亲近"的信息。孩子一遍一遍地向父母伸出手臂但父母总是不理自己，因此她最后决定为了获得亲近而承受被拒绝的痛苦是不值得的。

"不要亲近"的一种变形是"不要相信"。有时当小孩子看到父母突然离去或死去时，就会产生这种信念。婴儿无法理解父母消失的真实原因，于是总结出："我再也不相信人们在我需要他们的时候会出现在我身边了。"虐待孩子、戏弄孩子或者占孩子便宜的人也会向孩子传递"不要相信"的信息，在这种情况下孩子会决定："为了保护我自己，我要远离你们。"

带有这类决定的成人常常怀疑身边的人，即便身边的人温暖地接纳了他，他也会打开所有的感受器寻找被拒绝的迹象。当对方表明不想拒绝他时，他就会"不断试探对方，直到关系破裂"，然后再跟对方说："我早就跟你说过了！"

不要健康（不要精神正常）

假设父母二人都很忙，每天都要在外工作一整天。虽然他们很爱自己的女儿，但是每晚把她从日托中心接回来后都因没什么精力而不再陪她。

后来小女孩生病了，妈妈请了假在家照看她。爸爸也做了平日很少做的事，给女儿读了睡前故事。

于是小女孩在她机敏的小教授中得出这样的结论："要想得到关注，我就得生病。"在没有意识、没有故意的情况下，她的父母就给了她"不要健康"的禁止信息。如果她长大后继续沿用这个信息，那么每当她在关系或工作中出了问题，她就会使用生病这个脚本方法。

有时，"不要健康"是以属性的形式传递的，父母常常跟亲属、邻居说："我们家这个孩子身体不好。"

"不要健康"禁止信息的变形是"不要精神正常"。孩子常常根据有精神病的父母或亲戚的榜样获得该信息，或者孩子可能只有在发疯时才会得到足够关注。让该禁止信息更有说服力的是家庭里把得精神病一事当作一条不言而喻的规律一代一代传递下去。

不要思考

当父母时常轻视孩子的思考时，就会给孩子发出"不要思考"的禁止信息。小詹姆斯第一次写出自己的名字，他自豪地拿给父亲看，但是父亲哼了一声说："你真是精啊！"有时"不要思考"也是从榜样身上学来的，比如一个歇斯底里的母亲给女儿做了这样的榜样："当女人想从男人那里得到什么东西时，她就得停止思考，多多使用感觉。""不要思考"还意味着："你可以关注所有未发生的事情，但就是不要关注当下遇到的问题。"

带有"不要思考"禁止信息的成年人在遇到困难时，不会去想如何解决这个问题，而是表现出困惑或者被问题打击。

"不要思考"的两种变形分别是"不要思考某件事"（这里的某件事指对家庭有威胁的事，比如父亲酗酒），以及"不要思考你的想法，要思考我的想法"。

不要感受

压抑自身感受的父母给孩子做了榜样，因此传递出"不要感受"的信息。有时，一个家庭里不允许表现任何情绪。但在大多数情况下，一个家庭会不让表现特定的情绪，其他情绪是可以表现的。因此，"不要感受"也可以说成是"不要愤怒"或者"不要害怕"等。

有时，人们会把该信息解读为"你可以有感受，但不要表现出来"。但也有孩子接收到更为极端的形式，对于某种感受他们连有都不能有。比如说，父亲一次次告诫儿子"男子汉不能哭"或者"做个勇敢的战士"，这些格言转变成"不要有悲伤的感觉"和"不要有害怕的感觉"。

在一些家庭中，"不要感受"意味着"不要有身体感受"。这种禁止信息通常都是在婴儿期获得的，如果信息过于强大还会让孩子在成年期产生严重的问题。比如，不让孩子感到饥饿，那么他长大后可能就会有进食障碍。一些TA治疗师认为"不要有身体感受"是某些精神病的根源。

有些父母会这样对孩子说："不要感受你的感受，要感受我的感受。"母亲对儿子说"我饿了，你想吃什么？"或者"我感觉好冷，去把你的毛衣穿上。"

超脚本

范尼塔·英格里斯发现了一种十分致命的脚本信息，她称之为**超脚本**[2]。在这种情况中，父母本身带有一定的禁止信息，然后他们用非言语的形式表达出这样的信息:"我希望这件事发生在你身上,这样它就不会发生在我身上了。"

例如,童年期接收到"不要活"信息的母亲会把"不要活"再传给自己的孩子。她的小教授认为,通过这种方式她自己就能奇迹般地摆脱这条禁止信息了。她从心理层面对孩子说:"要是你死了,我可能就不用死了。"因此,这种禁止信息像烫手的山芋一样在家族里代代相传。

有时,超脚本以家族任务或家族诅咒的形式出现,也就是每代人都会得到相同的结局。范尼塔举了一个例子:一个小伙子曾经服过一段时间的致幻剂,后来他对心理学产生了兴趣,戒除了致幻剂,并且成了一名治疗师。但是后来有人发现他在伤害来访者,他暗示他们"让自己垮掉然后进精神病院"。

他的督导发现了他的圈套,于是他又开始接受治疗。通过脚本分析,他发现自己受到过"进精神病院"的命令(不要精神正常),这个命令就像烫手山芋一样是从母亲那里传来的。成为治疗师后他又把这个烫手山芋传给了来访者。在同治疗师探索家族史的过程中,他们发现这种"发疯"的超脚本已经至少传了两代人,但没人真正进过精神病院。每代人都认为正是通过把"烫手山芋"传递给别人自己才得以幸免。

早期决定与禁止信息的关系

我们强调过,父母的禁止信息并不能让孩子以特定方式写出自己的脚本,如何使用禁止信息是由孩子自己决定的。一个孩子对于一条禁止信息可能全盘接受,但另一个孩子可能对它做出调整以减轻它的影响,也有的孩子根本不接受禁止信息。

比如说,一个小男孩从妈妈那里获得了"不要活"的禁止信息,他可能对这个禁止信息照单全收,然后在童年或成人后自杀。自杀可以是以直接的形式也可

第十四章 禁止信息与早期决定

以以"意外"的形式，比如酒驾超速。

另一种可能是孩子做出一个神奇的早期决定转移"不要活"对自己的影响，他决定杀死别人而不是杀死自己。这种决定带来一个具有破坏性的脚本，其结局是谋杀而非自杀。

他还有可能做出这样的决定："如果我不总以一个人的形式存在，我就不用死了。"这种破坏性脚本的结局是"发疯"。

而与这些悲剧性决定相反，婴儿可能早就意识到"这个信息是妈妈的问题，跟我无关"，或者他可能有一个爱他的祖父母，因此让他拒绝了"不要活"的信息。按高登夫妇的原话来说，这样的孩子"随着研究并治疗自己会成为小小的心理治疗师或牧师，同时由于认识到问题不出在自己身上，因此解救自己"。许多这类"小小的心理治疗师或牧师"长大后成为很好的精神科医师或牧师，有人还成为这方面的佼佼者。

儿童一直都有选择，可以把禁止信息的消极结果转变为积极结果。比如说，获得"不要做你的性别"信息的小男孩，长大后可能拥有许多一般认为偏女性化的优良品质，诸如敏感、温暖、对情感的开放性等。

避免禁止信息消极影响的另一种方法是做出复合型决定。也就是说，儿童创造性地运用自己的小教授，把不同脚本信息结合在一起以求活下去并且尽量满足自身的需求。这些复合型的决定经常出现在脚本分析中，而且理解这类脚本的运作方式十分重要。在后面的部分里，我们会看到各种复合型决定，并且还会分析它们是如何抵御有破坏性的禁止信息的。临床经验证实"不要活"是受到抵抗最多的信息之一，因此我们在举例时多会应用到它。

用应该信息对抗禁止信息

观察图14.1中的脚本图。

你会发现，杰克的"不要活"信息来自他的母亲。杰克小教授的主要任务是想方设法活下来，那么他是如何做到的呢？

一种方法是用一个应该信息对抗"不要活"的禁止信息。杰克可以采用母亲的"要努力工作"的应该信息并做出一个复合决定："只要我努力工作，我就可以活。"

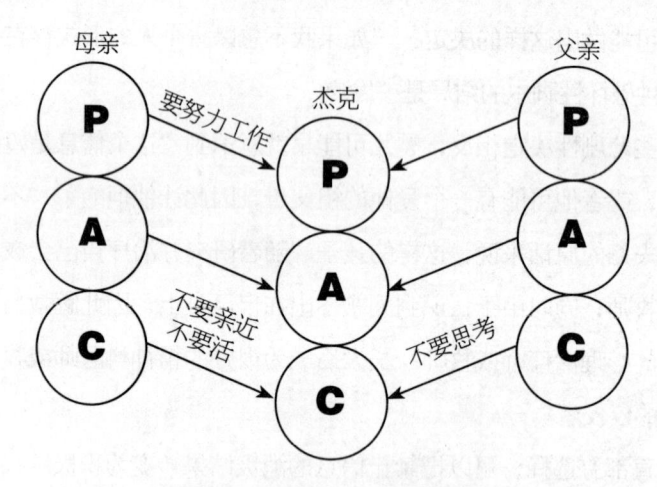

图14.1 杰克的部分脚本图

对于成年后的杰克这将意味着什么？他可能在任何方面都很努力。工作中，他是一个工作狂；运动时，他尽力提高自己的水平；人际关系方面，他努力成为一个好伙伴；做爱时，他尽力满足伴侣的需求。

假如杰克表现出高血压、溃疡或其他压力相关的症状，于是他决定不再这么努力工作，也许他会让自己多一些休假，并把工作委派给他人。刚开始一切都很正常，但奇怪的是，杰克感觉自己很难按照这个新的模式生活。在毫不知情的情况下，杰克又把自己的休闲时间填满了任务。也许他开始在一些岗位帮忙，但一两周后他便认真起来，给自己施加了比以前还要多的压力。为什么会这样呢？

原因是杰克打破了他脚本中原有的平衡。在他的意识中，他给自己减负是一件好事，但在无意识的小教授中，他认为这是对自己生命的威胁。他的脚本信念是："既然我已经不再努力工作了，我就应该听妈妈的话去死。"因此，我们也就不必奇怪他为什么还要想办法给自己找那么多事情做。

这种情况就是杰克用"要努力工作"的应该信息对抗妈妈"不要活"的禁止信息。当他不再那么努力工作时，解除了对"不要活"的对抗。

这种脚本形式有时导致矛盾或不良的后果。继续努力工作，杰克就是在遵循小教授的生存策略，但是多年的超负荷工作可能让他死于心脏病，或者由溃疡或高血压导致残疾。于是抵御破坏性结局的方法本身反过来又会导致这个破坏性的结局。

要想知道杰克如何做才能摆脱负面结局，我们首先就要理解他的复合型决定。如果他只是减轻工作量，而不处理潜在的"不要活"信息，那么他很可能会返回到努力工作的状态。对于旁观者来说，这可能像是一种自残行为，但对于杰克的小教授来说，这却和自残恰恰相反（这是避免母亲死亡威胁的唯一方法）。

要想移除他的这部分脚本，杰克首先要解除他的"不要活"信息。当他允许自己即便在受到母亲诅咒的情况下也可以生存后，他才可以继续把工作承诺解除掉。之后，他就能舒适、长久地抛开压力了。

用一个禁止信息对抗另一个禁止信息

杰克从母亲那里获得的禁止信息除了"不要活"，还有"不要亲近"。杰克可能用较轻的信息来抵御较重的那一个，于是婴儿时的他可能做出这样的复合决定："只要我不和任何人亲近，我就可以继续活。"

成年的杰克处于脚本中时会无意识地按照早期决定来生活。在他人眼中，他是一个疏离、不愿分享情绪的人，同时他也很难给予或接受安抚，尤其是肢体性安抚。

杰克也对这种模式感到不适。当他感到缺乏安抚或者孤独时，他可能对他人表现出亲近，但是他不会亲近太久，很快他就想办法离开对方，比如拒绝对方或让对方拒绝自己。

在意识层面，杰克也觉得再次变成孤身一人很伤心、很烦恼；但是在无意识的小教授中，他其实为终得解脱而长嘘了一口气。如果他继续和人亲近下去，他就打破了母亲"不要活"的禁止信息，因此他就要按"不要活"的指示去自杀。

如果杰克想要抛弃自己的脚本享受亲密关系，他需要首先去除掉"不要活"的信息。通过决定无论如何自己也要活下去，他便能做到这一点。

用一个家长的信息对抗另一个家长的信息

父亲没有向杰克发出"不要活"的信息，而是程度较轻的"不要思考"的信息。这种情况就给杰克提供了另一种活下去的方法，他可能决定："只要我为父亲装笨，我就不用为母亲去死。"

成年后，杰克有时候会停止思考。每当出现这种情况，他都会假装困惑，并且说"我没法把想法整合在一起，估计我想不出来"。但在无意识中，他却在用父亲的信息保护自己不受到母亲致命信息的伤害。

反脚本

有些人把自己的脚本信息反转过来，然后遵循它反面的含义。人们大多是在应该信息中使用这种方法。当我们这样做时，我们就处在反脚本中[3]。

当个体在生命不同时期面对任何一条脚本信息时，他都可以进入或脱离反脚本。青少年时期经常出现反脚本，比如说，一个女孩童年期一直在遵守"乖乖按父母说的做"这条应该信息，但到十四岁时她突然变了，她傲慢、吵闹，很晚才回家，并且常和父母所谓的"坏朋友"在一起玩。

看起来她好像是摆脱了应该脚本，其实她是在跟以前一样地遵守着。她只是把脚本信息翻转过来而已,就像把一个幻灯片翻过来看。

人们可能认为反脚本就是叛逆的孩子觉得受够了脚本或应该脚本后所做的事,此时的她已经不再关心不遵守早期决定会有什么后果了。

当这个女孩结婚后,她可能脱离反脚本,然后再回到脚本和应该脚本中。这时她再次变得安静、传统,变成丈夫的"小妇人"。

画出你自己的脚本图

●拿一张白纸,按照图13.1的样子在上面画一个空白的脚本图。之后,你可以在里面填上你从父母那里获得的脚本信息。

这类自我分析并不准确,答案也并非一成不变。你应该把脚本图当作认识自己的重要信息来源。它像一个地图,能告诉你如何去改变自己的未来。和所有地图一样,随着信息的增多,你可以对其进行修改或补充。和地图一样,当新路修成,旧路被弃时,我们也可以做出相应的改变。

请凭直觉快速完成练习。●

禁止信息

●仔细阅读"十二条禁止信息",回想你是否遇到过相关的生活问题或不适感。

注意,你想到的禁止信息对你有重要意义。按照来源于父亲或母亲把它们填入脚本图中,有些可能来自父母双方。你还记得父母怎样为某个禁止信息给你做出榜样吗?他们有跟你说过和禁止信息相关的命令或属性吗?如果不确定,就根据直觉来定。

填写禁止信息时，请使用高登夫妇所列的标准名称。如果你认为其他名字更合适，就把它们用括号括起来放在标准名称之后。比如说，"不要像个孩子"（不要享乐）。●

应该脚本

●回想你小时候父母常跟你说的应该、不应该、口号和座右铭。每位家长都是在什么时候最喜欢你？什么时候讨厌你？他们对你表达喜欢或讨厌时都用了什么词语？为了让你成功或者给家族带来荣誉，他们给了你哪些建议？

从这些线索中找出应该脚本信息。你应该很容易忆起谁给了你什么命令，倾听头脑中的声音，如果不确定可以猜测。有些应该信息还会来自其他亲戚、兄长或者老师。●

程式

●在编制脚本图时，我们通常只会把负面的程式写进来（我们的空间不足以把从父母那里学来的上千条正面程式都写出来）。负面程式来自父母被污染的成人自我，但在图中我们只画出来自成人自我。

你的父母有没有向你展示过如何获得脚本结局？通常，父母一方会以自身为榜样，向你展示如何遵守另一方父母的禁止信息或应该信息。比如说，妈妈给你一个"不要感受"的信息，于是爸爸就会给你示范"这就是怎样否认自己的情绪"。

第十四章 禁止信息与早期决定

把你的程式写为"这就是如何……"有些人没有明显的负面程式，如果你找不到，就把这部分空起来。●

运用幻想、故事和梦

●现在回顾你在第十章做的有关幻想、故事和梦的练习。此部分内容形式不限，按你脑中想到的形式即可。

从脚本图的角度观察这些信息，运用理性和直觉判断它们和你脚本图上已经写好的内容有何联系。之后，再对脚本图做出相应的改变和补充。●

依照TA的传统，你从上述练习中获得的脚本信息本应该是从正式的脚本问卷中得知的。我们在此并未提供脚本问卷，因为我们认为脚本问卷更适合访谈使用，而非自我指导性的脚本探索。如果你想了解正式问卷的内容，你可以到本章的参考资料中寻找答案[4]。

第十五章
过程脚本与驱力

我们在第四部分中已经讨论了人生脚本"是什么",即它的内容。本章中,我们则要转而探讨脚本的过程,也就是我们是如何活出人生脚本的。

在研究人生脚本的过程中,我们发现了一个惊人的事实:好像世界上只存在六种主要脚本过程。不论我是中国人、非洲人还是美国人,我都得根据这六种模式之一或更多活出我的脚本、在不同年龄、性别、教育背景或文化条件下,也是如此。这六种过程脚本就是本章第一部分要探讨的内容。

在本章的第二部分,我们关注五种呈现时间短、特征各异的行为模式,它们被称为驱力行为。驱力行为和过程脚本紧密相关。和过程脚本一样,不论你的文化、国籍、宗教或年龄,驱力行为也具有普适性。此外,在识别方面和过程脚本类似,我们都只要关注个体言行的呈现方式,即他们行为或言语的过程。不论个体说的内容是什么,你都可以观察到他的驱力行为。你不需要对他们进行咨询,他们甚至也不必非得谈论自己。

通过观察某人的驱力行为,你便能准确地预测出他的过程脚本。通过观察驱力,我们的确能预测出一系列其他有关个体人格的特征,比如他们的主要个人特点、他们在主动与被动交流时有何偏好、他们的脚本信念、典型心理游戏和扭

第十五章 过程脚本与驱力

曲。这一系列个人特点共同构成了个体的人格适应，我们将在下一章对人格适应进行详细的介绍。

过程脚本

伯恩最早对六种过程脚本进行了描述[1]，此后，其他TA理论家对伯恩的分类做过一些修改，比较著名的是泰比·凯勒[2]。

伯恩列出的六种过程脚本模式包括：

▶除非脚本

▶之后脚本

▶永不脚本

▶总是脚本

▶几乎脚本

▶没有结果

每种过程脚本都有它独特的主题，能够描绘出个体是如何活出自身脚本的。伯恩作为一名经典故事爱好者，还给每种过程脚本找到了对应的希腊神话故事。

除非脚本

如果我按照除非脚本活出脚本，我的人生信条就会是："除非我完成了我的工作，我才能玩乐。"它的变形有很多种，但它们的核心都是"**除非完成了某件不太好的事情以后，好的事情才会发生**"。比如：

"我只有完全了解了自己才能做出改变。"

"人生到40岁才真正开始。"

"等我退休后，我才能去旅行。"

"我在来世才能得到回报。"

和所有过程脚本一样,除非脚本的呈现也有短期和长期之分。乔纳森相信:"孩子们长大离开后,我才有时间放松、做我一直想做的事。"在他日复一日地等待自己人生的除非脚本到来时,他每天也在用更短的时间体现这种模式。他对妻子说:"我会过去跟你喝一杯,但先让我刷完了这些盘子再说。"

乔纳森在自己说的句子结构中甚至都会体现出除非模式。他经常使用插入语,他会说:"我跟我妻子说了——对了,我昨天还跟我女儿讲了同样的事儿——我们得修整修整我们的房子。"他会在句中打断自己加入一个新产生的想法。乔纳森用这种句子模式反映出自己的除非信念:"我必须要把各方面都涉及才算完成了这件事。"

希腊英雄赫丘利斯就有一个除非脚本。他在晋升为神之前,必须要完成一系列繁重的任务,包括清理国王马厩中堆积如山的马粪。

之后脚本

之后脚本和除非脚本完全相反。拥有之后脚本的人相信:**"我今天可以享受乐趣,但我明天一定会为此付出代价。"** 比如:

"这个派对真棒!但是天啊,我明天肯定会头痛欲裂!"

"等你结婚以后,生活就只剩下各种义务。"

"我喜欢早早起床,容光焕发,但一到晚上我就会累得不行。"

第一和第三个例子展现了之后脚本的人常常使用的句子模式。他们的句子会以"兴奋"开始,然后再接一个转折,通常用"但是"来表达。高点过后剩下的全是"低谷"。这种句子模式就是之后脚本的微缩重演。

达莫克兹的神话故事体现了之后脚本。这个希腊君王整天的生活就是锦衣玉食、逍遥自在,与此同时,他的头上还悬着一把剑,这把剑由一根马毛系着,只要他抬头看到这把剑,他就不会再开心了。他常常担心这把剑何时会掉下来。和达莫克兹一样，拥有之后脚本的人相信他们今天会过得很好，但其代价是明天这把剑就会掉下来。

永不脚本

永不脚本的主旨是"我永远也得不到我最想要的东西"。安德鲁经常说自己想和一个女人建立一段稳定的关系，但他从未做到过。实际上，他从来都没主动去过那些可以结识陌生女人的地方。他经常想自己回到学校再拿一个学位回来，但他连申请都没提交过。

安德鲁在永不脚本中就像丹达罗斯，后者被罚要永世站在一潭水的中央。潭水的一侧是食物，另一侧是饮用水，但这两侧他都够不到，因此只能一直饥渴下去。

在神话中，丹达罗斯好像意识不到自己只要向任一侧迈出一步就能拿到食物或水。处于永不脚本中的人就是这样，他只要向前迈一步就可以得到自己想要的东西，但他就是迈不出这一步。

永不脚本没有什么特别的句子模式。但是处于永不脚本中的个体常常会重复地谈论一些负面的脚本内容。他们在第一天会跟你说他们遇到的麻烦，第二天还会说，就像第一天没有说过一样。

总是脚本

拥有总是脚本的人会问："为什么这些事情总是发生在我身上？"和总是脚本匹配的希腊神话是阿拉克尼的故事，她擅长刺绣，但却异想天开地在一次刺绣比赛中挑战女神米诺瓦。愤怒的女神将阿拉克尼变成了一只蜘蛛，罚她永世织网。

玛莎遵循着总是脚本。她已经结过三次婚，离了两次。她在第一段婚姻中嫁给了一个沉默寡言、不擅社交的男人。后来玛莎跟他分开了，她对自己的朋友说她想要一个更有活力的人。但是让这些朋友吃惊的是，很快她又宣布订婚了，这次是跟一个几乎是她前夫翻版的人。这段婚姻也没有持续多久。玛莎的第三任丈夫沉默寡言、不太有活力，现在她已经开始向朋友抱怨这个人了。

拥有总是脚本的人会做出和玛莎一样的行为，他们会从一个不满意的关系、工作或居住环境中，换到另一个不满意的关系、工作或居住环境。另一种变形是他们会一直待在原来不满意的选择中，不更换到好一些的地方去。拥有总是脚本的人会说："我跟这个治疗师在一起没得到什么效果。但是，我想我还是应该继续，希望我们能有所收获。"

玛莎常用的句子模式一般都伴随总是脚本。她先开始一个句子，然后离题去探讨另一个话题，之后她又会转到另一话题谈一阵儿，如此往复。"嗯，我来看你的原因是……呃，我在来的路上看到了一个朋友，她……哦，对了，我身上有些钱……"

几乎脚本

西西弗斯是另一位惹怒希腊众神的人物。他被罚永世都要推一块巨石上山，每次快要到山顶时，石头都会再滚到山脚下。和西西弗斯一样，具有几乎脚本的现代人会说："我这次差一点儿就做到了。"

弗雷德从朋友那里借来一本书，还回去时他说："谢谢你的书。除了最后一章我都读了。"洗车时，他又是差不多洗干净了，只漏了几块泥点。

从长期来说，弗雷德的几乎脚本体现在他差一点儿就被提拔了。虽然他离一把手的位置很近，但还是没有成功。每次面试到最后一轮时他总是在名单上，但最后他总会搞砸。

伯恩把这种脚本模式称为"重复"，但是后来的学者指出，所有脚本模式都是重复出现的，所以它的名字就改为"几乎脚本"了。

泰比·凯勒认为几乎脚本有两种。刚才我们提到的那种，他称为"几乎脚本

Ⅰ型"。在"几乎脚本Ⅱ型"中，个体是能够爬到山巅的，但是他不会放下石头坐下来休息，相反他甚至都意识不到自己到山顶了。他不做丝毫停顿就会环顾四周，寻找一座更高的山，然后推着石头马上出发。到了那个山顶时，他还会寻找并攻克另一座更高的山。

几乎Ⅱ型的人在物质方面会有很高的成就。以珍妮特（Janet）为例，她顺利通过了学校的每项考试，还获得了大学的奖学金。当她以一流的成绩获得大学学位时，她已经开始设计博士研究了。现在她已经博士毕业，正在努力争取研究员的身份。虽然同事们都很羡慕她，珍妮特自己却没觉得成功。一旦成为研究员，她又会告诉朋友们她想做教授。当然，这意味着她要付出更多的努力，她从来没时间去社交。

几乎脚本有两种不同的句子模式。说话者可能会开启一个句子，然后跑题去说另一件事并结束句子。"我今天给你们讲的是……哦，对了，我还要给你们一页笔记。"

或者，几乎脚本的人会提出一系列好的方面，最后再提出一个负面问题。"秋天的树真是美好啊，不是吗？天气温暖阳光也明媚。但是要注意空气还是凉的。"

没有结果的脚本

这种脚本模式和除非脚本、之后脚本有相似之处，因为它们都有一个转折点，在转折点之后事物会发生改变。但是对于没有结果的脚本来说转折点之后是一片虚无，就像一部戏剧的结尾几页丢失了一样。

阿尔弗雷德刚刚从他工作四十年的公司退休，现在他赋闲在家，坐拥公司发给他的奖牌和大理石钟。一直以来他都很期待这种闲暇，但是现在他并没感到享受，相反他觉得很不舒服。他要怎么做呢？要如何填充自己的时间？

玛杰里四个孩子中最小的一个也已长大，她向离家的孩子告别，她深深地松了一口气。这么多年过后，自己终于不再为照顾孩子的事操劳了！但是一两天过后，玛杰里感到有些沮丧，没有了额外的洗刷，没有了满屋的脏衣服等她收拾，现在她很茫然，不知道要怎么度过自己的时间。

没有结果的脚本可以以短暂或长期的形式表现。尤其是一些人只设定短期目标，一旦完成了这些目标，他们就会发慌，直到有新的事情到来时他们才知道要做什么。之后他们会设定一个新的短期目标，并且重复这个过程。

没有结果的脚本相信："一旦我到达了特定时间点，我就不知道后来做什么了。"这让我们回忆起腓利门和波西斯的神话故事。这对年长的夫妇招待打扮成旅人的众神，而其他人没有招待，因此作为对他们善良的回报，众神把他们变成并肩而立、相互缠绕的两棵树，以此延长他们的生命。

过程脚本的组合

我们所有人都会表现这六种过程脚本模式，但对于多数人来说，只有一种处于主导地位。比如，乔纳森主要表现除非脚本，玛莎明显表现的总是脚本等。

有些人结合了两种模式，通常其中之一是主要的，但另一个也比较重要。例如，几乎Ⅱ型的人也会表现出除非脚本，从珍妮特的例子可以看到。珍妮特有一条未明说的信条："除非我达到了顶端我才可以休息。但我永远也不会达到顶端，因为世界上总会有更高的地方，因此我永远也不能休息。"

把除非脚本和永不脚本结合在一起的人相信："除非我完成我的任务，否则我不能玩乐。但是我永远也完不成我的任务，因此我永远也不能玩乐。"

其他常见的组合包括：之后脚本和几乎Ⅰ型脚本的组合、总是脚本和永不脚本的组合。愿意的话，你可以自己想出每种脚本组合的信条。

● 你的过程脚本模式

浏览上文对各种过程脚本的描述，挑出你认为和自己相符的一种或多

第十五章 过程脚本与驱力

187

种模式。

如果你的搭档或者熟识你的朋友愿意和你一起完成这项探索任务，你可以让他们通读这些过程脚本类型的描述，然后征询他们的意见，看他们认为哪种（哪些）过程脚本是你的主要模式。●

过程脚本的起源

为什么世界上只有六种过程主题？为什么它们在多种文化中都表现出了一致性？没人知道。回答这些问题，对TA研究来说是一项困难的任务。

关于过程脚本是如何由父母传递给孩子的，我们有一些自己的观点。过程脚本好像是应该脚本的一部分，主要通过父母的榜样传递给孩子。

驱力行为

临床心理学家凯勒在20世纪70年代发现了一件有趣的事情。伯恩认为脚本能在很短时间内呈现出来，凯勒对此做了后续研究。凯勒逐秒地观察被试的词语、语调、手势、姿态和面部表情。他发现人们在进入任何一种脚本行为或感受前，总会表现出一系列特定的行为。

凯勒和他的同事列出了五种逐秒观察到的行为序列，他们称其为驱力行为[3]。

这五种行为模式还和六种过程脚本显著相关。通过观察某人的驱力模式，你可以准确地预测出他的过程脚本。此外，你还可以预测出很多其他的脚本特征和大致的人格特征，我们将会在接下来的章节中讲到。

因此，通过学习如何识别五种驱力行为，你就能在很短时间内对一个人有详细的了解。在本部分，我们就要告诉你如何观察这些行为。

如何识别驱力行为

五种驱力行为包括：
- ▶要完美
- ▶要坚强
- ▶要努力试
- ▶要讨好（他人）
- ▶要迅速

每种驱力都由一系列独特的词语、语调、手势、姿态和面部表情组成。

你已经学过如何运用这些线索从行为上判断自我状态（第五章）。在搜寻驱力行为时，你需要缩短你的时间范围，驱力行为的显现时间通常是半秒到1秒。如果你不熟悉如何在如此短的时间内观察驱力行为，那你就要多做些初始练习，但很快这就会变为你的第二本能。

在这里同样要注意"不要解读"，就像我们在讨论行为诊断时说的那样，你只需要关注你切实看到或听到的东西。例如，当你看我时你可能想说我"看起来很严肃"。但是你所说的"严肃"对应到我的面部、身体和声音是什么样的呢？我哪块肌肉紧绷着？我的声音是低是高，是吵还是尖利？我的眉毛向上还是向下？我的眼神看向哪里？你看到我在做什么手势？要想拥有高超的驱力识别技能，你需要关注这种可观测的线索。下面是每种驱力对应的线索。

要完美

词语：处于"要完美"的人经常使用插入语。例如：

"我今天来到这里，就像我说的，是教你们有关驱力的知识。"

"TA是，我们可以这么说，一种人格理论。"

"要完美"的用词常常会包括下面这些词和短语，它们可能出现也可能不出现在插入语中。它们会对语句做一些修饰，但又不会给句子带来什么新的信息。典型

第十五章 过程脚本与驱力

的有：像以前一样、可能、也许、肯定、完全、人们可能会说、正如我们所见。

另一条线索是，说话者可能会用数字或字母指出说到第几点。"我们今天的话题有：一，对驱力进行讨论；二，探讨它们与脚本的关系。"

语调：通常听起来像成人自我。声调适中、不高也不低。

手势：说话分成几点内容时用手指头配合。他可能会用传统的"思考者"手势摸着下巴。两手指尖对在一起形成V字形，这种手势称为"尖塔式"。

姿态：通常看起来像成人自我。身体挺直、左右平衡。

面部表情：眼睛向上看（较少向下看），也会向一侧看，这种眼神通常在个体演讲停顿时出现。这种神情就像天花板或地板上写着一个"完美的答案"他想读出来一样。与此同时，他的嘴也会稍显紧绷、嘴角略向外侧拉。

要坚强

词语：处于"要坚强"驱力的人疏远自己的感受，他们所用的词汇包含这样的意义："我不为我的感受和行为负责，它们是由外界造成的。"

"你让我很生气。"

"这本书让我无聊透了。"

"突然有一个想法出现了……"

"他的态度让我不得不反击。"

"市中心的环境引发了暴力。"

此外，他们在提及自己的时候还经常使用一个人、你、人们、这、那个等让自己与所说内容疏远的词汇。

"这感觉很吓人。"（意思是"我觉得很害怕"。）

"那个感觉不错。"（意思是"我感觉不错"。）

"你不能显露出自己的感受。"（意思是"我不得不"。）

"这类情境会给我造成压力。"

语调：平缓、单调、音调低。

手势：没有哪种手势是"要坚强"的显著标志。

姿态：他们的姿态经常是"封闭的"。他们在身体前抱着或交叉着胳膊、腿也可能是交叉的，或是把一条腿的脚踝放在另一条腿的膝盖上摆成"数字4"的样子。整个身体都表现出一种固定的状态。

面部表情：面部没有表情、僵硬。

要努力试

词语："要努力试"的典型用语是一些疑问式的嘟囔，比如，"哈？啊？还有诸如不能、什么？请再说一遍那是什么？我听不懂你说的是什么，……很难"。

处在"要努力试"驱力中的人有时会用"试"这个字：

"我在试着跟你说的是……"

"我会试着按我们的协议办。"

但是从我们的经验来看，对"试"这个字的使用并不能完全判断出该个体具有"要努力试"的驱力。在驱力状态下"试"意味着"我会试着做，但不会真的去做"。但作为听者，你只有在事后才能知道他到底有没有表达这层含义。

语调：他们常常会紧绷喉咙部位的肌肉，从而使声音像是捂着嘴或勒着喉咙发出的。

手势：通常将一只手放在眼边或耳边，就像他在用力听或看什么东西一样。可能还会握紧拳头。

姿态："要努力试"和"要讨好他人"类似，都会用力前倾、手放在膝盖上，给人的一般印象是在弓着身子。

面部表情："要努力试"的一个典型特点是他们会紧锁眉头，在鼻子上方形成两条竖直的皱纹。他们的眼有时甚至是整张脸都会紧拧在一起形成许多皱纹。

要讨好他人

词语：处在"要讨好他人"驱力中的人经常会用"高—但是—低"这样的句式，我们在介绍"之后"脚本的线索时提到过。

"我很享受你的课堂，但是我不知道自己能不能记住这些内容。"

"这个派对真棒！但是天啊，我明天早晨一定会后悔的。"

她经常会说一些询问性的词语和词组，比如：可以吗？嗯？你行吗？有点××？类似××？

语调：音调高而尖利，在每句末尾都会上扬。

手势：通常是手掌向上、向外伸出。点头。

姿态：肩膀高耸向前、身体倾向对方。

面部表情：要讨好他人的个体在看着你时常常会把脸稍稍朝下，因此她在看你时需要抬起眼、扬起眉毛。这就会使她的眉毛上方形成横向的皱纹。与此同时，她的嘴也会做出类似微笑的表情，但是和非驱力的真实的微笑相比，"要讨好他人"的微笑更加紧绷。他们的上牙会露出来，有时下牙也会露出来。

要迅速

词语：迅速、快、继续、我们走、没时间……

语调：断续、机关枪一般。有时要迅速的人说得太快会把词混在一起。

手势：敲手指、用脚敲地面或晃脚，在椅子上蠕动、不停地看表。

姿态：没有具体的姿态，但总体的印象是躁动不安。

面部表情：注视点频繁快速地变换。

从我们的经验来看，一个人不太会在同一时间表现出多条"要迅速"的线索。更常见的是这个人表现出一条"要迅速"线索的同时，还表现出另外一种驱力的多条线索。例如，我处在"要坚强"驱力中，面部僵化、胳膊和腿都紧紧交叉着，但同时我的左脚在不停地晃动。

没有任何线索是一定对应某种驱力的

要想可靠地诊断驱力,你需要找到该驱力对应的多条线索,不要只抓着一条线索不放。例如,听到我说"我要试着××",你就得出结论:"啊哈!你正处在'要努力试'驱力中。"但事实并不一定如此。如果你看到了我的其他行为线索,比如我嘴唇紧绷、向上看着天花板、用手指比画着说到了第几点,我更可能是在"要完美"驱力中。或者,我说了"我要试着××",但我的其他行为线索表明我正处在成人自我状态中我不处在任何驱力中(但我们之前说过,判定"要迅速"驱力就不用"找多条线索")。

注意:你无法通过观察内容来判断驱力

要想有效识别驱力,你必须关注过程。通过观察个体行为的内容,你无法对驱力做出判定。

例如,假设你觉得你的朋友安迪(Andy)"想把事情做到完美"。你注意到他只有把鞋擦亮了才能自在地出门去上班,或者他提交的文件都排版整齐。这些特点可能对你比较有吸引力,但它们本身并不能作为对"要完美"驱力的诊断标准。"想把事情做到完美"说的是一个人行为的内容而不是过程。如果你确实想知道安迪有没有表现出"要完美"驱力,你可以逐秒地去观察他说的话,看他是不是经常用插入语、是不是在停顿时会向上看,或者用手指比画着列出一二三点。

类似地,假设珍妮特对"你觉得讨好他人重要吗?"这道题的回答"是"。我们还是说,这能体现她的一些人格特质,但是我们不能凭此判断她是否表现了"要讨好他人"驱力。该驱力和其他所有驱力一样会由一套具体、短暂的行为表现出来。要想判断是否存在"要讨好他人",你不需要去寻找一般的"讨好",你要逐秒地观察珍妮特会不会不时地抬起眉毛、露出上牙、脸朝下同时向上看、肩膀耸到耳朵边、说话音调高且上扬。

不幸的是，一些TA方面的作者和研究人员掉入了这个诱人的陷阱，认为驱力可以从行为的内容上看出来。导致整本书、整个研究都从一个错误的观念开始。我们诚挚地希望你不要和他们犯同样的错误。若你想成为一个技艺高超的"驱力侦探"，你的指导原则就应一直保持为：**关注过程**。

主要驱力

我们每个人都会表现出所有五种驱力行为，但是多数人经常表现某一种驱力。通常，这也是他们回应交流刺激时最先表现的驱力，这就是他们的主要驱力。

有些人有两个主要驱力，这两个驱力出现的频率相当，具有三种或更多主要驱力的人较少。

●驱力行为判断练习

如果你有一台电视，找一个访谈节目练习逐秒判断驱力行为线索。

如果你有一台录像机，在你练习的同时将这个节目录下来。之后将录像用慢镜头回放或者用暂停。用该录像跟你的逐秒观察进行核对。

你可以验证不同的电视人物是否有不同的主要驱力。你最喜欢的喜剧演员和你最不喜欢的政治家在主要驱力上是否有不同？

你觉得自己的主要驱力是什么？把你的答案写下来。

然后再与一个客观结果进行对比。你可以找一个了解驱力线索的人观察你，或是把自己的行为录下来，之后再看回放。你最初猜的自己的主要驱力对吗？

如果你在团体中，组成三人小组。让一个人做来访者，一个人做咨询师，另一个人做观察者。来访者选一轻松话题和咨询师谈三分钟，咨询师可以用任何方式倾听和回应，此外他还要负责计时。观察者要用笔和纸记下他在咨询师和来访者身上发现的驱力（为了简化练习，观察者在第一次时可以只关注来访者的驱力行为。）三分钟过后，观察者向另外二人反馈自己观察到的驱力线索。之后互换角色，重复练习。

在日常互动中寻找驱力行为，你可以在工作、逛街、旅行和跟朋友闲聊时练习对驱力的识别。不要告诉别人你在做什么，除非你十分确信对方对此感兴趣。●

驱力和过程脚本类型

知道对方的主要驱力后，你就能知道他们的主要过程脚本类型是什么[4]。表15.1就展示了这两者之间的相关关系。

表15.1　驱力和过程脚本

主要驱力	过程脚本
要完美	除非
要完美+要坚强	除非+永不
要坚强	永不
要努力试	总是
要讨好他人	之后
要讨好他人+要努力试	几乎I型
要讨好他人+要完美	几乎II型
要讨好他人+要完美	没有结果

两种类型的"几乎脚本"中都把"要讨好他人"排在第一位，之后再分别加入"要努力试"和"要完美"。在"没有结果"的脚本中也包含"要讨好他人"和"要完美"，但是这里的这两种驱力都比"几乎Ⅱ型"中表现得强烈。

● 你的主要驱力和脚本过程

你已经知道了自己身上哪种过程脚本最显著，同时你也知道了你的主要驱力是哪个。你的这两个结果和我们所说的对应关系一致吗？

如果它们不一致怎么办？我们列出的驱力和过程脚本之间的联系只是一般规律，它并不一定适合你。但是经证实，它们在成千上万的观察案例中还是适用的。如果一开始你的结果和它不符，你还是有必要对你的主要驱力和过程脚本进行回顾。从我们的经验看，造成不符的最常见原因是个体对自己的主要驱力判断不准确。●

驱力行为和驱力信息

如果你逐章阅读本书，你可能已经开始思考："我以前见过这五种驱力的名字，第十三章中曾提到过它。当时我们说它们是'在应该脚本中起重要作用的五种命令'。所以，当我们谈论"驱力"时，我们是在谈论应该脚本信息，还是谈论可观察到的行为？"

事实上，这两者我们都在谈论。五种驱力信息确实存在，而且还跟应该脚本一起被列在脚本矩阵中。正如我们在第十三章所说的："当我在内部重演一条驱力信息时，我会表现出一系列对应该驱力的行为。"这种"对应行为"表现在外部就是驱力行为。

和所有脚本信息一样，当孩子决定要遵从它时，他或她就会做出一个相应的脚本决定。与驱力信息相关的决定就会形成应该脚本的组成部分。这些应该脚本决定的内容都展示在了表15.2中。

表15.2　五种驱力背后的应该脚本决定

驱力	应该脚本决定
要完美	只有我把所有事情都做正确（因此，在我完成某件事情之前，我要留意每一个细节），我才是好的。
要坚强	只有我隐藏我的感受和欲望，我才是好的。
要努力试	只有我不断努力尝试（因此，我不要完成我正在努力做的事情，如果我完成了它们，我再也不能努力去试了。），我才是好的。
要讨好他人	只有我讨好他人，我才是好的。
要迅速	只有我迅速，我才是好的。

驱力和心理地位

从表15.2你可以看到，应该脚本中的驱力信息能够对心理地位有所反映。其所包含的父母信息是："只有当你完美、讨好他人等时，你才是好的。"

因此当我处在脚本中并且用适应型儿童听从父母性信息时，我的心理地位就是："只有当我完美、讨好他人等时，我才是好的。"

我们说**驱力反映了一种有条件的好的心理地位**。

驱力为什么和过程脚本相关

为什么驱力行为和过程脚本关系那么紧密呢？原因是驱力行为本身就是微缩版的过程脚本。每当我做出驱力行为时，我都会在半秒的时间内表演出相应的过程脚本。

正如凯勒所表述的："五种驱力就是不好的（结构性）应该脚本的功能性表达。"

例如，假设我在课堂上教TA，我说："TA——最初由伯恩创立，其创立时

第十五章 过程脚本与驱力

间大约是从20世纪50年代后期开始——用来理解人格的一个系统，或者说一个模型。这至少是其最基本的定义。"在我说出这一系列插入语时，我的眼睛看向天花板，好像从那里可以看到完美的定义一样。我在说"系统"和"模型"这两个概念时，用手指做了指代从而确保我囊括了所有可能的方面。

在我做出这些"要完美"的行为时，我是在遵循我内部的一个父母性声音："你只有把所有事情都做对，你才是好的。"我用适应型儿童听取了这个声音，于是我现在相信只有当我把所有可能都涉及才能结束我的句子，否则根据我儿童自我的信念，我就是不好的。

因此，在那几秒钟内，我把我主要的过程脚本——"除非脚本"演绎了出来。通过这种方式，这一过程在我身上得到了强化。

这种驱力与脚本的关系对于其他三种驱力也适用。每次在我表现"要讨好他人"驱力时，我都在按照之后脚本生活。我脑中的父母性声音不断重复着这样一段应该脚本："只有当你讨好他人时，你才是好的。"通过抬高眉毛、露齿微笑，我的适应型儿童希望我对他人表现出足够的讨好。但是我害怕自己迟早会丧失讨好他人的能量，到那时达摩克利斯之剑就会掉在我头上。

在表现出"要坚强"时，我会听从这样的应该脚本信息："只有当你隐藏自己的感受和欲望时，你才是好的。不要让别人看到你的脆弱。"听了这条信息，我的适应型儿童会关闭对外部信号的接收，我的脸保持冷漠，我会减少动作，并且用平缓的声音说话。

当我表现出这种"要坚强"行为时，我就在活出并且强化永不的过程脚本。我希望从身边的人那里得到接触和安抚，但是在我面无表情的情况下，我又无法向他们发出这种信号。就像丹达罗斯一样，我不让自己做出满足自身愿望的行动。

假设我的主要驱力是"要努力试"，当你向我提问时，我会倾身向前、皱起眉头在鼻子上方形成两条竖直的皱纹。我会眯缝着眼睛把手放在头的一侧，好像我很难听到你一样。我说："哈？什么？我没听懂。"其实我的听力很正常，我只是处在"要努力试"驱力中。在那几秒中，我在听从来自以前的一个父母性声音，它说："你只有努力试着去做事情，你才是好的。"要想遵从这个命令，我的适应型儿童知道我一定不能真的去做事。如果我真的做完了，那我就没法继续试着做它了。

在我试着做事但又不真做时，我会继续在总是脚本中打转。如果我并不喜欢自己现在的状态，我就会努力试着去改变，但我也不会真的做出达成改变所需的行动。

对于两种几乎脚本和没有结果的脚本来说，脚本和驱力之间的关联不是很明显。但是通过推测，你也可以轻易地知道驱力组合形成的应该脚本信念对应什么样的脚本。如果愿意的话，你可以自己找出它们的组合信念，并推测出对应的脚本。

你会发现，对于要迅速驱力来说，驱力和脚本之间并没有直接的关联。从许多方面来说，要迅速是所有驱力中的特例，常与其他主要驱力相伴出现，而它只作为那个主要驱力的强化剂。

驱力行为是"通向脚本的大门"

凯勒有关驱力行为最早的发现之一是当个体体验到扭曲感受或在内部"听到"禁止信息之后，总是表现出驱力行为[5]。这就好像一个人在进入脚本之前，不可避免地会通过驱力的"大门"。

其用处对你来说十分明确。你在许多情境中都想找到一些指标，从而知道自己的行为或者报告出来的感受是否处在脚本中。比如说，你在和对方交流时对方笑了，这是一个绞架上的笑容还是自主的笑？或者如果他表达了愤怒，这是扭曲的愤怒还是真实的愤怒？

下面就是驱力行为给你提供的线索：**这个人在笑之前或者表达感受之前有做**

出驱力行为吗？如果答案是否定的，那你就知道这个人没有处在脚本中。

但要注意，这个推理反过来却不适用。我们曾说过，进入脚本的人在进入之前总是会先做出驱力行为。但是，这个人做了驱力行为却不进入脚本也是可能的，他可以直接退出驱力行为，体验非脚本的感受和行为。"通向脚本的大门"和其他门没什么两样，你完全可以来到门边看一眼却不进去。在其他情况下你也可以来到门边打开门，然后径直走进去。

这说明个体的儿童自我将驱力视为"好的条件"。假设我进入了"要完美"驱力，开始在脑中听到父母性的声音："只有当你把所有事情做到完美，你才是好的。"就我的儿童自我来说，之后会产生两种后果。一个是我"把所有事情都做到完美"，满足我的内在父母自我，这时我就是好的。从外部表现来看，我会马上做出短暂的"要完美"驱力行为，之后再变为不受驱力影响的成人自我。我暂时性地打开了驱力的大门朝里面瞥了一眼，然后马上关上了它。

另一种后果是，我没有把事情做到完美，我的儿童自我就会认为"我是不好的"。带着这种心情，我会进入驱力的大门，并陷进负面脚本。从我的外部行为来看，我在驱力行为之后会进入扭曲做出一个绞架上的笑容，或者进入戏剧三角形。

总之，通过观察驱力来判断一个人是否进入了脚本：

▶如果没有驱力行为：接下来的感受或行为就不处于脚本中。

▶如果有驱力行为：接下来的感受或行为可能在也可能不在脚本中。

驱力的起源

为什么世界上有五种且只有五种驱力行为呢？为什么不论个体的文化、年龄或受教育程度，这五种驱力对所有人都是一样的？为什么每个驱力总是带有它特定的应该脚本信息？没有人知道答案。

凯勒指出，驱力在一定程度上可能是天生的，是"天性"的结果，同时也是

"教养"的结果[6]。这当然有助于解释驱力从表面上看"自主"的特质。当今的神经科学证实，一些面部表情、手势是跨文化通用的，它们传递着特定的社会信息[7]。也许驱力行为也属于这个范畴。

但是，这些想法也只是推测。对当下的TA研究来说，最大的挑战是要找到一个令人信服的驱力起源。

我们应该对驱力和过程脚本进行"治疗"吗？

在20世纪70年代末期及往后十年左右的时间里，过程脚本和驱力的概念得到初步的发展。当时TA实践者们好像找到了一颗"魔法子弹"能够治愈来访者。由于驱力是"通往脚本的大门"，所以顺着这个思路下去，如果我们对驱力行为进行面质，那么来访者就不会打开脚本的大门了，因此他们也就不会再陷入脚本当中了。比如说，如果一位来访者苦着脸说："我会试着……"咨询师就会反驳道："你能不能让脸放松下来、正视我的眼睛，然后说'我愿意……'。"

个体要想走出过程脚本也同样简单。你可以把这当成一个自助练习。你所要做的就是，首先意识到你在按照哪种过程脚本生活，如果你想改变它，那就做一个成人自我的决定，让自己做出和那个模式相反的行动。例如，如果你一直在按"之后"的脚本生活，你就跟自己制定一个合约，让自己能从派对中享受快乐，并且在第二天早晨也感觉很好（该决定的一个变形是："我决定要在派对前对某事有不好的感受，这样派对之后我就会感觉好了。"）那个时期出版了许多有关TA的教科书，包括本书的第一版。这些书都详细地给出了建议，教大家如何通过成人自我的思考和行动改变自己的过程脚本。

但是，随着时间的流逝，我们发现这些显而易见的方法存在一个大问题。那就是，这个方法根本行不通，或者至少它们不会次次都行得通。对多数人来说，

第十五章 过程脚本与驱力

这种方法也不会带来永久的改变[8]。

第一个被否定的观点是面质驱力行为有治疗作用。当然，我们可以面质个体表现出来的每个驱力行为，如果你真的这么做了，最常见的结果就是个体会很快产生不良的感受。他们非但不会跳出脚本，反而会直接进入脚本。想一想，如果驱力行为是个体儿童自我的一个牢固的社交信号，它意味着：“我要在这儿陷入痛苦了。"你不断对这个信号进行面质，又会给个体传递出什么样的信息呢？个体的儿童自我会认为你在传递这样的信息："不论你说什么，我都'听'不到你。"如果事实真是这样的话，个体会产生不良感受也就不足为奇了。

因此在今天的TA应用中，我们不会让来访者"丢掉"自己的驱力行为。我们会观察这些行为，然后将它们用在诊断上。我们从中获取丰富的有关个体脚本和人格类型的信息，然后从此处开始工作。

个体识别出自身过程脚本后，刻意用与其相反的方式做出行为，这一建议对一些人来说，可能会带来永久性的改变。但更常见的情况是，它只会起一段时间的作用，之后个体的旧过程脚本还会再回来。以"之后"脚本为例，一个人制定了合约，决定要享受派对，并且在次日早晨感觉良好。她可能会这么做一次或几次，但是之后她再去一个派对，再享受其中，可是第二天早晨觉得糟透了，她就会想："之前到底发生了什么？"

为什么会这样呢？原因我们在第十四章曾经提到过：在人生脚本的动态平衡过程中一个脚本决定很可能是用来抵御另一个决定的。尤其是应该脚本决定，它可能完全就是用来抵御另一个决定的。比如说，儿童自我可能做出这样的复合决定："只要我讨好他人，我就能继续存在。"

我们在本章讲过，过程脚本本身就是应该脚本的组成部分。回想一下乔纳森，他的主要过程脚本是除非脚本，很可能乔纳森就做过这样一个复合决定："只要我不在任务完成前享乐，我就可以继续生存。"如果真是这样，乔纳森就是在用除非脚本来抵御"不要活"这条禁止信息。

现在假设乔纳森在成人自我中做出决定要打破除非脚本。那么对于他的儿童自我来说，这就相当于让他暴露在了死亡宣判之中。但是和抵抗"不要活"信息的其他方式一样，这也不会让他去寻死，但是他的儿童自我会想办法阻止这种行为变化。因此我们很快就会看到乔纳森说："我知道我做出了决定要脱离除非脚本，我会很快着手去做的，但是先等一下，我得先清理一下我邮箱的收件箱。"

综上所述，当一个人用过程脚本抵御另一个更有危害性的脚本时，任何想要改变过程脚本的成人自我决定都是无效的。在最糟糕的情况下，还可能会造成危险。

因此，如果你有一个自己不喜欢的过程脚本，你要怎么办呢？我们的建议是，如果可以的话你应该去找一个资质齐全的治疗师或咨询师，让他帮你探索你的脚本，看看你的过程脚本是否在抵御着一个更严重的脚本决定。如果它不是在抵御，你就可以制定合约，让自己做出与过程脚本相反的行为。但如果它确实是在抵御一个更具危害性的脚本决定，你可以和治疗师一起先化解那个危害性更大的决定，一旦做到这点，你就会发现你不喜欢的那个过程脚本能很轻易、安全地被改掉了。

第十六章
人格适应

当代TA中用途最大的概念之一就是**人格适应模型**。它们代表了人与外界互动的六种方式，其产生的背景是它们在个体的原生家庭中十分适用。本章我们将向你讲解如何识别这六种适应，其中的练习也可以帮助你发现自己的适应模式。

了解人格适应有什么用？

当你知道一个人的人格适应类型之后，你就能直接了解到许多与之相关的信息。首先，你对他的人格有了大体的了解——"他是个什么样的人"。你能准确地预测出他的主要过程脚本，对于这一点，我们在之前的章节中已经讲过了。每种适应类型对自我、他人和世界都有一套脚本信念体系。此外，你还能知道个体在脚本中的情感与行为模式，也就是他们常用的心理游戏、扭曲和扭曲感受。当个体为了获得自身改变而开始接受治疗（包括自我治疗）与咨询时，这些信息都包含着巨大的价值；而对于在日常生活中了解自己与他人，知道如何与他人良好相处，这也能有所助益。

每种人格适应都包含一定积极的特质，个体可以建设性地使用它们。个体在了解这点后，就能够建立起自己的优势。在组织方面，它可以帮助团队领导进行有效的团队建设。

知道某人的人格适应类型后，你在与他的接触中就有了指导，也就是针对他的三个接触域——思维、感受和行为，你要确定一个系统的接触顺序。这就是威尔顺序，我们在之后会详细地阐释。

六种人格适应

人格适应的概念最早由精神分析师保罗·威尔和临床心理学家凯勒发展出来的[1]。之后，本书的作者之一范恩·琼斯对该领域的理论与实践工作进行了推进[2]。这些学者认为儿童在脚本形成过程中会选择一些有助于生存的基本策略，同时也会选择一些应对父母期待的策略。成年后他们还会接着使用这些策略，尤其是在压力较大的情境中。这些策略就是他们适应世界的方法。研究发现一共存在六组主要策略[3]，这六组策略分别对应六种核心的人格适应。

所有"正常"人都会在一定程度上表现出六种适应里的多数适应类型，因为每种适应都是应对某个特定情境的最佳选择。多数人只有一种适应类型占主导地位。有些人有两种适应类型，但二者的重要性是相同的。

作为一名精神病医师，威尔发现这六种人格适应与某些正式的诊断类别有广泛的对应关系。在他的著作中，他用了一些临床心理诊断的名称为这六种适应类型命名。但是威尔强调，他的这些名称并不一定暗示着它们具有临床上心理病理学的意义。每种适应都通过一系列特征和行为进行界定，在这些特质中一些会被视为积极的，其他的则看作消极。因此，当个体表现出某种适应类型的特质时，他在临床上也还是"正常"的。换句话说，每种人格适应都是从健康到不健康的连续体。只有当一个人过多地表现出某种适应以至于影响了他的日常生活时，我们才会给他做出正式的临床诊断。当这种情况发生时，这个人一定表现出了该适应类型中的负面行为。

为了强调这些适应类型既包括积极方面也包括消极方面，我们按照琼斯的建议[4]，给这些适应类型一组新的名称。我们在下面列出了这组新名称，同时在新名称前面还给予了威尔的传统诊断名称（我们用"表演型"代替了威尔最初使用的"歇斯底里"，因为前者现在更为常用。）

▶强迫型（负责任的工作狂）

▶偏执型（杰出的怀疑者）

▶精神分裂型（富有创造性的梦想者）

▶被动攻击型（顽皮的抗拒者）

▶表演型（富有激情的过度反应者）

▶反社会型（富有魅力的操纵者）

琼斯通过名称中的形容词强调每种适应类型既有优势又有问题。

表16.1列出了界定每种人格适应的人格特质。

表16.1　六种人格适应综述

适应类型	特点	描述
强迫型（负责任的工作狂）	顺从、认真、负责、可靠。	完美主义者、过于压抑自己、负责任、紧张（很难放松）、可依赖、整洁。
偏执型（杰出的怀疑者）	思维严谨、夸大、投射、优秀的思考者、很警觉、掌控全局、关注细节。	非常敏感、多疑、嫉妒、羡慕、知识渊博、小心谨慎。
精神分裂型（富有创造性的梦想者）	被动退缩、做白日梦、回避、疏离、艺术性、思维有创造性、关心他人。	害羞、过度敏感、古怪、关心他人、支持他人、和蔼、善良。
被动攻击型（顽皮的抗拒者）	被动攻击、表现出憎恨、过多依赖、只为自己考虑、遇事多方权衡。	阻挠他人、噘嘴、固执、忠诚、活力充沛、爱玩、顽强。

表演型（富有激情的过度反应者）	易激动、过度反应、情绪不定、戏剧化、吸人眼球、诱惑人、能量充沛、关心他人感受、想象丰富。	不成熟、自我中心、空虚、依赖他人、爱玩、有吸引力、有趣。
反社会型（富有魅力的操纵者）	冲突（与社会规则）、耐挫性差、寻求兴奋和刺激、能量充沛、目标导向、反应迅速。	自私、无情（强硬）、不负责任、冲动、有吸引力、有魅力、攻击性强、口才好、说服能力强、操纵人。

● 通读表16.1中列出的人格特质，把每种适应的"特点"和"描述"结合起来考虑，它们共同构成了每种适应类型的特质。阅读过程中，标出你认为特别适合你的特点和描述。

比如说，看到工作狂对应的特点，我对自己说："顺从？不，这太不像'我'了。"于是我不对它做标注，接着再看其余的三个词——"认真、负责、可靠"。我想："没错，这几个都符合我。"于是我给它们三个都做上标记。再看工作狂对应的描述时，我给"完美主义、尽责、可依赖"做了标记，因为我会把这些词用在自己身上。但是我不认为自己"过于压抑"或者"紧张"，因此我不给它们做标注。而说到"整洁"呢，我倒是希望自己能整洁一点！因此我也没有给它做标记。

整个表做完标记后，数一数你在每种适应中做了多少标记。有没有哪种适应中的标记明显比其他的多？如果有的话，是哪种适应？可能你在两种适应中都做了数量类似的标记。还有不常见情况，你可能在三种或更多的适应中做了数量类似的标记。

在这个练习中得到一个"第二方意见"也十分有用。如果你希望得到第二方意见的话，你可以给这张表做一份副本，然后找一个熟悉你的人，比如你的伴侣、朋友和同事，让他们按你刚才的方式给这些适应的特质做标记。在他们做完之前不要给他们看你的答案，做完后再把两份标记做对比。

如果你在团体中，你可以配对或在小组中做这个练习。组内成员做完自己的标记后，还要给其他成员做标记。

从这个练习中我们得到的是一个主观看法，也就是你或其他人对于你体现了多少适应特质的看法。在本章的后面，你还会看到你最初的判断和其他证据是怎样交叉验证的。●

琼斯人格适应问卷（JPAQ）

如果你想用经过验证的问卷准确客观地对你的适应类型进行评估，你可以花一点钱在www.seinstitute.com上做琼斯人格适应问卷（JPAQ）。此外，你还可以在这个网站上购买与琼斯人格适应问卷配套的一个施测、计分和解释工具。

"生存型"与"表现型"适应

在六种适应类型中有三种是"生存型适应"，因为这是儿童觉得只有靠自己才能获得安全所习得的照顾自己的方法。这些生存型适应包括富有创造性的梦想者、富有魅力的操纵者和杰出的怀疑者。

另外三种称为"表现型适应"，因为这是儿童在父母期待下学会的照顾自己的方法。表现型适应包括顽皮的抗拒者、负责任的工作狂和富有激情的过度反应者。每个人都至少有一个最突出的生存型适应和一个最突出的表现型适应，但也有人不只有一种突出的生存型适应和表现型适应。

驱力对人格适应的指示作用

在初见某人的几分钟内，你也可以对他的人格适应类型做出判断。你不用去大量了解他的历史信息，你只需要观察他的驱力行为。

通过识别一个人的主要驱力（回忆上一章），你可以对他的主要人格适应类型做出准确的判断。表16.2展示了驱力和人格适应之间的对应关系。每种适应除了对应一个主要驱力外还会对应一个次要驱力，次要驱力标在括号中。

表16.2 主要驱力和人格适应的对应关系

主要驱力	人格适应
要完美（+要坚强）	负责任的工作狂（强迫型）
要完美=要坚强	杰出的怀疑者（偏执型）
要坚强（+要努力试或要讨好他人）	富有创造性的梦想者（精神分裂型）
要努力试（+要坚强）	顽皮的抗拒者（被动攻击型）
要讨好他人（+要努力试或要迅速）	富有激情的过度反应者（表演型）
要坚强或要讨好他人	富有魅力的操纵者（反社会型）

杰出的怀疑者对应"要完美"和"要坚强"这对驱力组合，组合中二者比例相当。富有魅力的操纵者对应的驱力在"要坚强"和"要讨好他人"之间摇摆，对应哪个取决于个体儿童自我对情境的体验。如果他的儿童自我感觉接下来会发生刺激、引诱或其他个人好处，他就会做出要讨好他人的驱力行为。如果他的儿童自我认为当下情境没有希望或者很无聊，他就会表现出"要坚强"的驱力行为。

● 在上一章的练习中你已经知道了自己的主要驱力和次要驱力，通过表16.1你也知道了自己的人格适应类型。表16.2这个模型预测了主要适应类型和主要驱力的匹配关系，你的结果和这个模型预测的一样吗？

如果它们一样，就进一步说明你对你的主要驱力和主要适应类型的判断是准确的。如果它们不一致，那么一个可能的原因是这个模型不适合你。但是鉴于大量研究结果都证实了这个模型，因此如果你的驱力和适应类型不匹配，我们还是建议你重新对你的驱力和适应类型进行评估，也许你会得到不同的结果。还有一种可能是如果你的适应类型在不同情境下会改变，那么当你的适应类型改变时，你的主要驱力也会跟着改变。●

人格适应和过程脚本

上一章你已经学过了过程脚本，它是人们活出自身脚本时所遵循的过程方式。你知道个体的驱力行为能准确地预测其过程脚本，而驱力行为又能预测人格适应，因此我们可以猜想人格适应和过程脚本之间也应该存在一定关系。表16.3展示了这二者之间的对应关系，在表的右列中，我们再次给出了主要驱力，从而给大家提供一个三方面的辅助备忘录。

▶上一章你对自己的过程脚本和驱力行为进行了评估。现在你可以对下面这三条做三方对比：

▶根据表16.1得出你的人格适应类型

▶你的驱力行为（表16.2）

▶你的过程脚本（表16.3）

就像你在表16.2中做的对驱力和适应的配对一样，现在你可以根据模型对你适应类型和过程脚本之间的对应关系进行检验。和以前一样，如果结果和模型预测的一样，就进一步支持了你对自身主要驱力、人格适应和过程脚本的判断。如果不一样，说明这个模型在你身上不适用。尽管如此，我们还是建议你重新审视你的这三个变量，像在驱力和适应类型的配对练习中一样，再检查一下别的可能性。

表16.3　不同人格适应类型对应的过程脚本

人格适应	过程脚本	主要驱力
负责任的工作狂（强迫型）	除非（几乎II型，没有结果）	要完美（+要坚强）
杰出的怀疑者（偏执型）	除非+永不	要完美=要坚强
富有创造性的梦想家（精神分裂型）	永不（总是）	要坚强（+要努力试或要讨好他人）
顽皮的抗拒者（被动-攻击型）	总是（几乎I型）	要努力试（+要坚强）
富有激情的过度反应者（表演型）	之后（几乎I型和II型）	要讨好他人（+要努力试或要迅速）
富有魅力的操纵者（反社会）	永不（总是，几乎）	要坚强或要讨好他人

发起与保持接触：威尔顺序

威尔区分出三个与人交流时的接触渠道，它们被称作接触域，包括思维、感受和行为[5]。

他指出要想与人发起并维持有效的接触，你需要按照一定顺序来触及这三个方面。这就是威尔顺序，它根据个体的人格适应类型有所不同。

威尔的研究最初应用在咨询和心理治疗方面，但是对于其他和沟通相关的领域威尔顺序也同样适用，工作、教育和人际关系中都可运用。

三个"接触门路"

威尔认为，每个人都有三个接触"门路"：

▶开放门路
▶目标门路

第十六章 人格适应

▶陷阱门路

每个人的接触门路都和三个接触域——思维、感受和行为有一定对应关系，但是根据人格适应类型的不同，接触门路和接触域之间的对应顺序会有所不同。

比如说，以杰出的怀疑者为主要适应类型的人，他的威尔顺序呈现为这样：

开放门路：思维
目标门路：感受
陷阱门路：行为

相反，对于富有创造性的梦想者来说，开放门路是行为、目标门路是思维，而陷阱门路是感受。

威尔认为，**在与人进行初次接触时，你要使用和他开放门路相符的途径与他交流。**当你在开放门路中建立起沟通和友好关系后，你便可以进入他的目标门路了。在咨询或治疗中，多数精力都应该放在这个领域。

陷阱门路是个体防御心最重的地方，也是最容易出现停滞的地方，但是，改变也最多发生在这个领域。想获得改变，咨询师要针对目标门路做工作，而不是陷阱门路[6]。

当你用不恰当的顺序和对方进行交流时，对方很可能会阻碍你们的交流，初次接触时触及他的陷阱门路尤其会造成这种后果。你怎么才能知道他在阻碍你们的交流呢？你可以看他的驱力行为。如果你当时触及到了错误的接触域，他很可能就会表现出驱力行为，之后他还可能会体验到扭曲感受，并且/或者陷入脚本行为或思维。

威尔顺序和人格适应

表16.4展示了六种人格适应对应的威尔顺序。

从表中你可以看到有三种适应类型以行为作为开放门路。但是，对于这些适应类型来说，行为的实质含义都是不同的。

表16.4　不同人格适应对应的威尔顺序

人格适应	开放门路	目标门路	陷阱门路
负责任的工作狂（强迫型）	思维	感受	行为
杰出的怀疑者（偏执型）	思维	感受	行为
富有创造性的梦想者（精神分裂型）	行为（不行动）	思维	感受
顽皮的抗拒者（被动攻击型）	行为（反应）	感受	思维
富有激情的过度反应者（表演型）	感受	思维	行为
富有魅力的操纵者（反社会型）	行为（操纵）	感受	思维

对于富有创造性的梦想者来说，他的不行动意味着如果你想和他们展开有效的沟通，你就要先做出行动，因为富有创造性的梦想者们是不会的。

顽皮的抗拒者会表现出反应，也就是说她倾向于等你先开始对话，然后她再做或者说一些什么来打断你。例如，她可能会打断并告诉你她一点也不认同你说的话。这时最好的应对方式就是做一个玩笑式的回应，在这个例子中你可以说："嗯，听起来咱们都卡住了，不是吗？"

富有魅力的操纵者在开始交流时常常会耍一些花招，欺骗你或者让你陷入困境。对此你可以做出两种回应。如果你擅长耍把戏，你就可以反过来戏弄他一把。（伯恩举了一个例子，来访者问治疗师："你能把我治好吗，医生？"伯恩推荐的回答是："不能。"）另外，你还可以对他完全透明。比如说在回答伯恩那个来访者的问题时，你可以诚实地、详细地与他探讨何谓"治好"。

案例：在富有激情的过度反应者身上应用威尔顺序

假设你有一个同事，他的主要适应类型是富有激情的过度反应者，你和她见面讨论一个规划项目。要想和她进行最有效的交流，首先你要触及她的开放门路——感受。在她进了屋，打了招呼之后，你可以先给她一个温暖的问候："你今天感觉如何？"你不能一上来就问她："我们上次见面以后你对这个项目又有了哪些想法？"如果你想从她那里听到这些内容，你就要先等她向你倾诉了自己的感受之后再问她这个问题。

更低级的开场白是："你觉得要让这个项目开展起来我们需要做哪些事？"过度反应者听到这句话很可能会感到不开心。处在这种适应类型中的人在儿时已做出决定：自己的人生角色就是要讨好他人、帮他人满足欲望。此外，她还决定要读懂别人的心理，从而知道要如何做才能讨好对方。

因此，当你问她想要什么时，她可能就会重演儿时的这个模式。如果真是这样，她就会开始猜想你对她有何期待。之后她还会产生不足感或困惑，因为她害怕自己做得不足以讨好你。如果你不断触及她的陷阱门路——行为，她的扭曲感受很可能就会加剧。

跟这种同事在一起时，你只有先通过她的开放门路和目标门路，也就是感受和思维，才能跟她的行为领域进行良好的沟通。你需要按照她的节奏做这件事，常常留心和她保持同一步伐。通过关注她的驱力行为，你便可以验证这一点。如果她进入了驱力或展现出其他脚本信号，你最佳的选择就是后退到之前的接触域，重新从那里开始沟通。

接触域检验

如果你不确定自己对他人人格适应类型的判断，你可以用试误的方式使用威尔顺序，先触及他的一个接触域再观察他的反应。如果他在反应中没有表现出驱力行为或扭曲感受，那么很可能就是你触及了他正确的接触域。相反，如果他进入了驱力或表现出扭曲，那可能就是触到了错误的接触域。

例如，假设你是咨询师，正在跟刚到的来访者开启新的咨询，你想检验他的开放门路是不是行为，你可以说：

"如果有什么事你做了之后会感到舒服，那就请直接做出来。"

如果来访者直接做了让自己舒服的事，比如脱了鞋、重新摆放了垫子或者其他什么，那你的判断可能就是正确的。

但是，如果他在座位上谨慎地动了动身体，使身体竖直；停下来看了看右手边的天花板，同时还把两手指尖相对地放在了身前，说道："嗯！我想，实际上，我已经很舒服了，非常感谢。"

看到这些"要完美"的驱力信号后，你可以判断他的主要适应类型是负责任的工作狂或者杰出的怀疑者，而不是富有创造性的梦想者。这意味着他的开放门路是思维而不是行为。接着你可以转换一下，用下面这句话再验证一下："好的，那你能告诉我，你对于这次咨询有什么想法吗？"

威尔顺序的长期和短期应用

威尔顺序能够为你的长期和短期交流提供"策略"与"技术"。对于任何一段长期关系来说，不论它出现在治疗中、工作中还是个人生活中，另一方的主要适应类型向你反映出他的接触域，只要针对他的这个接触域进行交流，不论你们的关系是处在早期、中期还是末期，你们都能实现最有效的交流。

例如，如果你是治疗师，来访者的主要适应类型是富有创造性的梦想者，你们早期治疗的重点就是制定行为合约。建立起治疗关系后，你可以带着来访者去探索、澄清他的思想。这样，他也会更清楚要满足自己的需求他还需要做什么，以后在应对世事之时也会变得更有效、更主动。再往后则会发生来访者身上最大的改变，也就是他在体验和表达感受方面的改变。即便你和他不直接针对感受问题做工作这种改变也会发生。

到目前为止，你已经通过多种线索对自己的人格适应类型做了评估。现在，你可以运用威尔顺序再次对自己的人格适应类型进行核查。看表16.4，想一想他人从不同接触域跟你进行初次接触会是怎样一幅景象，不论是最近的真实情况还是想象的。如果他首先触及你的感受，你会有什么反应？如果是思维呢？行为呢？比如说，你和我们上面例子中的同事是一类人吗？你喜欢别人在初次接触时触及你的感受吗？还是你会在内心里"皱起眉头"说："这跟我的感受有什么关系？我们不是来这儿谈项目的吗？"

人格适应和脚本内容

每种人格适应都对应着一系列禁止信息、心理游戏和扭曲感受。当然，这些都是脚本内容（"什么"）而不是脚本过程（"如何"），但它们也都可以通过相同的过程线索被识别出来。根据这些线索，你可以判断出一个人的主要适应类型，这些线索中最重要的就是观察他的驱力行为。我们在表16.5中对典型脚本内容的这方面信息进行了总结，章节末尾会展示出来。（在之后的章节中，我们还会向你详细介绍心理游戏、扭曲和扭曲主题。）

你会发现我们用"典型"一词来描述脚本内容的这些特征。我们这么说是因为，这些特征在适应类型方面比之前所讲的过程特征更具变化性。例如，一个富有激情的过度反应者表现出来的禁止信息、心理游戏和扭曲感受和表中所列的十分相似。但是他并不会表现出表中所列的所有特征，此外他还会表现出一些表中没有的特征。换句话来说，表16.5中所列的内容对于脚本内容诊断来说只是一个好的开始，要想获得精确的信息，你还得去了解来访者个人。

六种适应类型的"画像"

我们在本章中已经介绍了许多内容,其中很多是以图表、清单形式给出的。为了照顾到喜欢从故事中获取信息的朋友们,我们在本章结束前将对六种适应类型进行画像性描述[7]。

负责任的工作狂(强迫型)

负责任的工作狂们倾向于远离人群,他们喜欢独处。社交时他们偏好一对一的交流,或者最多是一对二或者三的交流。他们喜欢主动解决问题,在社交情境中也是如此,因此他们喜欢主动发起交流,而不是等待别人来找自己。

工作狂们认真负责、言行一致。他们是非常好的员工,能够说到做到。他们也是社会的中坚力量,维持着整个社会的运作。

他们不知道自己负责任的边界在哪里,常常变成工作狂。他们的问题出在他们不会享受自己的成就,因为他们不允许自己放松、玩乐和开心。

他们与世界的接触方式是思维(开放门路)。他们需要把自己的感受(目标门路)和思维整合起来,当这一点实现时,他们的行为(陷阱门路)就会发生改变,而且是三个接触域中最大的改变。他们会学会放松、玩乐和开心,不再一直工作。

直接针对行为进行治疗不会让他们学会放松,因为行为是他们觉得最脆弱的部分。他们在童年接受到的信息是"只有做到完美,你才是好的",因此他们会竭尽所能以求完美。

我们要从思维上与他们建立联系,然后再用关怀或趣味将他们的感受引出。避免触及他们的行为,因为他们容易在那里发生停滞。

他们在个人改变中需注意的重要问题是:即便自己不完美,也要接受自己是"足够好的",并且让自己学会"放轻松",而不是总在"做事"。他们要学会不以自己的行为来评判自己，这样他们才能放松，才能有时间去享受自己和他人的人生。

杰出的怀疑者（偏执型）

杰出的怀疑者和工作狂一样都倾向于远离人群，喜欢独处或者与一两个人在一起。但是，杰出的怀疑者在解决问题和发起交流方面比较中立，对他们来说主动交流和等他人先发起交流都是可以接受的。当发现问题时，他们会先撤出来评估一下局势，想想怎么做，然后再果断行事以控制局面。

他们是杰出的思考者，可以面面俱到。具有这种适应类型的人擅长会计、管理、法律和其他需要细致思考的工作。他们是优秀的组织者，因为他们很少有遗漏的地方。他们对于掌握控制权十分在意。

他们的问题是他们认为自己的想法正确，因此会对一些刺激产生误解，并且还会在不加考证的情况下按照错误的理解行事。

他们通过思维（开放门路）和世界进行接触。他们需要把感受（目标门路）和思维整合起来，这样才会促使行为（陷阱门路）发生变化、不再多疑、学会放松并且获得安全感。

直接针对行为进行治疗不能让他们学会放松，因为行为是他们觉得最脆弱的部分。童年期他们接收到的信息是"你只有做到'完美'和'坚强'才是好的"。他们已经尽己所能变得完美和坚强了，已经没什么可指责的了。

要从思维和他们建立起联系，之后再引出他们的感受从而解决问题。要避免触及他们的行为，因为他们容易在那里发生停滞。

他们在个人改变中需要注意的重要问题是：**学会信任他人，体验到自己放开控制的时候也不会"失控"。他们还要学会跟他人核实自己的想法而不再认为自己就是正确的，这样他们才能得到准确信息并从中获得安全感。**

富有创造性的梦想者（精神分裂型）

富有创造性的梦想者倾向于远离人群，他们喜欢独处。在解决问题和社交方面，他们会保持被动的姿态，喜欢让他人"走出第一步"。

他们是极具创造性的思考者、喜欢艺术追求，常成为艺术家、剧作家、诗人和建筑师。他们是优秀的员工，因为他们忍耐力超强，并且会按照吩咐去做。他们善良、随和、支持他人，并且尊重他人的个人空间。

他们的问题是他们有时会陷入自己的梦想中而不把想法付诸实践。

他们通过行为（开放门路）与世界进行接触，而他们使用的行为是一种退缩的被动。他们常常保持低调，能够融入到背景环境之中。他们需要把思维（目标门路）和行为整合在一起，整合后他们才会做出行动来满足自己的需求。而这又会给他们的感受（陷阱门路）带来改变，他们会变得充满活力、自我感觉良好。

直接针对感受进行治疗不能让他们产生良好的感觉，因为感受是他们认为最脆弱的部分。他们在童年期接收到的信息是："只有变坚强你才是好的"（也就是远离自己的感受和欲望）。他们已经尽己所能表现出坚强和没有感受了，因此如果有人直接对他们的感受做工作，他们很快就会觉得"不好"。

要从行为（退缩的被动）角度开始跟他们进行交流，最好的方式是主动发起交流，把他们从他们的世界中带出来。接下来你可以引导他们和你分享他们的想法，最后通过满足需求的行动结束这些思考。避免关注他们的感受，因为他们容易在感受方面发生停滞。

他们在个人改变中需要注意的重要问题是：**学会像支持别人那样支持自己，行使自己与他人一样平等存在的权利。他们要知道自己是可以有感受和需求的，而且自己的感受和需求应该得到他人的尊重，这样，他们才能重新获得社交与亲密。**

顽皮的抗拒者（被动攻击型）

顽皮的抗拒者喜欢和人在一起，他们喜欢处在群体之中。但是对于问题解决他们持被动的态度，从另一个角度来说，这意味着他们希望别人发起交流、解决问题。

因此，为了获得社会互动顽皮的抗拒者会对事物做出反应，从而表现出一种带有攻击性的被动。例如，他们会说"天啊，这里真热！"并且希望别人来解决这个问题。他们很顽皮，但是却会强烈反对（用一种间接、被动的方式）他人的控制。

顽皮的抗拒者适合做侦探、调研记者和评论家。环境中一旦出现什么问题，他们会是第一个站出来指正的。

他们的问题是他们会陷入无用的权力斗争中。即使没有人在控制他们，他们也会抵抗他人的控制。

他们通过行为（开放门路）与世界建立联系，也就是带有攻击性的被动。他们需要将感受（目标门路）和行为整合在一起，这样才会引起思维（陷阱门路）的变化，不再把世界看作非黑即白的权力斗争。

直接针对思维进行治疗不会改变他们的想法，因为思维是他们最觉得脆弱的部分。他们在童年期接收到的信息是："只有'努力试'，你才是好的"（这是"努力试，但不真的去做"的简写）。被动攻击型的人已经尽己所能地在思维领域努力试了，而且还在饱受挣扎。

与他们交流需要有趣味性，接着要通过关怀触及他们的感受并发现他们的需求。避免用思维跟他们接触，因为他们容易在那里停滞。

他们在个人改变中需要注意的重要问题是：**他们不能再用二元对立的眼光看问题了，要意识到他们可以不再去为生存而挣扎。他们要学会直接说出自己的想法，认识到他人会帮助自己满足需求。他们要认识到自己可以和别人表现得不一样（有时很困难），而且别人也会认可这一点。**

富有激情的过度反应者（表演型）

富有激情的过度反应者喜欢和别人在一起。他们是"社群动物"的杰出代表，是典型的"派对核心"。在解决问题方面他们采取主动的态度，在社交中也同样如此，他们主动接触他人。

富有激情的过度反应者喜欢给他人做出情感上的回应。他人常将他们视作"温暖"或者"有趣"的人。他们热爱社交、喜欢愉悦大众，并且希望他人也能给自己同样的反馈。他们擅长主持和公关或者任何与公众见面的工作。他们喜欢被关注，而且会把关注当作爱。

过度反应是他们的问题所在。在遇到问题时他们会使情绪更剧烈，而不会用思维和行动。

富有激情的过度反应者通过感受（开放门路）与世界建立联系。他们需要把思维和感受整合在一起，这样他们的行为（陷阱门路）才会改变，不再对环境做出过度的反应。

直接针对行为进行治疗并不能使他们的过度反应行为减少，因为他们认为行为是自己最脆弱的部分，并且在这里设置了许多防御。他们之所以在这里有较强的防御性，是因为他们幼时收到的信息是"只有'讨好他人'，你才是好的"，并且他们也一直在尽可能地讨好他人。

与他们交流需要从感受入手，对他们表现出关怀或跟他们做有趣的交流。接下来你要触及他们的思维从而解决问题。避免接触到他们的行为，因为他们容易在那里停滞。

他们在个人改变中需要注意的重要问题是：**他们要知道即便没有他人关注，他们也是重要的、有人爱的；而且就算自己感觉是真的，现实也不一定就是真的。他们需要学会对自己的思维保持良好的感觉，并且争取自己的权利。**

富有魅力的操纵者（反社会型）

富有魅力的操纵者在主动解决问题、与人交流和被动解决问题、对人退缩之间来回摆动。

操纵者对他人表现出主动的攻击。他们也具有魅力，他们会用恐吓或引诱的方法达到自己的目的。他们十分需要外界的刺激。他们擅长销售和诸如募集基金、项目发布这类的促销互动。他们极具魅力，经常会进入政界或其他公共领域。此外，他们也会成为很优秀的企业家。

他们的问题是当他们无法直接得其所需时，他们就会操纵、利用他人。此外，如果外界没有可追求的"行动"，他们也很难自己开始行动。

他们通过行为（开放门路）与世界建立联系，也就是主动攻击。他们需要把感受（目标门路）和行为整合在一起从而产生思维（陷阱门路）的变化——考虑长远后果，而不只在当下胜过他人。

直接针对思维做治疗不会使来访者学会长远思考，因为思考是他们认为自己最脆弱的部分。他们在童年期收到的信息是："只有胜过他人，你才是好的。"因此他们才会总是保持领先别人一步。

和他们交流要先玩笑似地揭穿他们愚弄他人的把戏。接下来要找出他们真正想要又认为自己得不到的东西，也就是他们想战胜他人的动机。避免触及他们的思维（那是他们骗你的手段），因为他们会用思维操纵事物、避免改变。

他们在个人改变中需注意的重要问题是：**他们要知道自己作为成人是不会被抛弃的，因为他们现在和儿时不一样，有资源和他人在一起。此外，不只是别人，他们自己也可以陪伴自己（成年的自己陪伴儿时的自己）。他们还要知道他们做自己是安全的、不必假装。要学会在满足自己需求的同时也满足他人的需求。做到这些后，他们生活中的戏剧性情节就会减少，亲密感会增多。**

如果你还想了解更多有关人格适应的信息，你可以参见我们的一本书《人格适应——心理治疗和咨询中人性理解的新角度》。

表16.5　每种适应类型对应的典型禁止信息、心理游戏（和扭曲主题）和扭曲

适应类型	典型禁止信息	典型心理游戏*	典型扭曲
负责任的工作狂（强迫型）	不要做个孩子 不要有感觉 不要亲近 不要变得重要 不要享受	看我试得多努力 如果不是为了你 忙碌	焦虑、抑郁、内疚（来掩盖愤怒、受伤和性欲） 愤怒（来掩盖悲伤）
杰出的怀疑者（偏执型）	不要做个孩子 不要亲近 不要相信人 不要有感觉 不要享受 不要有归属感	这下我逮住你了 瑕疵 踢我吧	对他人愤怒（来掩盖恐惧） 正当的愤慨 嫉妒 羡慕 怀疑
富有创造性的梦想者（精神分裂型）	不要成功 不要有归属感 不要理智 不要有感觉（快乐、性欲、愤怒） 不要享受 不要长大 不要思考	帮我个忙吧 看看你让我做了什么 如果不是为了你 踢我吧	麻木 空虚 焦虑（来掩盖愤怒、受伤、快乐和性欲）
顽皮的抗拒者（被动攻击型）	不要长大 不要有感受 不要成功 不要亲近 不要享受	你为什么不……是的，但是 帮我个忙吧 愚笨 踢我吧	挫败感（来掩盖受伤） 困惑（来掩盖愤怒） 正当的愤慨
富有激情的过度反应者（表演型）	不要长大 不要思考 不要变得重要 不要做自己	打带跑 如果不是为了你 愚笨	焦虑 悲伤 困惑（来掩盖愤怒）
有魅力的操纵者（反社会型）	不要亲近 不要有感觉（悲伤、恐惧） 不要成功 不要思考（在问题解决方面；想要比别人聪明，愚弄他人）	能的话就来抓我 警察与强盗	困惑 愤怒（来掩盖恐惧和悲伤）

让世界符合我们的脚本：被动性

[第五部分]

第十七章

漠视

生活过程中我常常遇到困难。怎样过马路我才不会被撞死？怎么完成刚刚拿到的工作任务？如何回应他人对我的友善或攻击？

每当我遇到困难时，我都有两个选择。我可以用我成年人的思维、感受和行动能力解决问题，也可以选择进入脚本。

如果我进入脚本，我对世界的看法就会变得符合儿时的决定。我可能会把真实情境的某些层面忽视掉，同时还会夸大当下这个问题的其他方面。我不会想办法解决问题，只会依赖脚本提供的"魔力方案"。我的儿童自我认为通过它的魔力我可以操纵世界从而得到一个解决方法。我不会主动去做，相反，我会变得被动。

在第五部分，我们会检视被动和解决问题之间的差异。TA的这部分理论被称为席芙或贯注理论，因为最初开发它的是"席芙家族"，他们还创立了贯注学派。

席芙的被动性定义是"不解决问题的行为"，比如人们不去做一些事情或者做得没有效率[1]。

漠视的本质和定义

漠视的定义是**无意识地忽视与解决问题相关的信息**[2]。

想象我坐在一个拥挤的餐厅，我觉得有些渴，想要一杯水。我向服务员打招呼想让他看到，但是他没有注意到我，我又做了一遍手势，他还是没有回应。

我随即进入了脚本。在没有意识到的情况下，我便开始重演婴儿时的一段经历，当时我想叫妈妈过来，但是她没来。我把妈妈的脸放在没有回应的服务员的脸上，同时开始像小孩子一样行动、感受和思考。我耷拉着脸、感到没有希望。我在脑中对自己说："没有用的，无论我怎么试，他都不会来。"

为了得出这个结论，我就必须要忽略一些此时此地中的信息。我漠视了自己作为成年人的许多选择，许多我还是孩子时没有的选择。我可以起身朝服务员走过去并且拍拍他的肩膀。我可以去旁边有水壶的邻桌要些水给自己喝。如果我用了这些方法，我就可以主动地解决问题而不是被动等待了。

一个朋友跟我一起坐在餐厅，看到服务员对我的手势没有回应就生起气来。他哼了一声说："那个家伙明显就是能力差，以我的脾气，就该把他炒了！"

我的朋友也进入了脚本，他儿时决定的心理地位是我好—你不好，而不是我的我不好—你好。他现在就在通过他的脚本来审视这个服务员。他漠视了服务员回应我的能力。和我一样，我的朋友也处在被动中，他这么坐着骂服务员并不能帮我得到水。

夸大

每个漠视都伴随着夸大，它是对现实事物一些特征的夸张，可以是缩小也可以是放大。"把鼹鼠丘当成山"这句话很恰当地比喻了这种夸大。当一个人在漠视时，她会把事物的一些特征过分"吹嘘"，同时还会过分缩小另一些特征。夸大的典型思维方式是"全或无"。

漠视存在于个体心理内部，是无意识的，但夸大是个体有意识的思维。漠视是个体使用的一种无意识机制，夸大是对漠视的有意识合理化。

当我因为服务员不给我拿水感到失望时，我就在漠视自己的选择。我的这种做法是在赋予服务员他本没有的权力，也就是决定我能不能拿到水的权力。同时，我也没有认识到自己的权力。我的信念是："所有权力都在他那儿，我什么权力也没有。"这两句话都是夸大的。

我朋友漠视服务员能力的同时，还夸大了自己和服务员。他给自己赋予了法官与陪审团的角色，其实他并没有充足的证据做判断，也没有这样做的责任。同时，他也认为服务员是无能的。

●回想最近一个结果让你不满意的情境。那个情境代表一个你未解决的问题。

现在回头看，你能否发现一些被你漠视的现实要素？你能否做出跟当时不同的行为？你是否忽视了别人做某事的能力？是否有些资源在那个情境中是可以用的，但你没想起来要用？

你能意识到自己夸大了什么吗？你过度夸大或缩小了自身、他人或情境中的哪些特征？

如果你在团体中或者你有一个愿意帮你的朋友，你可以听听他们对这个问题的看法。我们发现别人身上的漠视与夸大总比发现自己的要容易。

不论你有没有得到这些问题的答案，你都要把你的问题情境记在脑中。你可以在本章后面的讨论中，再次拿它做参考背景。●

四种被动行为

我在漠视时会在脑中对自己说一句话。

因此，漠视本身是无法观察到的。既然你不会读心术，你也就无法知道我是否在漠视，除非我的言语或行为中有漠视的迹象。

有四种被动行为可以明确表明漠视的存在，它们是：

▶什么都不做

▶过度适应

▶烦躁不安

▶无能或暴力

什么都不做

一个TA小组围坐成一圈，小组领导说："我们每个人轮流说一说你在今天的课程中最喜欢或最讨厌什么。如果你不想参与你可以说'过'。"

练习开始，小组中的每个人，除了一两个说"过"以外，都说出了自己喜欢或讨厌的内容。

下面轮到诺曼说了。大家都在等待诺曼，但他什么也没说。他静静地坐着，一动不动，眼睛看着空中。他看起来好像不想说出自己的好恶，所以后面的人等着他说"过"，但是他也没说"过"。他还是呆呆地坐着。

诺曼表现出来的就是"什么都不做"这种被动行为。他没有使用能量采取解决问题的行动，相反，他使用这个能量阻止自己采取行动。表现这种被动行为的人会感到不适，会觉得自己没有在思考。他在漠视自己应对这个情境的能力。

过度适应

结束一天辛苦的工作后，艾米回到家。她的丈夫布里安正在坐着看报纸。艾米的视线越过丈夫看向厨房,她看到水池边堆了一大摞没有洗的盘子。

"嗨!"布里安说,"今天过得好吗?正好到了喝茶时间了啊!"艾米脱掉外套径直走向厨房,她洗了那摞盘子后又开始煮茶。

布里安和艾米都没有注意到:布里安并没有叫艾米刷盘子、煮茶,艾米也没有问布里安是否想让她这样做。她更没有停下来想一想自己愿不愿意刷盘子,或者布里安是不是更应该去刷盘子。

艾米的这种被动行为是过度适应。当某人过度适应时,她的儿童自我相信别人有什么愿望,她就顺着这个愿望去做。她不跟别人核实他们的真实愿望是什么,也不考虑自己的想法,就直接这么做。过度适应的人和什么都不做的人不同,她在做出被动行为时觉得自己是在"思考"的,但其实她的思考源自污染。

过度适应的人常常会被他人视为热心、适应力强或助人为乐的。因此,与之交往的人常常会对她过度适应的行为进行安抚。由于这种社会接纳性以及这个人看起来是在思考的,因此过度适应是四种被动行为中最难发现的一种。

过度适应的人漠视了自己按自己想法做事的能力。相反,她按照自己理解的他人期望做事。

烦躁不安

学生们在听老师讲课。亚当坐在教室的最后,老师的声音比较小,因此亚当听不太清楚。随着课程的继续,亚当越来越跟不上老师的思路。他放下笔,开始用手指敲桌子。如果我们可以看到桌子下方,我们会发现亚当的脚也在随着手指的敲击上下摆动。

亚当表现的就是烦躁不安。个体在这种被动行为中,漠视自己有付诸行动解决问题的能力。他会感到非常不适,然后做出漫无目的、重复性的动作,以此来缓解自己的不适感。他的能量导向了烦躁的动作中,而不是化为解决问题的行动。在烦躁的过程中个体不会觉得自己是在思考。

第十七章 漠视

如果亚当使用了自己思路清晰的成人自我,他可以提醒老师说话声音大一点儿。按他原来的行为,他敲击手指和摇晃脚是不能解决问题的。

许多常见的习惯都是烦躁不安的表现,比如咬指甲、吸烟、摆弄头发和强迫性暴食。

无能和暴力

贝蒂三十几岁了,上面有个姐姐,现在仍然和年迈的母亲住在一起照看母亲。她母亲虽已年迈,但身体状况还很健康。

有一天贝蒂遇到了一个男人并和他相爱了。她开心地告诉母亲自己想要搬出家里,和他住在一起,可能还会跟他结婚。

几天后,她母亲便开始头晕,必须卧床休息。医生检查不出任何身体上的问题,但是贝蒂却开始对自己搬出去的想法感到内疚。

母亲的被动行为是无能。在这种方式下个体让自己失去某种能力。母亲漠视了自己有解决问题的能力,她的儿童自我希望通过自己的无能来让别人替她解决问题。

无能有时以某种躯体化症状的形式表现出来,就像这个例子一样。通过精神崩溃或是药物、酒精滥用,便可以达到这个效果。

罗伯特刚刚跟女友大吵一架,他冲出房子后在街上走了很久。他去了市中心喝了几杯啤酒,之后拿起一把椅子把酒吧的所有玻璃窗都砸碎了。

罗伯特的被动行为是暴力。将暴力看作一种"被动"行为听起来可能有些奇怪。但是它确实是被动的,因为它并不是想要解决手头的问题。当罗伯特砸玻璃窗时,他并不能解决他和女友之间的争议。

无能可以被看成指向内部的暴力。无论无能还是暴力,个体都是在漠视自己有解决问题的能力。他将一股能量发泄在自己或他人身上,不顾一切地想以此迫使环境替他解决问题。

在无能或暴力出现之前，个体常常经历一段时间的烦躁不安。在他烦躁不安时，他在积累能量，之后他便以无能或暴力的形式，将这个破坏性的能量释放出去。

所有被动行为的目的，都是想让别人对某个问题的不适感大于自己，从而让他们接过这个问题替自己解决。

●回想你在上一节提出的问题情境。你能看出自己使用了哪种被动行为吗？

现在在头脑中重新过一遍那个情境。当你开始出现被动行为时，想象自己处在成人自我中，正在使用成人的思考、感受或行动能力解决问题。这时你会做出怎样不同的行为？●

漠视和自我状态

漠视与你已经了解的自我状态病理（第六章）有一定的联系。

漠视表明有污染的存在。这就意味着：当我在漠视时，我可能是在按父母自我或儿童自我的脚本信念错误地理解现实，但我却把此当成了成人自我的思考。

排除是漠视的另一个来源。我忽视了现实的某些方面，是因为我有一个或几个自我状态没有使用。如果我排除了儿童自我，我忽视了自己从童年时便有的欲望、感受和直觉，而这可能跟我当前要解决的问题是关联的。排除父母自我后，我会抛掉我从父母形象者身上习得的关于世界的规则与定义，尽管这些对于解决问题通常都很有帮助。排除成人自我，意味着我漠视了自己针对当下情境做出直接评估、感受或行动的能力。正如你所预想的那样，从个体的漠视强度来说，排除成人自我是三种排除方式中危害最大的。

当自我状态没有问题时,漠视也会经常发生。这种情况纯属是因为个体的成人自我没有获得信息或者获得了错误信息造成的。比如说,一位超重的女士决定控制饮食,她不吃面包、土豆和意面了,但是她却在吃坚果和奶酪。实际上,每盎司坚果和奶酪中所包含的卡路里比她放弃的食物还要多。她漠视了这个事实,只是因为她根本不知道这个信息。

识别漠视

如你所知,无法直接观察到漠视,但可以通过四种被动行为的任何一种而推知。除此之外,还有许多识别漠视的方法。

有漠视必有驱力行为。还记得吗?当我表现出驱力时,我就在内部重演着脚本信念:"只有我努力试、讨好他人等,我才是好的。"事实上,无论我是否遵循这些驱力信息,我都是好的。

席芙夫妇详细列举了**一些思维障碍**,它们也是识别漠视的线索,其中有一种称为过度细化。你问了一个简单的问题,对方却回答了一长串细节的东西,这就是过度细化。过度概括化与此相反,对方在回答时使用笼统、大致性的词语:"我的问题很大。人们都盯着我。很多事都让我很失落。"

我们在第六部分介绍扭曲、心理游戏和戏剧三角形中的行为,这些都可以确认漠视的存在。

言语线索

TA的技术之一就是通过倾听人们使用的词语识别漠视。在本章的例子中,我们选用了能准确体现讲话者漠视的词语。在日常对话中,漠视的言语线索通常都会更含蓄一些。

从理论上来讲，我们要听的东西很简单。当讲话人所说的内容有对现实的忽略或扭曲时，我们就知道她在漠视。实践操作的难处在于日常对话中充满了漠视，我们因此就变得没那么敏感了。我们需要重新学习如何从别人的话语中找到其真实含义，并且要用现实检验她说的每句话。

比如，当有人说"我不能……"时，他多半都是在漠视。你就需要验证一下，问自己："他能吗？不管是现在还是别的什么时候。"

"我会试着去……"通常都是漠视，因为它暗含的意思一般都是"我会试一试，但我不真的做"。其他驱力的用语也一样，要坚强的漠视尤为常见。

"你的话让我很无聊。"

"我被这个问题搞晕了。"

"有个想法刚刚划过我的脑海。"

有时漠视的标志是一个不完整的句子。比如，一个TA小组成员看了看其他成员后说："我想要一个拥抱。"她没说想从谁那里得到拥抱。她其实是省略了能帮助她解决问题的信息——如何得到她想要的拥抱，因此她的请求是漠视。

非言语线索

用非言语线索识别漠视也同样重要。在这里，所说内容和非言语信号的不符说明了漠视的存在。在第五章中，我们把这种不符称为不一致性。

例如，一个老师问学生："你明白我留的作业是什么意思吗？"学生回答道："明白。"但与此同时，他皱了皱眉、挠了挠头。如果老师能机敏地"像火星人一样思考"，他就会再问一些问题以考查学生是否在漠视。

不一致性并不总意味着漠视。比如说，一位会议主席站起身说："今天，我们有许多工作要完成。"但是在他说这句严肃的话之前，他朝在座的众人笑了笑。他的"火星语"只是在说:"见到你们我很高兴。"

绞架上的微笑

漠视的一个常见线索是绞架上的微笑,也就是这个人会一边说着不愉快的事情一边笑。

"哦!我真傻,哈哈哈。"

"嘿嘿,我绝对占了他的上风。"

"来的路上车碰了一下,哈哈。"

这种情况下,笑和痛苦的叙述内容是不一致的。当某人做出绞架上的大笑、微笑或轻笑时,他就是在对听者进行非言语的邀请从而强化自己的脚本信念。如果听者也加入了绞架微笑,那他就在心理层面上接受了这个邀请。比如,说"我很傻,哈哈"的人就是在脚本中,他要邀请对方也加入他的笑从而"证实"他的脚本信念——我无法思考。

对绞架微笑的直接回应是拒绝加入他的笑。如果你所处的环境允许的话,你还可以说:"这不好笑。"

●你已经练习了如何"像火星人一样思考"。通过区分表现漠视的非言语线索与不表现漠视的非言语信息,你便可以继续完善这个技能。实际上,仅从某人的非言语信息上并不总能明确分辨出他是否在漠视。有一点很重要,那就是你必须用言语询问来核查你的印象。●

第十八章
漠视矩阵

漠视让问题得不到解决。因此，如果我们能够找到一种系统性方法确定漠视的性质和强度，我们就掌握了一个强大的问题解决工具。这种工具是存在的，它被称为漠视矩阵，是肯·麦勒和艾瑞克·西格蒙德两人发明的[1]。

漠视矩阵的核心思想是漠视，可以根据三个不同的标准加以分类：
▶范围
▶类型
▶层次

漠视的范围

人们漠视的范围有三种：自己、他人和情境。

在前面的例子中，我因为服务员没给我拿水就耷拉着脸坐在餐厅里，这时我就是在漠视自己。我忽略了自己有能力做出行动获取所需。

第十八章 漠视矩阵

我的朋友生气、批评服务员，就是在漠视他人而不是他自己。他在认为服务员"无能"的同时，也忽略了服务员会做出与他批评相反的行为。

假如我在生气一会儿后跟朋友说："现在这样，他们别人都得到了服务而我没有，这真是不公平。不过话说回来这个世界本来就不公平，不是吗？"我这时就是在漠视情景。

漠视的类型

漠视的三个类型包括：刺激、问题和选择。

漠视刺激就是完全意识不到某件事情发生了。我坐在餐厅里，可能根本就不允许自己去感觉渴，这就是我在漠视自己渴的刺激。也许我那个说服务员无能的朋友"没看到"服务员已经给其他客人成功地提供了服务，尽管证据就在眼前。

漠视问题的人能意识到事情的发生，但是却忽略了发生的事情中包含着一个问题。在餐厅里觉得渴了，我可能对朋友说："我觉得好渴啊，不过没有关系。"

当一个人漠视选择时，他知道发生了一些事情，也知道这里存在问题，但是他忽略问题被解决的可能性。这就是我在餐厅情境里的漠视：我耷拉着脸坐在那儿，知道自己很渴，也知道这种渴对我来说是个问题，但是我却无意识地忽略了我所拥有的诸多选择，只会坐在那里，希望得到服务员的回应。

漠视的层次（模式）

层次和模式这两个词可以互换使用，但是层次可以更清晰地表达这里的意思。漠视的四个层次是：存在、重要性、改变的可能性和个人能力。

我们将这四个层次的漠视自己的选择放在前面的例子中来看。在最开始的场景中，我漠视了我解决问题的选择是存在的。我甚至都没想过除了做手势之外，我还可以走过去跟服务员直接说。

如果我漠视了选择的意义，我就会对朋友说："我可以走过去问他，但是我想即便问了肯定也没什么作用。"在这里，我意识到了可以变换方式来做，但是我忽略了这么做会有效果。

如果我在改变的可能性上漠视了我的选择，我可能会说："当然，我可以走过去抓住那个家伙，但是人们不会在餐厅里这么做的。"在这种情况下，我知道有这个选择存在，而且这么做也会有效果，但是我忽略了人们确实可以把这种行为付诸实践。

在个人能力层面，我的漠视会这样表现："我知道我可以走过去找他要水，但是我实在不敢。"我知道这个选择的存在，它可以带来效果，我知道世界上有人在用这个方法，但是我不认为自己有这么做的能力。

漠视矩阵图

漠视矩阵就是把所有漠视类型和层次的各种组合排列在一起，如图18.1。

可以看到，整个矩阵包括三列漠视的类型和四行漠视的层次或模式，形成的十二个方格中都标着一些词，它们代表类型与层次的组合。

我们再举一个例子说明矩阵的含义。假设两个朋友在谈话，其中一位吸烟吸得很凶。他又点了一支烟然后开始剧烈地咳嗽，这时他的朋友说："刚才你咳得太厉害了，我很担心你，请你把烟戒掉吧。"如果吸烟的这位用十二个矩阵方格都漠视一遍，他会做出怎样的回答呢？

如果吸烟者漠视了刺激的存在，他会说："什么咳嗽？我没咳嗽啊。"

第十八章 漠视矩阵

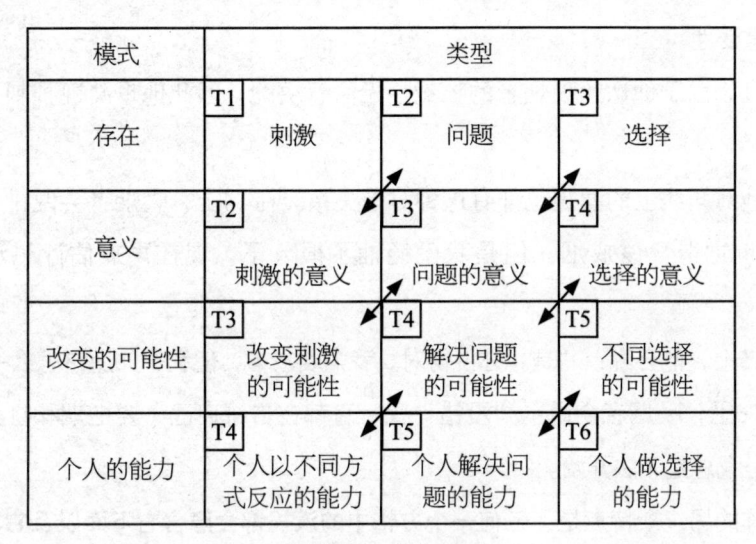

237

模式	类型		
存在	T1 刺激	T2 问题	T3 选择
意义	T2 刺激的意义	T3 问题的意义	T4 选择的意义
改变的可能性	T3 改变刺激的可能性	T4 解决问题的可能性	T5 不同选择的可能性
个人的能力	T4 个人以不同方式反应的能力	T5 个人解决问题的能力	T6 个人做选择的能力

图18.1 漠视矩阵

如果吸烟者漠视问题的存在，他会说："啊，我没事儿，谢谢！我一直以来都咳嗽。"他知道自己在咳嗽，但是不认为这对他来说是个问题。

注意，当这样做时他也是在漠视刺激的重要性。在他漠视咳嗽是个问题时，他也就漠视了咳嗽对他可能是有些意义（重要性）的。

连接"问题的存在"和"刺激的意义"的斜箭头表达的就是这个意思。这个箭头是指：一种漠视隐含另一种漠视。

图中的所有斜箭头都是这个意思。每个方格左上角的"T码"代表对角的名字。比如T2就代表着对"问题的存在"以及对"刺激意义"的漠视。

我们用下面的对角T3来检验一下。我们先看这一系列对角最右上角的方格，也就是吸烟者漠视选择的存在。他可能回答说："嗯，是，但是我们吸烟的人就是会咳嗽啊。我一直以为纵使命短、快乐当先，哈哈。"

他在这里承认自己在咳嗽，而且认可这是一个问题也就是吸烟会杀死人，但是他忽略了人们还是有避免咳嗽的可能性的。

他的这种做法，同时也忽略了自己需要关注被吸烟所杀的可能性，他漠视了问题的重要性。

而且，由于他认为吸烟者的咳嗽是无法解决的，因此他也漠视了刺激的可变性。

其他对角线上的漠视也都有这种对等关系。在T4上，吸烟者会说："嗯，是，我也觉得我该戒烟。但是我已经抽了很久了，现在再戒估计也没什么用了。"

在T5上，他会说："是，你说得对，我需要戒掉，但我不知道该怎么戒。"

在T6上，吸烟者会说："没错！我一直都在告诫自己，要把烟和打火机扔掉，但是我总是无法开始。"

矩阵的另一个特点是：**任何一个方格中的漠视都会隐含它下面以及它右侧的漠视。**

例如，假设一个人漠视问题的存在。因为他不允许自己去意识到问题的存在，因此他也会忽略问题的重要性，此外，他也不会认为自己或他人可以解决这个问题。于是，他也忽略了与"问题"相关的整列方格。

既然他忽略了问题的存在，那么他为什么还要去考虑有没有解决的选择呢？因为漠视了选择的存在，他也会漠视"选择"这一列的所有方格。

最后试想一想，在T2上漠视问题的存在等同于漠视刺激的重要性，因此刺激一列下面的另外两个方格也会被漠视。

总而言之：**在任何一条对角线上存在漠视，也就会漠视这条线下方和右方的所有方格。**

你可以用"吸烟者"的例子验证这条漠视层级定律。

● 再想象一个例子并用漠视矩阵解释。晚上妻子和丈夫刚躺到床上要休息，隔壁屋就传来了孩子的哭声。丈夫对妻子说："你觉得咱们是否有必要去看看孩子为什么哭了？"

想一想，妻子在漠视矩阵的各条对角线上如何做出漠视的回答。

检验"漠视层级定律"是否适用。●

漠视矩阵的应用

当问题得不到解决时一定是人们忽略了和解决问题相关的某些信息。漠视矩阵给我们提供了一个系统的方法，让我们找出哪些信息被忽略了。这反过来给我们解决问题提供了具体的指导方案。

如果一个人在矩阵的任何一条对角线上有漠视，她同时也漠视了这条线下方和右方的所有方格。这为我们解决问题提供了一条重要线索。当人们非常努力却依然无法解决问题时，这通常是因为他解决问题的角度在漠视矩阵对角线上排得太低了。

因此，当我们用漠视矩阵解决问题时，我们需要先在最高的对角线上寻找漠视。我们从矩阵的左上角开始，如果在这里发现了漠视就要先解决它，之后才能继续向下、向右排查。

这是为什么呢？因为**如果我们忽略了最初的漠视而去干预更低层对角线上的漠视，我们的干预本身就会被漠视掉**。

我们再用吸烟者和关心他的朋友那个例子进行说明。假设你是他的朋友，当你听到他吓人的咳嗽声时你对自己说："如果他不戒烟，他会把自己杀死的。他得对此做点什么。"

于是你说："我很担心你，请把烟戒了吧。"

你的干预方式指向了最低的一条对角线，也就是吸烟者是否要对一个选择付诸行动。

但如果吸烟者的漠视是在矩阵的更高层次上呢？比如，他的漠视可能处于T2，这意味着他知道自己咳嗽得厉害，但是他并不担心，没有认为这是一个问题。从漠视矩阵的角度来看，他漠视了刺激的重要性以及问题的存在。

因此很明显，他也会漠视你说的话。当他认为自己因吸烟引起的咳嗽不是个问题时，他又为何要戒掉吸烟呢？

因为你不会读心术，因此在他回应你之前，你无法得知他在哪里有漠视。在这里要注意一点：他在回应时可以从他最高层的漠视发出，也可以从最高层之下任何一个低层的漠视发出。

比如，如果他回答说："嗯，是的，我知道我该戒烟，但是我觉得一旦你形成了这个习惯，就摆脱不掉了。"这是对问题解决可能性的漠视，因此他看起来像是T4上的漠视。

接下来你的任务就是要展示人们能够戒烟的证据。但是，你这么做不会有任何结果。吸烟者其实是在T2层次上漠视，因此，他会无意识地对自己说："是，人是可以戒烟的。但这跟我有什么关系？我的咳嗽根本不是问题。"

如果你打算系统地使用漠视矩阵帮助你的朋友。首先，你需要从T1层面检查他的漠视："你知道自己咳嗽得很厉害吗？"

如果他说知道自己在咳嗽，你就可以再检查下一条对角线。你可以问："你对自己咳嗽担心吗？"如果他回答说"不担心，我觉得这是很自然的"，你就可以把他的漠视定位在T2上。这样你便知道，要想让你的朋友戒烟，他首先要意识到他的咳嗽是个问题。此外，他也要意识到他应该为这个问题担心。

●用这个技术检视你目前尚未解决的一个问题。

先从矩阵的左上角开始，接着逐个方格依次向下，直到你发现自己哪里有漠视。和前面一样，如果你在团体中或者你的朋友愿意，你可以从他们那里再征求意见。

第十八章 漠视矩阵

随后再检验你是否对此条对角线上的其他方格以及此线之下的方格都有漠视。

你漠视的范围是什么？你是在漠视自己、他人还是环境？

发现你的漠视后，想一想它来源于哪个自我状态。它是源自污染吗？源自排除？还是有什么信息你不知道，或者你误解了什么信息？

让自己意识到自己之前漠视了哪些现实情况。如果你需要一些准确的或是新信息，就去获得它们。

现在在头脑中重新审视自己的问题。当你开始漠视时，就用对现实的全面觉察替代漠视。现在你有什么不同的行为、想法或感受？这会给问题情境带来什么不同的结果？●

漠视矩阵最开始是用来做心理治疗的，但它对于组织和教育中的问题解决同样有效。在组织和教育环境中，问题也常常得不到解决，因为人们的应对角度在漠视矩阵上排得太低了。解决方法还是一样：找出忽视的信息，从矩阵的左上角开始逐级向下筛查。要记住，**人们漠视通常是因为对信息有误解或者不了解某些信息，而并非他们进入了脚本。**

例如，一位大学老师向他的学生们提问，想要看看他们对近期课程的理解。令他不悦的是他们几乎什么也答不上来。下课后老师对自己说："这些学生一点儿也不用功，问题出在哪儿呢？为什么他们没有学习的动力？"

通过假设学生们不用功，他把漠视放在了"他人"身上，也就是矩阵的T5或T6层。他认为学生知道如果不用功他们就会出问题，但是他们还是要么觉得自己应付不来，要么就提不起精神来。

如果这位老师用漠视矩阵检查一遍，他就会发现真正的问题可能并不是这样。其实是他讲课时声音很小，学生听不到他在说什么。因此漠视处在矩阵的T2层上。要想解决这个问题，老师只需要把音量提高。

第十九章
参考框架和再定义

我有我看待世界的方式，你有你看待世界的方式，我们各不相同。

假如你我站在一扇窗户之外看屋内的景象，然后再互相讲述看到的东西。

我说："这个屋子比较小，是方形的。屋里有人。地毯是绿色的，窗帘是棕色的。"

你说："这是一家人。整体气氛很温暖。有妈妈、爸爸和两个孩子，他们都在说着、笑着。这个屋子挺大的，所以他们有足够的空间。"

听者听到我们两人的叙述，可能会认为我们在看不同的房间。但是房间是相同的，只是我们对它的感知不同。如果让我们各自讲述我们对此房间的所听、所感、所闻、所尝，可能我们这些感知都会不同。

此外，你和我对这个场景的回应也可能是不同的。我可能没什么特别的感觉，看了一会儿就走开了。你可能感到愉快，于是敲了敲窗子，跟屋里的人聊了起来。

因此，你和我对场景的感知和回应是不同的，你的参考框架和我的参考框架是不同的。

第十九章　参考框架和再定义

参考框架

席芙夫妇认为参考框架是与回应相关联的结构，它整合了多种自我状态，能够对特定刺激做出回应。它给个体提供了"……一个整体的感知、概念、情感和行为系统，可以用来定义自我、他人和世界"。[1]

席芙夫妇在解释这个正式定义时说，我们可以把参考框架想成一个"现实过滤器"。当你我同看一间屋子时，我们都把屋子中的某些部分过滤掉了。比如，我注意到地毯的颜色，但是过滤掉了屋里人物的身份。而你从你的参考框架出发进行了相反的过滤。

我们对屋子大小的定义也不同。对我来说它"比较小"，而对你它"比较大"。这是因为我是在乡下的一栋老房子里长大的，那里所有的屋子都很大。你幼时生活在城市公寓里，那里的房间都很小。因此，在我们的参考框架中，我们对"大房间"的定义是不同的。

你还添加了另一个定义。你说："整体氛围很温暖。"我没有对"氛围"做界定，甚至都没有把它当作这个情境中的一部分。

现在假设你问我是否认同氛围是温暖的，我说："不，我不这么认为。"你就会觉得奇怪，为什么我和你的想法截然相反。房间里的一家人难道不是在说笑吗？还会有比这更温暖的氛围吗？

但是随后我又说："温暖的氛围？不，地毯的颜色完全不对。他们需要一个橘色或红色的地毯。再有，看看那灰色的墙面！"这是你和我参考框架的另一种差异。我们虽然使用相同的词汇，但是我们对这些词赋予的含义却不同。在这里，你我的参考框架对"温暖的氛围"有着不同的定义。

参考框架和自我状态

为了帮助理解参考框架，席芙夫妇还提出可以把它想象成"包裹着自我状态的皮肤，是它把自我状态绑在一起的"。当我用我独特的参考框架审视世界时，我会用我独特的自我状态来回应这个世界，也就是通过这种方式参考框架才得以"整合多种自我状态"。

你和我在看向那个房间时，我进入了成人自我，并对此时此地我看到的形状、大小和色彩做出评论。而你则在儿童自我中，重演与此类似的你幼时喜欢的快乐家庭记忆。我们在内部做出这些自我状态转换后，又在外部用我们选择的自我状态相互做了交流。

我们的参考框架给了我们一些模式，我们会用这些模式整合自己的自我状态回应，从而表达自身的整体人格。

父母自我的角色

父母自我在参考框架的形成过程中起着至关重要的作用。这是因为参考框架中包含着我们对世界、自我和他人的定义。我们最初就是从我们的父母以及父母样的人身上习得这些定义的。根据我们接收这些信息时年龄的不同，它们会被贮存在我们的父母自我（P2）中，或者我们儿童自我的父母自我（P1）中。

我们每个人都有一整套对于好、坏、错、对、恐怖、容易、困难、脏、干净、公平、不公平等概念的父母性定义。我们就是在这一套定义之上建起了我们对自我、他人和世界的看法，同时我们也会据此选择自己对环境的回应。

参考框架和脚本

脚本和参考框架之间的关系是什么呢？答案是：脚本形成了一部分参考框架。大量定义构成了整个参考框架，有些定义隐含着漠视，有些则没有。脚本是由参考框架中所有含有漠视的定义组成的。

当我进入脚本时，我会忽略当下情境中与解决问题相关的某些特征，我这是在漠视。通过这种方式我会重新采用对自己、他人和世界过时的定义，这些定义中就包含了漠视。

例如，小时候我从父母那里接收到我不能思考的信息。现在假设我成年了，我要去参加一个考试。如果我这时进入了脚本，我就会在自身内部重新采用那条古老的来自父母的定义——你不能思考。我的儿童自我认同这个观点后，我就会漠视自己的思考能力。我会感到不自信，会感到困惑。

再定义的本质和功能

在上面的例子中，事实是我能够思考。因此，如果我接受了对自己不能思考的过时的定义，我就是在歪曲自己对现实的认知以符合我的脚本，这个过程被称为再定义[2]。

你在第四部分了解到，儿童之所以做出脚本决定，是因为那看起来是他们在这个敌意世界存活下去的最佳方法。成年后，我在儿童自我中可能还会坚信这些早期决定，因为我依然认为它们是我存活下去所必需的。因此，当现实的某些特征挑战我的脚本决定时，我很可能去保护它。用席芙的话阐述这个观点就是：**当我的脚本性质的参考框架受到威胁时，我会通过再定义的方法防御这个威胁。**

小时候我接受了父母对我"不能思考"的定义。我做出了这个脚本决定，因为我相信这是我存活、满足需求的唯一方法。现在当成年的我再次进入脚本时，我还会采用这些过时的生存策略。我通过漠视自己的思考能力重新定义现实。

这对我解决问题也就是通过考试没有帮助。但是在意识之外，我在儿童自我中还遵从着一个比任何考试都重要的动机，那就是要防止一场无法言喻的灾难发生。我担心如果我挑战父母的定义，这场灾难就会降临。

再定义交流

我的再定义是在内部发生的。那么从我的外部行为上,你如何判断我是否产生了再定义呢?

唯一的外部线索就是你要看或听我是否有漠视。因此,漠视的信号就是内在发生再定义的外部表现。每个漠视都代表着个体对现实的扭曲。

在第十七章中,你了解到一系列识别漠视的行为线索。同样是这些线索,它们也能告诉你这个人是否发生了再定义。此外,如果一个人表现出了夸大或者某种思维障碍,也就是漠视的典型伴随症状,我们也可以说这个人发生了再定义。

有两种交流可以在语言上明确表明再定义的存在,它们是离题交流和阻碍交流。

离题交流

离题交流是指在一组交流中,刺激和回应指向不同的问题或是指向相同的问题但角度不同。

例如,一位治疗师对一个团体成员说:"你感觉如何?"她回答:"我们昨天在团体中讨论这个问题时,我感到很气愤。"她的回答是在说她的感觉,而且是从昨天的角度来说的,不是今天。

或者在一次薪资协商中,工会代表问:"要达成这项协议,你想要从我方得到什么?"人事经理回答说:"我们对你们目前提出的条件不是很满意。"在这里,他就把问题从"想要"转变为"感到满意"了。

日常对话中充满了离题交流。当人们处在压力情境时,他们更容易像这样进行再定义。这并不稀奇,因为在压力情境中,人们更容易觉得自己的参考框架受到威胁。跑题背后的目的是把对方从构成威胁的问题上引开,开始离题交流的人不会意识到自己在这样做。

对方通常都会顺着偏离的话题说，而不是回到原来的话题。他甚至还可能会进一步偏题。比如：

工会代表："要达成这项协议，你想从我方得到什么？"

人事经理："我们对你们目前提出的条件不是很满意。"

工会代表："我们对你们提出的条件也不满意。"

人事经理："哦？那你们想从我们这边得到什么呢？"

工会代表："啊，问题是我们不确定你们能否达到我们的要求……"

当人们陷入离题交流时，他们很可能会感到他们之间的谈话"不会有任何结果"，或是"绕不出那个圈"。在心理层面上，那正是彼此想要的结果。这种对话可以长时间地持续。参与双方感到自己非常努力，最后还会有枯竭感。当谈话最终结束时，他们可能根本没谈到最初他们想谈的问题。

阻碍交流

在阻碍交流中，一方通过质疑话题的定义回避另一方提出的某个话题。

例如：

治疗师："你感觉如何？"

团体成员："你是指情感上的，还是身体上的？"

工会代表："要达成这项协议，你想从我方得到什么？"

人事经理："你是指我们想要什么，还是认为我们可以得到什么？"

你很少会听到持续很久的阻碍交流。情况更可能是在最开始的阻碍之后，双方会针对问题的定义进行详细的探讨。或者如果一方特别坚定地要阻碍，那么对话就会停止，双方目瞪口呆地沉默着。在心理层面上，阻碍交流的目的和离题交流相同，是要避免谈论威胁一方或双方参考框架的话题。

> ● 在团体中，结成三人小组。在每个小组中，选一个人当来访者，一人当咨询师，一人当观察员。
>
> 来访者可以随意选择话题。接着他和咨询师就此话题谈论三分钟（观察员负责计时，或者如果有团体领导的话，由团体领导负责）。
>
> 来访者要以离题交流的方式回应咨询师的所有话题。每当来访者离题时，咨询师都要顺着他开始新的话题。然后来访者再离题，如此往复。此举的目的是要让来访者在三分钟内持续进行离题交流。
>
> 时间结束后，再花两分钟让来访者和咨询师讨论他们的体验，并且也要让观察员介绍他的所听所见。
>
> 之后变换角色，直到小组中的每个人都经历过所有角色。
>
> 现在重新做此练习，但有一个地方要改变：这次咨询师不能顺着来访者偏离的话题去说。相反，每当来访者给出一个离题交流时，咨询师都要想办法把来访者再拉回原来的话题上。来访者的任务依然是尽可能地把咨询师引向别的话题。还像之前那样重复，直到每个人都经历过所有角色。
>
> 现在，再做一个类似包含两部分的练习，但这次运用阻碍交流。在练习的第一部分，咨询师允许来访者阻碍他。在第二部分，咨询师要用自己的不一致防止被阻碍，而同时来访者要尽力去阻碍每次交流。
>
> 最后，谈谈你在阻碍交流练习和离题交流练习中体会到哪些不同。●

因为你在用成人自我的觉察做此练习，因此你的交流不是真的离题交流和阻碍交流，而是对这些交流的表演。但是，这个练习能帮助你识别和应对人们在无意识中向你发出的离题交流和阻碍交流。

第二十章
共生关系

在席芙的理论中，共生关系指的是**两个或更多的人表现得像一个人似的状态**[1]。

在这种关系中，个体不会使用他们所有的自我状态。比较典型的是一方排除自己的儿童自我，只用父母自我和成人自我；而另一方与此相反，只待在儿童自我中而关闭另两种自我状态。因此，他们双方总共只会用到三种自我状态，如图20.1所示。

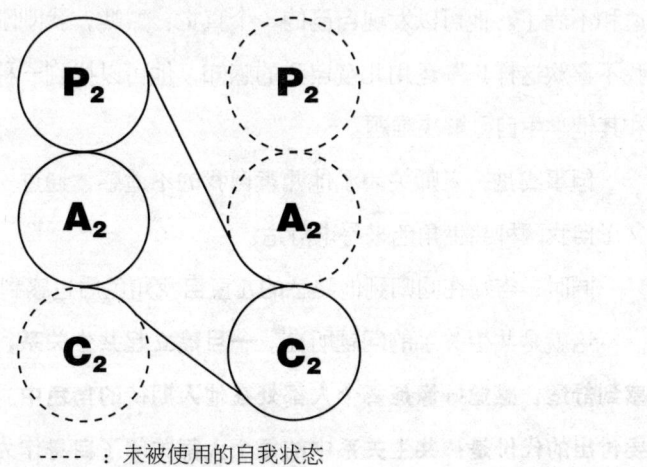

- - - - ：未被使用的自我状态
———：共生

图20.1　共生图

例如，想象一位老师在给学生讲课，他们正在用理论做练习。

老师在黑板上写了一个题目，然后他转向一名学生问道："好了，吉姆，你能给我们讲一讲你要怎么做出下面这一步并得出最终答案吗？"

吉姆什么也没说，他安静地坐在那里一动不动。随后他开始快速地上下晃脚，并且揉了揉头的一侧。但是，他依然什么都没说。

沉默继续着。班上的其他学生也开始躁动不安。最后老师说："吉姆，看起来你不会这道题。你真该更用心地做作业。那么，下面是解此题的方法……"随后，他在黑板上解出了这道题。

吉姆放松了，他不再晃脚，开始认真写下老师讲的解题方法。

这个时候，老师和学生进入了一种共生关系。通过否认自己的解题能力，并且隐秘地操纵老师从而让老师为当时的情境负责，吉姆漠视了自己的成人自我和父母自我。

老师体贴地给出了解答方法，同时还告诉吉姆"应该"如何改进，老师进入了与吉姆互补的成人自我和父母自我。他的这种做法漠视了自身的儿童自我。如果他允许自己使用儿童自我的资源，他便能意识到自己在与吉姆沟通中感到的不适和不满了。他可以发现自己的一个直觉："嘿，我刚刚被骗来做了所有工作，我不喜欢这样！"运用儿童自我的感知，他可以找到一种创造性的方法帮助吉姆和其他学生自己解决难题。

但事实是，老师关闭了他儿童自我的不适感，通过扮演他熟悉的成人自我和父母自我两种共生角色来寻求舒适。

同时，吉姆在回归到他熟悉的儿童自我角色后也感到了放松和舒适。

这就是共生关系的问题所在。**一旦建立起共生关系，关系各方在一段时间内感到舒适，感觉好像是每个人都处在他人期待的角色中。但是，获得这种舒适感要付出的代价是：共生关系中的每个人都关闭了自身作为成年人所拥有的资源。随着时间的流逝，他们会从被漠视的部分生发出仇恨。**

第二十章 共生关系

在日常交往中，人们会时不时地与他人走入或走出共生关系。有时，一段持久的关系也是在共生的基础上建立起来的。比尔和贝蒂之间就是这样，他们是传统夫妇的代表。比尔是坚强沉默的那种。嘴里叼着一个烟斗，他常用咕哝声表达自己。无论快乐还是悲伤，比尔都把自己的感受牢牢地藏在坚毅的表情之下。他负责家里的经济来源，每周给贝蒂一些钱。家里所有决定都由比尔做出，事后他会告知贝蒂。

贝蒂认为自己的使命在于取悦丈夫。她乐于遵从丈夫的决定，她对朋友是这样说的："她喜欢有一个可以让她依靠的强大男人。"当家里发生紧急事件时，贝蒂会陷入眼泪、恐惧或傻笑当中，等待比尔回家解决。

他们的一些朋友有时会感到奇怪，不知道比尔怎么可以忍受贝蒂的无助。有些人则惊讶于贝蒂是如何跟冷漠的比尔相处的。实际上，他们的婚姻已经维持了许多年，而且还会继续维持下去。他们关系的稳定性便源于他们的共生。比尔为贝蒂的儿童自我扮演着父母自我和成人自我，在这种共生关系之下他们彼此都"需要"对方。而且和所有共生关系一样，他们之间关系的稳定是以漠视各自某部分的能力为代价的。日子久了，他们因为被漠视而累积憎恨，而这很可能会造成他们之间的关系疏远。

●如果你是独自一人，你可以找一个愿意跟你做练习的人。如果你在团体中，找一个人组对。

练习的第一部分是找一种方式和另一方接触，从而在肢体上给对方形成支撑。比如，你们可以背对背地靠在一起。或者你可以伸出手与你的搭档手手相抵，并且把脚往后撤，从而让对方承担起另一方的一部分重量。

找到这种相互倚靠的姿态后维持一段时间。注意自己在做的过程中有哪些感受、想法，但是先不要跟你的搭档说。

下面，你们中的一方要做出离开这个倚靠姿态的初始动作。要把动作做大，这样对方才能感觉到如果你完全离开，他会有什么感受（不要离开太远，不能让对方摔倒）。之后，离开的一方再回到相互倚靠的姿态中，然后另一方做出离开的动作。注意当你做维持原动作的人而对方要离开时你有什么感受。

练习的第二部分是找到一种相互接触的方式，让双方依然有接触，但是彼此只承担自己的重量。比如说，你可以接着用手抵住搭档的手，但这次你们二人要竖直地站立而不是相互倚靠。在这种自我平衡的姿态下维持一段时间，注意自己有什么感受。这跟你第一部分练习中的感受有什么不同？

现在，让一方断开接触。比如，如果你们二人是手互相触碰地站着，你们一方可以把手往下放一些。当你是保持不动的一方时，当对方离开你时注意自己的感受。这跟第一部分练习中你们相互倚靠而对方开始离开有什么不同？

一段时间后，断开接触的人要再重新接触上。把这种断开、重接的过程重复几次，整个过程双方都只承担自身的重量。

之后换另一方做断开、接上另一方，并重新按上述顺序做一遍。

最后跟你的搭档分享你们各自的体会。●

这个练习的第一部分是为了让你对共生关系"有所感觉"。当两个人相互倚靠时，多数人都称自己感觉到"舒服"或者"有依靠"。但是也有人说他们很担心，害怕对方会离开，让自己摔倒。几乎所有人在搭档稍微离开时都会产生这种担心。

这体现出共生关系的另一个特点。当一方看到另一方要从共生关系中离开时，她可能会对这种撤离产生抵抗。她的信念是：没有另一个人，我无法自己站立。矛盾的是，正是这个信念造成了共生稳定的特质。

想想比尔和贝蒂这对丈夫坚强沉默、妻子小女人的组合。如果贝蒂的朋友告诉她，她们建立了一个女性组织，贝蒂加入进去。后来她开始对自己在共生关系中的儿童自我状态感到不适，开始质疑比尔的一些决定。她不再一味地讨好比尔，也开始讨好自己。她学会了果断，并且开始在丈夫身上使用。你觉得比尔会有什么反应？

他可能会为了让贝蒂待在共生关系中而变得变本加厉。他会忽略或嘲笑贝蒂新学到的果断。当贝蒂没有把饭准备好或是没给他拿拖鞋时，他会表现得冷漠疏远或是火冒三丈。

比尔可能会成功地把贝蒂留在共生关系中。如果他没成功，他们的关系就会经历一段波澜起伏。

还有一种可能，比尔会改变自己的态度，走出共生关系。可能他凭借自己就能做到，也可能他需要参加一个团体或进行治疗。

如果真是这样的话，他和贝蒂之间的关系就会变成像第二部分的练习那样。也就是两个人还跟彼此有接触，但却是相互独立地站着，没有倚靠对方。即便一方断开接触，二人还可以站着。接触可以随意建立或打破，但双方都不会摔倒。

没人能保证以独立姿态站立会比相互倚靠着更舒服。实际上，许多人还指出第二部分练习没有第一部分练习舒服。他们意识到自己这样比相互倚靠有更多选择，可以移动、断开或联结。当两个人走出共生关系时常常就是这样的。他们有了更多选择、更灵活、更不可预测，而且无法保证一开始会感到更舒服。

"健康的"与"不健康的"共生关系

在一些情境中，人们进入共生关系是恰当合理的。比如说，我刚从手术麻醉中醒来，躺在病床上被人推着走过医院走廊。我不知道自己身在何处，但是有一点我很清楚：我很疼。除了疼痛之外，我最能意识到的就是我身旁有一位护士，她握着我的手对我说："你会好起来的，握住我的手。"

当时，我的成人自我和父母自我都没在运作。我完全不在状态，无法评估当下的问题。我没有能量去按照父母给我的指示照顾自己。我的所作所为——退行为一个孩子，感受自己的痛苦、接受别人的照顾——在当时来看是最合情合理的。

护士给了我所需的成人自我和父母自我，她在给我提供保护和安慰的同时，帮我解决了当时的问题。这是她的工作，因此她处在这种共生关系中也是合情合理的。

用席芙的术语来讲，护士和我处在一种健康的共生关系中。这是对比不健康的共生关系来说的。不健康的共生关系在之前的例子中有所体现。当单独使用"共生关系"时，通常都是指不健康的共生关系。

我们如何区分健康和不健康的共生关系呢？答案是**一旦共生关系中含有漠视，它就是不健康的**。不论是师生间的共生关系，还是比尔和贝蒂间的共生关系，关系双方都对现实有所漠视，他们都表现得好像二人间只有三种自我状态一样。但是，当我被人推着走过医院走廊时，我的实际情况是我的成人自我和父母自我都在伤痛和麻醉的作用下失去效用了。护士的确是在用她的父母自我和成人自我，在这个过程中，她不一定漠视了自己的儿童自我。

共生关系与正常的依赖

健康共生的一个典型是父母和孩子的关系。孩子刚出生时只有儿童自我，他还没有解决问题或保护自己的能力。这些任务都要由父母完成，他们在此过程中使用的父母自我和成人自我都是恰当的。斯坦·威廉姆斯和凯斯基·休杰用正常的依赖这个词表示健康的亲子共生关系[2]。

前面说过，在健康的共生关系中，双方都不会漠视自己的自我状态。婴儿还没有完善的父母自我或成人自我，因此也就无法漠视这两种自我状态。但是，父母还是有儿童自我的，为了避免陷入不健康的共生关系，他们需要关注自身的儿童自我需求，就算孩子需要照顾，他们还是要想办法满足自己的儿童自我需求。

共生关系和脚本

因此，理想的养育是儿童的照料者在适当运用父母自我和成人自我资源的同时，也不漠视自身的儿童自我。随着孩子的成长，父母需要满足孩子在各个发展阶段中的需求。在每个阶段上，孩子获取的自身资源越来越多，他们对父母的依赖也越来越少。理想状态下，父母会鼓励孩子进行这种适宜的分离，同时还会继续在某些孩子需要的领域提供支持。

在这个理想过程中，亲子间最初的强烈共生关系逐步受到破坏[3]。最终，当孩子成长为青年时双方之间的共生关系将不复存在。双方都将独立地站立，随意愿建立或断开接触。

但问题是理想父母是不存在的。不论父母的养育工作做得多好，每个孩子在成长过程中都会有一些需求得不到满足。

这个事实导致了共生关系在成年生活中的脚本性功能。每段共生关系都试图满足个体在童年时未获满足的发展需求。

和所有脚本性行为一样，处在共生关系中的个体为了满足自身需求，也会使用过时的策略。这些策略在幼年时都是最管用的，但成年后它们却不再适宜。个体在共生关系中会漠视成年后的选择，而且这种漠视还是无意识的。

每当我们进入一段共生关系，我们会不经意地重演童年需求未满足时的情境。我们再度建立起我们过去与父母或父母样的人之间的关系，重演当时的情境以期待操纵对方，让他满足我们当时未满足的需求。后面我们会看到心理游戏也是如此。

共生位置的选择

你可能会这么想："好吧，如果共生关系是对童年情境的重演，我能理解人们为什么要进入共生关系的儿童自我角色。但是，人们为什么还要选择进入父母自我角色呢？"

是因为一些孩子做了这样的早期决定："我接受的养育方式太没用了，我最好还是自己来做父母。"也许，他的母亲在她的儿童自我中不敢给孩子设立强硬的界限，于是她用敲诈的方式说："如果你这么做，你会伤害到我。"或者"看，你让爸爸生气了。"父母让孩子为父母的感受和健康负责。这样，孩子可能会做出决定，认为自己的人生任务就是要照看父母。因此，他实际上就变成了一个小家长。成年后，他会在共生关系中重新拾起这个角色，以期控制他人或是让别人赞赏自己的照料行为。

还有一些孩子认为自己的父母虐待或压抑了他们，于是他们形成"我好——你不好"的心理地位，并且幻想能从父母自我的位置打压自己的父母。这也会在他们成年的共生关系中重演出来：他们会无意识地希望跟虐待自己的父母"扯平"。

共生邀请

人们见面时习惯用信号向对方传达自己想扮演的共生角色。这些共生邀请通常都不用言语表达，一般来说，共生邀请**会表现为一种或更多种被动行为**。

在本章开始的案例中，吉姆的共生邀请起初是什么也不做，随后是烦躁不安。他的沉默不语和后来的烦躁不安向老师传递了这样的信息："我需要你为我

第二十章 共生关系

思考并告诉我怎么做。"他的共生邀请是让老师充当父母自我和成人自我的角色，然后自己扮演儿童自我。

老师继续进行并且做完题目的行为，是在相同的心理层面上给了他认同："没错，你是对的。你确实需要我为你思考，然后告诉你怎么做。"他做出这些行为，也就是接受了吉姆的共生邀请。

有时共生邀请也会用语言传达。当这种情况发生时，这个人听起来像是在操控自己想要的东西，而不是直接问。这类行为一般都很微妙。比如说，治疗团体中的一个成员可怜地盯着地板说："我需要一个拥抱。"这会吸引其他成员给她一个她想要的拥抱。但如果其他人这么做了，他们也就接受了她的共生邀请。如果她没有使用共生的方式要求拥抱，她会看着某个成员并对他说："你能给我一个拥抱吗？"

竞争的共生关系

如果两人见面后都想扮演同一个共生角色会怎么样？比如他们都想做父母自我或者都想做儿童自我？

当这种情况发生时，双方为了获得喜欢的共生角色"不择手段"。比如，你在餐厅可能听过这样的对话，两个人吃完饭准备结账：

"把你的钱拿走，我来付。"

"不，不，我来吧。"

"一定要我来付！什么也别说了。"

这类对话会持续一段时间，双方结账的要求越来越强烈。每个人都想做对方的父母自我。他们处在一段竞争的共生关系中，也就是争夺父母自我的位置。

从性质上来讲，竞争的共生关系是不稳定的。这类对话通常只会持续一会儿。他们最终会有两种结束方式：双方都夺门而出，出去时还要狠狠地摔门；或者他们其中一人退下来，把喜欢的共生角色让给对方，退下来的一方在共生中扮演互补角色。

例如，餐厅里的对话可能这样结束，一方说："啊，好吧，如果你坚持的话……"然后不情愿地把钱包收起来。他退到儿童自我的位置，允许自己被对方"照顾"。

人们也会争夺儿童自我的位置，其方式是证明自己比对方更困难。比如，丈夫说："累死了，我觉得我动不了了。"而妻子则回答说："反正我知道我是动不了了，所以做饭必须得你来。"

●想象一个争夺父母自我的竞争性共生例子，最后有一方退回到儿童自我中。

用图画出对话中的各组交流。

你觉得在竞争过程中以及在有一方退下后，双方都会处在哪些心理地位上呢？

想一个争夺儿童自我的竞争性共生例子，最后有一方认输，不情愿地做父母自我。这次也要用交流图表示，并且分析他们的心理地位。

画出吉姆和老师之间的交流图，呈现出吉姆发出了共生邀请而老师接受了这个邀请。

你觉得吉姆的脚本矩阵中存在哪些重要的应该信息和禁止信息？老师的脚本矩阵呢？比尔和贝蒂的脚本矩阵呢？●

第二层次的共生关系

在一些共生关系中，第一层共生之下还有第二层共生，如图20.2所示。这种

第二十章 共生关系

共生关系称为第二层次共生关系，因为它发生在儿童自我的第二层级结构中。

像比尔和贝蒂这种夫妇之间常常有第二层次共生关系。乍看之下，比尔在他们的共生关系中似乎处在父母自我和成人自我的位置，贝蒂扮演着儿童自我。比尔进行控制、解决实际问题，贝蒂被控制、表达感受。在第一层次共生中的确是这样。比尔在重演着他的早期决定："我生存的唯一方式就是要做老大，紧紧控制着所有人，其中也包括我自己。"贝蒂的决定是："我的人生使命是讨好他人，尤其男人，不要对事情做思考。"第一层次共生体现出他们在共同努力用脚本决定满足自己的需求。

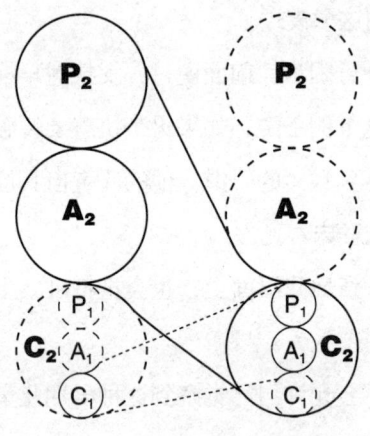

- - - - ：未被使用的自我状态
———— ：第一层次的共生
- - - - ：第二层次的共生

图20.2　第二层次共生

然而，比尔还有别的需求。这个需求比做老大、进行控制还要难以觉察，而且它源自较早期的发展阶段。这就是对肢体安抚和抚慰的需求，我们把它放在比尔的C_1中，也就是儿童自我中的早期儿童自我。

比尔的问题是他在做出后来的脚本决定时，把自己的早期儿童自我需求给关闭了。所以，现在他要如何满足这个需求呢？答案就是选择贝蒂做他的共生搭档。他愿意找一个能够在第二层次共生中扮演与他互补角色的人。

贝蒂的妈妈和贝蒂一样也嫁给了一个坚强、沉默的男人,这个男人也不喜欢给出肢体安抚。在贝蒂还是婴儿时,她父亲就很少在她身边,他更愿意待在单位或是跟朋友出去喝酒。因此母亲就没有其他成人满足她早期儿童自我对安抚和被照料的需求。

贝蒂用她婴儿敏锐的感知,在没有使用语言时就做出决定:"要想让妈妈在我身边并且保持身体健康,我最好是自己去照顾她。"她用她初级的父母自我和成人自我,即P_1和A_1,照看母亲的身体性儿童自我。现在她在成年的共生关系中,还会继续跟比尔沿用这个模式。

打破这种共生关系十分困难。前面说过,安抚对早期儿童自我来说是一个性命攸关的问题。因此在这个例子中,如果贝蒂执意要打破共生关系,比尔就会在他的身体性儿童自我中感到致命的恐惧。他的儿童自我信念认为他即将失去他唯一的肢体安抚来源,而这意味着死亡。

贝蒂在相同的早期儿童自我层面上,也会把打破共生视作母亲的丧失。对婴儿来说,这也意味着死刑。

比尔和贝蒂可能都不会允许自己觉察到这种早期儿童自我的恐惧,他们找各种理由说服自己继续待在这种共生关系中。如果他们确实想打破这种共生关系,他们需要了解自己的脚本并寻求治疗的帮助。

脚本信念的合理化：
扭曲和游戏

[第六部分]

第二十一章
扭曲和点券

本章从一个练习开始。我们建议你往下阅读之前先做这个练习。如果你在团体中，请让团体领导或一位志愿者引领整个团体想象各个情境，可以对下面的指导语进行即兴发挥。

● 本练习需要你想象一个情境，然后针对这个情境回答一些问题。答案没有"对""错"之分。

想象明天是你们当地放假的第一天，逢放假所有商店都会关门好几天。

再想象你已经很久没有采购了，家里的必需食品基本都吃完了。你看了时间后松了口气，因为在超市关门前你还有充足的时间可以过去并买好东西。

你在脑中列了一个购物单，随后便出发去超市。到超市后，你看到还有许多其他的购物者，他们都跟你有相同的任务，要在假期关门前做好物资储备。

你一边看着时间，一边转着货架找你要买的东西。都买完后，你庆幸地看到离超市关门还有几分钟，你有足够的时间结账。

你来到款台前，收银员把你买的物品过了机器，然后告诉你总共的花费。

你掏钱付账，但是找不到钱。你又摸遍全身，还是找不到。你发现其实是你把它落在家里了。你在匆忙之中，没带钱就来了超市。而且你也没有信用卡或是支票。

你身后的队越排越长，你跟收银员说了你的情况。你问他："能不能把我的姓名和地址留下，我先把东西拿走，然后假期结束后再来付款？"收银员回答说："这样恐怕不行。"

你现在回家拿钱超市就该关门了。所以你拿不了你买的东西，只能空着手回家。但是商店还要有好几天才会开门。

当你想象到这儿时，你有什么感觉？

记住你的感受，并给这个感受起个名字。接着你可以停止想象。●

记住你的感受。当人们做这个练习时，他们最后描述的感受都带有典型的特征。我们下面把这些特征列出来，你可以看看你的感受是否也是这样。

（1）不同的人描述的感受不一样。如果你在团体中，你可以问每个成员他们在最后有什么情绪或者感受到了什么。找个人把所有人的描述都记下来。

情境本身对所有人来说都是一样的。但是你会发现，成员们会描述出各种不同的情绪。有一些感受比较典型：对自己感到生气、恐慌、尴尬，对收银员感到生气、恶心、空白……团体规模越大，感受就会越多。

如果你是一个人，你可以找一些愿意做这个练习的朋友，看看他们在最后会有什么感受。

（2）你会在许多不同的压力情境中体验到你的这个感受。比如，如果我最后体验到"对自己感到生气"，那么很可能我在其他压力情境下也会对自己感到生气。如果你说你感到"恐慌"，那么你在不同情形下也可能会产生相同的感受。

　　这就像是我们有一个**"最喜欢的坏感受"**，只要我们觉得遇到困难了，这个感受就会出来。有些人有两到三种这类坏感受，一种用在家里，一种用在工作中，等等。

　　（3）你的感受有的是从家里学来的或是受到家人鼓励的，其他感受则是家人不提倡或禁止的。比如说，如果你记下的感受是"对别人感到生气"，那么可能在你还是孩子时，你的父母或家庭成员常常表现出这种感受。当你表现出这种感受时，你会得到他们的认可。

　　许多感受可能很少或从未出现在你家里。按照这个例子来看，你家里可以接受愤怒，但是可能无法接受悲伤、害怕或高兴。如果你表现出其他感受，你要么受到批评，要么被忽视（这对一个孩子来说是很糟糕的）。

　　（4）你感受到的情绪对你解决问题没有任何帮助。如果我生起气来对收银员大叫，无法帮我得到我想要的东西。不论我是恐慌、恶心、空白、对自己生气，还是产生任何一种典型的感受，这些情绪都无法让我把从超市买的东西带走。

　　这些都是TA中扭曲感受的典型特点[1]。

　　在接下来的部分，我们探讨扭曲感受的本质和功能。认识它们非常重要，因为在人们活出自身脚本的过程中，它们起着核心作用。

"扭曲"和"扭曲感受"的定义

　　在TA的相关文献中，"扭曲"和"扭曲感受"常常被搞混。一些作者更是把二者替换着使用。

　　我们在本书中不会这样做。我们遵循的理论派别认为，区分扭曲和扭曲感受十分有用。

　　我们认为扭曲感受是一种熟悉的、幼时习得并受到鼓励的情绪，个体在多种压力情境下都会体验到它，是成人适应不良的问题解决方式。

第二十一章 扭曲和点券

我们对扭曲的定义是一组脚本行为,人们在无意识中使用它们来操控环境,并促使个体产生扭曲感受。

换句话说,扭曲是个体为了体验到扭曲感受而表现出来的行为过程。个体无法意识到自己的这些行为,他们只会让感受更加强烈,不会采取行动解决问题。

例如,在前面那个想象的情境中,我出门忘了带钱,于是我给自己设了一个局来体验最终的不良感受。我本可以在出门前看一看有没有带钱,但是我没有。如果你问我为什么没有带钱,我可能回答:"我就是没有想起来。"

个体设局得到的结果,可以看作对扭曲感受的"合理化"。假设我站在收银台前向收银员发飙,而你问我:"你为什么要对收银员生气?"我可能会说:"我拿不到我的东西了,不是吗?"

对他人生气是我在压力情境下最喜欢的扭曲感受。在同样的情境下,五个不同的人可能就会有五种不同的不良感受。但是和我一样,他们可能都觉得自己最偏爱的扭曲感受是当时情境下最"自然"的感受。

为了体验扭曲感受,人们总得设定一个扭曲吗?不是的。我们对于独立发生的压力情境,也就是非自身造成的情境也会产生扭曲感受。比如说,假设你在使用公共交通旅行,如飞机、火车和巴士,而且你必须在某个时间以前到达目的地。由于机械故障,你的旅行推迟了。你坐在那里眼看着时间一分一秒过去,你会有什么感受?

我可能对交通公司生气,你可能感到恐慌,另外一个人可能感觉恶心,等等。

扭曲和脚本

你首先要知道脚本和扭曲之间的一个普遍联系:每当你体验到扭曲感受时,

你就处在脚本中。

扭曲感受为什么会在脚本的机制中发挥如此重要的作用呢？原因在于孩子学习到在家里要想满足自己的需求就要用扭曲感受。

我们知道了孩子小时候习得并被鼓励使用扭曲感受。每个家庭只允许出现某些感受，其他更多的感受是不被提倡或是被禁止的。

有时根据孩子性别的不同，允许的感受也有所差异。通常，大人教小男孩可以生气、有攻击性，但是不能害怕或哭泣。小女孩会学到面对压力要哭或者装可爱，虽然她们也想表达愤怒。

当孩子表现被禁止的感受时会发生什么？比如一个小男孩表现得很害怕，也许当地的一个恶霸正在追他，他害怕得发抖，跑来找妈妈想得到妈妈的保护。妈妈俯视着他说："来，做个勇敢的战士！出去凭自己立稳脚跟。"然后她继续做家务去了。

这时孩子就记住了："如果害怕并表现出来，我不会得到想要的结果。我想得到保护，但最后却受到了忽视。"

他用自己的小教授想着如何才能得到想要的结果。他可能每天都在验证面对压力情境的各种感受，他试过了悲伤、愉悦、攻击、困惑、空白，以及其他各种你能想到名字的感受。假如他最后发现，用攻击性可以从母亲那里得到最好的反馈。

现在，邻居的恶霸再来欺负他，他就会反击（而且会输，因为对方比他个头大）。虽然他的伤口很疼，但至少他得到了母亲的赞赏："就是这样，大男孩不哭。"

他发现了一种感受能给他带来他最"想要的结果"——来自父母的认可。为了获得这些安抚他就要表现出攻击性。当然，他获得安抚的代价是受伤。

随着这个小男孩的成长，这种事件发生的顺序一遍遍得到重复。每重复一次，他对要有什么感受以及感受的结果就越肯定。"除了攻击性之外，其他

第二十一章 扭曲和点券

感受在这里都没有用。实际上,如果我表现出其他感受,我父母还会收回他们的支持,这太危险了。因此,除了攻击性之外,我最好不要让自己有其他别的感受。"

现在,每当他感到恐惧或悲伤,他就不让自己去感受它们,而是直接变为攻击性。

扭曲和橡皮筋

假设我是那个小男孩,我正站在超市的收银台前,而收银员拒绝给我行方便。当我感觉到情境中的压力时,我像被橡皮筋弹回到小时候遇到压力情境的样子。对我来说,收银员和整个世界好像都在威胁我,就像小时候邻居恶霸威胁我一样。

刹那间,我做出了儿时习得的行为。我开始攻击,我对着收银员喊道:"太可耻了!你是说你不相信我吗?"收银员耸耸肩。

我浑身充斥着愤怒,僵直地走出了超市。有那么一会儿,我感觉到了一种满足感。我对自己说:"至少我给了他点儿颜色看!"但与此同时,我知道我的喊叫无法改变我得把东西留在那儿的事实。我仍然怒火中烧,第二天我犯了胃病。

我的情绪反应对我解决当下问题没有一点儿帮助。但是我没有意识到自己一直在追寻一个比解决问题更重要的动机。我想要操控环境得到幼时那种父母的支持,当时我就是通过表现扭曲感受才获得支持的。妈妈还一直在我脑中说着:"就是这样!"

这就是扭曲感受对成人的作用。每当我体验到扭曲感受时,我就会重演我童年过时的策略。换句话说,我进入了脚本。

相反,如果我待在当下,我会产生与当下相适的感受。我感到扭曲的唯一途径，就是通过幻想进入别的时空。

扭曲的魔力

扭曲是一种有魔力的方法，它能让人和事发生改变。我会觉得"如果我生气生得够久，你就会按我的想法做"，或者"如果我长时间表现出无助，你就会帮我做"，再或者"如果我伤心够久，你就会爱我"，或是"如果我总是害怕，你就会来照顾我"。扭曲会在童年得到强化，因为它很好用。但问题是人们在成年后还会使用这个策略，而不是直接说出自己的愿望。有时这个策略会成功，但这种满足需求的方式效率非常低，而且这个人还会觉得自己是受害者，其他人也会觉得自己受到了操控。

最糟糕的情况是一个人想用扭曲让以前的人做出改变。这是不可能成功的，但有些人还想从中看到神奇的效果，比如："如果我伤心很久，真的很久，我父母就会在十岁时爱我了。"

设定扭曲

在我们的例子中，我设定了扭曲，也就是那一连串将我的扭曲感受合理化的事件——我"意外地"忘了带钱。

现在我们知道了扭曲感受的脚本功能，我们也就明白自己为什么会这么做了。我设定这个扭曲就是为了体验扭曲感受。我的儿童自我有对安抚的需求，因此我用儿时习得的方法通过操控来获得安抚。我进行了一些设定，从而体验到幼时在家里给我"带来结果"的相同的那份感受。

如此，扭曲理论给我们提供一个全新的视角解释人们为何产生不良感受。我们再回到超市的例子上来，平常我们对此事的解释是："我没买到我需要的东西，所以我很生气。"

但是当我们知道扭曲后，我们会说："我想要把我的愤怒合理化，因此我给自己设定好了不能买到需要的东西。"

扭曲感受和真实感受

我们解释了孩子是怎么知道有些感受在家里是受鼓励的，而有些是不提倡或禁止的。当孩子体验到被禁止的感受时，他会迅速转变到另一种被允许的感受中。他可能都不允许自己意识到这种被禁止的感受。成年后当我们体验到扭曲感受时，我们也会经历相同的过程。这样，扭曲感受总可以作为其他被禁止感受的替代品。

因为具有这种替代的性质，因此我们把扭曲感受称作不真实感受。相反，真实感受就是在我们小时候还不会筛除家庭禁止的感受前体验到的感受。

扭曲感受和真实感受之间的区别，最初是由范妮塔·英格里斯提出的[2]。在她的原始文献中，她用"切实的感受"（real feelings）与扭曲感受做对比。但是，现在更常用"真实感受"而不是"切实的感受"。这么做的原因是，当我体验到一种扭曲感受时，只要我意识到了，它就是"切实的"。当我朝收银员大吼时，我的愤怒并不是假装的，我是真的生气。但是我的愤怒是一个扭曲感受，不是真实感受。

我们常说扭曲感受是用来掩盖真实感受的。比如一个小女孩学到了："在我们家女孩可以悲伤，但不可以生气。"成年后，当她处在一个即将发火的情境中时，比如有人在拥挤的公交车上粗鲁地撞了她，进入脚本的她刚开始想生气就会进入她儿时的模式，就像条件反射一样。于是，她不再生气，她感到伤心然后哭了出来。她用不真实的扭曲的悲伤掩盖了她真实的愤怒。

有些人不仅用扭曲感受掩盖真实感受，还用一个扭曲掩盖另一个扭曲。比如，罗伯特童年时常常害怕妈妈会抛弃他，于是，不用语言他就学会了如果每次他害怕时就表现出愤怒，那么至少他还可以从妈妈那里得到一些安抚。所以他还是婴儿时就开始用愤怒掩盖恐惧。

当他长大一些后，他发现家里面除了小婴儿，都不允许表现出任何感受。为了迎合家里的习惯，他就要保持上唇僵硬、面无表情。随后，罗伯特决定："我最好连愤怒也不要表现出来，因为如果我生气的话，我最后可能会被踢出家门。"所以，他变得和家里其他人一样，用毫无感受掩盖了愤怒，就像当初用愤怒掩盖恐惧一样。

现在，假设成年的罗伯特正处于一个按理说该让他感到恐惧的情境中，可能他觉得伴侣正发出拒绝他的信号，会让他陷入他儿时不想进入的状态——孤独。罗伯特刚一感到恐惧就用愤怒掩盖了起来，但他很快又用毫无感受掩盖了愤怒。在他的意识中，毫无感受是他"切实"的感受。如果你去问他有什么感觉，他会说："我真没什么感觉。"

扭曲感受和真实感受的命名

什么是真实感受，是我们不加审查时感受到的情绪吗？在TA中一般会列出四种情绪：

▶愤怒

▶悲伤

▶害怕

▶快乐

这里用的"mad"（愤怒）一词取其在美语中的"生气"之意，而不是英式英语中"疯狂"的意思。

此外，我们还可以添加一些儿童常体验到的身体感觉，如放松、饥饿、饱腹感、疲劳、有兴致、恶心、困倦等。

与如此短的真实感受的命名列表相反，人们可以列出许多许多扭曲感受的名称。你可以自己试试。

你可以先从常被划为"情绪"的不真实感受开始：尴尬、嫉妒、抑郁、内疚等。然后你可以再添加一些人们身处脚本时对自己的模糊感受：迷茫、停滞、困顿、无助、绝望等。

有些扭曲的名称跟思维的联系，而非感受，如困惑、空白、迷惑等更近。

不是所有扭曲感受都会被体验到它们的人归为"不良"感受。之前有个小女孩的例子，她学到即使自己感到愤怒也要装可爱。成年后，她得到了一个"小太阳"的称号，她可以像儿时一样，凭借她扭曲的快乐得到许多安抚。其他被视作"好的"的扭曲感受包括意气风发、攻击性、无可指责或狂喜。尽管如此，所有这些感受都是不真实的。它们都是在童年期习得的，成年后用来操纵环境以获得支持。

感受的名称还有一处复杂的地方：真实感受的名称同时也是扭曲感受的名称。比如，你可以是真实的生气也可以是扭曲的生气，真实的悲伤或扭曲的悲伤等。可能我在儿时学会用困惑掩盖愤怒，而你学到用悲伤掩盖愤怒。这时，你扭曲感受的名称就恰巧和我的真实感受重合了，我的却没有和你重合，但是你的悲伤和我的困惑又都是扭曲感受。

扭曲感受、真实感受和问题解决

如果扭曲感受并非总是"不好"的，那为什么还要区分扭曲感受和真实感受呢？

原因在于表达真实感受是解决当下问题的有利方式，而扭曲感受则不然。换句话说，**当我们表达真实感受时，我们会做一些事情帮助我们终结这个问题。当我们表达扭曲感受时，我们只会使这个问题继续存在。**

乔治·汤姆森阐释了三种真实感受——恐惧、愤怒和悲伤在问题解决过程中的作用[3]。他指出这些感受分别对应着未来、现在和过去。

当我感到真实的恐惧并表达这种情绪时，我就是在解决一个我预见到的未来的问题。当然，这个未来是非常近的。假设我在过马路，已经确认两边都没车了，但突然一辆车从旁道里窜了出来，它开得太快，疾速向我驶来。我十分惊恐，马上跳到一边，这样我便避开了未来被车撞到的危险。

真实的愤怒是用来解决当前问题的。可能我正在一个商店里排队，一个女人想插到我前面，用她的购物袋把我推到了一旁。通过表达愤怒，我可以在当下合理地照顾自己。我用相同的力量把她推了回去并吼道："我比你先到。请排到队的最后面去。"

当我感到真实的悲伤时，我是在帮自己走过一段过去痛苦的经历。它可以是某种丧失、某个我再也见不到的人或物。允许自己自如地表达悲伤，比如哭一会儿或者跟别人聊聊我的丧失，我可以让自己走出那段痛苦往事。我跟那个情境做了了断，跟它说再见，之后我可以去迎接现在和未来展现给我的所有事物。

乔治·汤姆森没有谈及快乐的作用。我们认为真实的快乐可以表明"不用做任何改变"。从这个角度来说，快乐是不受时间限制的。它意味着过去发生的现在可以继续发生，未来也可以继续。表达真实的快乐是放松、舒适、享受当下，当感受充分时还会睡着。

与真实感受能够解决问题形成鲜明对比的是，扭曲感受从来都不能帮着解决麻烦局面。本章给出的各种例子都是这样。在我朝收银员大喊时，我没能把买的东西带回家，没能在现在得到有益的结果，也没能让自己跟以前的愿望——在超市关门前买好东西说再见。

当你在不恰当的时机感到恐惧、愤怒或悲伤时，你就知道它们都是扭曲感受。比如说，有些人一辈子都在对以前的事情感到愤怒，但过去是无法改变的，因此这种愤怒对于解决问题没有帮助。所以，这就是一个扭曲感受。看看其他感受和时机不符时是否也是这样。

● 你觉得要想解决本章开始例子中的问题需要哪种真实感受？当你发现你无法带走你买的东西时，你的真实感受是愤怒、悲伤、害怕还是快乐？看一看这些感受是否能帮你解决问题。●

因为扭曲代表着过时的儿童自我策略的重演，因此在当下表现出扭曲感受肯定会造成不良结果的不断重复。当个体处在脚本中时，他可能会暂时满足于通过操控环境而获得的安抚。但他最根本的需求还是没有得到满足，那是需要表达真实感受来解决的。因此，个体可能就会循环往复地上演整个模式，每当出现压力情境时就重演一遍。我们在下一章讲扭曲系统时还会提到这个理念。

扭曲的交流

范妮塔·英格里斯发明了"扭曲的交流"一词表示一种交流方式，人们用它为自己的扭曲感受寻求安抚[4]。

扭曲交流者会邀请他人进行交流，在此交流中，他表达一个扭曲感受并且引导他人对这个感受做出安抚。只要对方愿意持续给予安抚，这个交流就可以一直进行下去。

范妮塔·英格里斯认为扭曲的交流分为两种类型，两种都包含父母自我和儿童自我之间的平行交流。在类型I中，扭曲交流者最初扮演儿童自我的角色，其心理地位是"我不好—你好（哈哈）"。在类型II中，他处于父母自我，心理地位是"我好（哈哈）—你不好"。

类型I的扭曲交流者说话透着悲伤和可怜，范妮塔·英格里斯将这种模式称为类型Ia"无助"。例如，你会听到这样的对话：

扭曲交流者（C-P）：我今天又觉得很低落。
对方（P-C）：哦，亲爱的，真抱歉听到你这个情况。
扭曲交流者：而且老板也冲我生气。
对方：啧啧，太糟了。

此外，儿童自我的扭曲交流者可能不断抱怨，这称为类型Ib"不服"。交流的另一方尤其会从负面控制型父母自我给以安抚，而不是从负面照顾型父母自我：

扭曲交流者：你也没帮上什么忙。
对方：哼，你就不能自己给自己撑腰吗？
扭曲交流者：你想让我怎么做？他是老板啊。
对方：那你为什么不向工会投诉？

类型II扭曲交流者也存在两种模式。类型IIa称为"热心"，扭曲交流者充当负面的照顾型父母自我，想从对方的儿童自我获得感激的安抚。

扭曲的交流者（P/C）：你确定你吃饱了吗？
对方（C/P）：哦，是的，谢谢！
扭曲交流者：来吧，再把这块派吃掉怎么样？
对方：这真的很好，但是我饱了，谢谢！

"霸道"说的是类型IIb，扭曲交流者从负面控制型父母自我发出交流刺激，

第二十一章 扭曲和点券

他想让对方的儿童自我做出道歉的安抚。

  扭曲交流者：你又迟到了。
  对方：对不起！
  扭曲交流者：你说对不起有什么用？这已经是这周的第四次了……

  虽然范妮塔·英格里斯没这么说，但是我们认为也可以有父母自我—父母自我的扭曲交流，它的主题是"这难道不糟糕吗？"或者也可以有儿童自我—儿童自我的扭曲交流，双方的扭曲感受不断升级。

  你会看到扭曲交流是一种消遣，其中包含大量扭曲感受。只有当交流一方撤出或进行交错时平行的交流才会停止。通常启动交错交流的人都是扭曲交流者，并非交流的对方。这是因为习惯扭曲交流的人能够熟练地觉察对方想退出交流，比起以这种方式失去安抚，他更愿意主动出击。

  通常来讲，扭曲交流最终都会变为一场心理游戏。我们在下一章讲心理游戏时，再来探讨这是如何发生的。

●你在过去一周中有过扭曲的交流吗？

  如果有，属于哪一种呢？无助、不服、热心还是霸道？或者你用了其中的几种？

  你想继续像这样做扭曲的交流吗？如果不想，你要如何获得非扭曲性的安抚，并用它来代替你用扭曲交流得到的安抚呢？

  你有没有接受过别人的邀请成为他们扭曲交流的搭档？如果有，他们又处在哪种模式中？

  你想继续安抚他们的扭曲感受吗？如果不想，你下次如何交错他们的交流？●

点券

当我产生扭曲感受时，我可以做出两种反应。我可以在当时当地就表达出来，或者我也可以把它贮存起来留作后用。当我选择第二种方式时，我就是在贮存点券。

> ● 在过去一周中，你有没有在产生扭曲感受后把它贮存起来而没有当即表达出来？
>
> 如果有，你就贮存了一个点券。你在这个点券上写的扭曲感受叫什么名字？是嫉妒、得意、生气、烦躁、阴郁还是无助？或者是别的什么？
>
> 你贮存了多少这种感受？
>
> 你想把它们贮存多久？
>
> 当你决定去兑换这些感受时，你想拿它们换什么？●

点券这个词是"心理交易点券"的缩写，它源自二十世纪六十年代超市中流行的一种活动，顾客在购买所需物品时得到不同颜色的交易点券。这些交易点券可以贴在点券簿上，当你累积到一定数量后可以用它们兑换一个奖品。

有些人喜欢收集一点儿就去兑换，这样能获得小奖品。有些人愿意在积累了好几本点券簿后，一起兑换一个大奖。

人们贮存心理交易点券也有同样的兑换选择。假设我收集愤怒点券。在职场，领导批评我，我感到生气但是我不表达出来，我把这个点券留到晚上回家，然后我会因为我的狗待在我脚下而冲它喊叫。如是，我只贮存了一个点券而且当天我就把它兑换了。

这个例子还体现了点券兑换的另一个常见特点：**接受点券发泄的人通常都不**

是最初扭曲感受所指向的人。

我的同事也会贮存愤怒点券。但我们假设他喜欢收集很多之后再兑换，于是他不断地累积对老板的愤怒。当他的愤怒点券簿多得堆成山时，他就会走进老板办公室朝老板大喊一通，最后自己被炒掉了。

点券和脚本

人们为什么要贮存点券？伯恩认为，通过点券兑换人们能够向自己的脚本结局迈进。

如果一个人的脚本是伤人，他可能就愿意攒一大堆点券，然后兑换一个严重的结局。比如，他经年累月地收集抑郁点券，最终兑换一场自杀。有些以"伤害他人"为脚本结局的人积攒大量愤怒点券，然后再用它们"合理化"自己的谋杀行为。往轻里说，这依然是输家脚本。企业经理人可能会收集厌倦点券，然后将它们兑换成心脏病、溃疡或高血压。

拥有平庸脚本的人攒一点点券就会拿它们去兑换较轻的结局。一个女人收集"误解"点券，每隔几个月就拿它们去兑换一次和丈夫的剧烈争吵。有些人和我的同事一样，收集对权威人物的愤怒，之后将它们兑换成罢工。

赢家脚本中是否也存在点券收集，TA学界对此有不同的观点。有些学者提出"黄金点券"这个概念，这是为了得到一个正面结果而积攒的点券（它们和"棕色点券"相反，后者是我们前面一直在讨论的负面点券）。比如，他们认为一个努力工作的经理把完成工作作为黄金点券，然后将它们兑换成一个应得的假期。

我们认为，一个真正的赢家脚本是不需要收集点券的。那位努力工作的经理不用非得拿"做好工作"或其他条件合理化自己的假期。只要他想要，他就可以去度假。

● 了解了点券的脚本功能，你可以审视一下自身的点券收集，以及你认为自己会把它们兑换成什么结局。你还想要这个结局吗？

如果不想，你只要放弃你收集的点券即可。但是在放弃之前，你要确认自己确实不想要那种结局了。弄清楚这一点儿后，如果你选择放弃点券，你需要对曾经设计好的结局说再见。

想到此，你还依然想放弃你的点券吗？

如果你的答案是肯定的，那你可以选一个永远抛弃点券的方法。有些人把它们丢进火里，有些人把它们从马桶中冲走，还有人把它们扔到水流湍急的河中，看着它们漂向大海。选一个你自己的方式，这个方式一定要让你永远无法把点券再拿回来。

确定好你的丢弃方式后，你可以舒适地闭上你的眼睛。想象自己拿着收集的点券，看看有多少本或者多少袋点券。注意观察它们的颜色。看看这些点券上写着哪种扭曲感受的名字。如果你的点券是针对某个人和某一群人收集的，也要在点券上看到他们的名字。

你准备好把点券丢掉了吗？接下来你可以用你选择的方式丢掉它们。把它们扔进火里，看它们化作青烟。或是把它们冲下马桶，可以多冲几次以确保它们确实被冲走了。如果你想把它们扔到河里，你要看着这些点券，直至最后一片也漂出了你的视线。

想象你在看着自己的手，确认你手中已经没有点券了。

现在，想象自己转身向上看。你看到一个从未见过的令你感到愉快的人或物。

跟它打个招呼。你以后会从这里得到正面安抚，也就是说你以后再也不用收集点券了。

迎接这些安抚，感受不用背负点券的轻松，然后从练习中出来。●

第二十二章
扭曲系统

扭曲系统作为一个模型解释了人生脚本的本质以及人们如何在一生中维持自身脚本。理查德·厄斯金和玛丽琳·查克曼是扭曲系统的创始人。

本章扭曲系统的图解以及对它的解释都直接引自厄斯金和查克曼的文章《扭曲系统：一个扭曲分析模型》。凭借这篇文章，他们赢得了"伯恩科学纪念奖"。其他案例和解读都由本书作者提供。

扭曲系统是一套受脚本所限的人拥有的、歪曲的、自我强化的感受、想法和行为系统。由三个相互关联又相互独立的成分构成：脚本信念和感受、扭曲表现和强化记忆。详见图22.1。

脚本信念和感受

当我处在脚本中时，我将对自己、他人和生命的过时信念重新表现出来。

厄斯金和查克曼认为，脚本决定是个体在童年形成的一种"解释"未完结感受的方法。成年后当我感受到压力时，我会重新使用这个婴儿期的策略。为了不让自己体验到那些感受,我重新相信童年时的观点,并感觉它们就发生在当下。这些观点组成了我的脚本信念。

厄斯金和查克曼在整体解读脚本信念和感受时,认为它们是对成人自我的双重污染。如果你想回顾这个概念,你可以翻到第六章。

脚本信念可以分为核心脚本信念和辅助脚本信念。

核心脚本信念

核心脚本信念对应着儿童最早也是最根本的脚本决定。对每个婴儿来说,都会有直接表达感受而无法满足需求的时候。我们在前一章看到了孩子会试验许许多多替代感受,直到她找到能够给她"带来结果",也就是父母关注的感受。这些替代感受就是扭曲感受,而原来未经审查的直接感受会受到压抑。

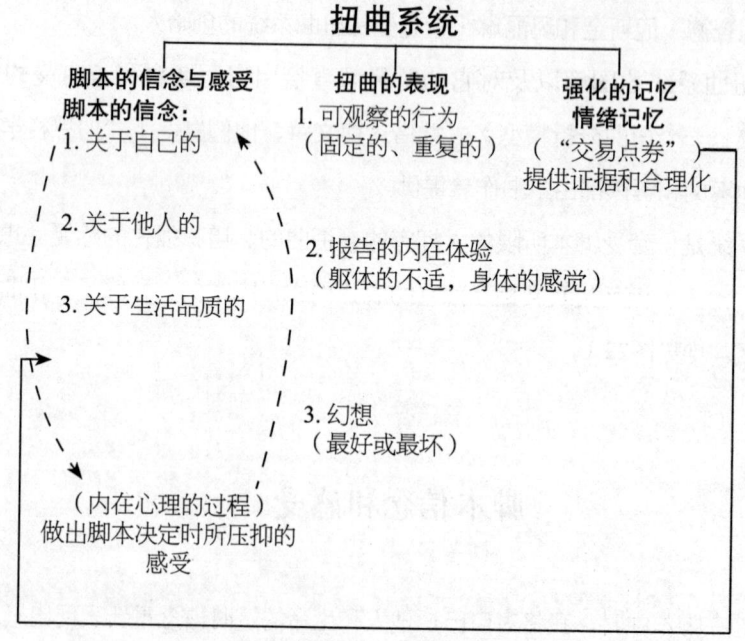

扭曲系统

脚本的信念与感受
脚本的信念:
1. 关于自己的
2. 关于他人的
3. 关于生活品质的

(内在心理的过程)
做出脚本决定时所压抑的感受

扭曲的表现
1. 可观察的行为
(固定的、重复的)

2. 报告的内在体验
(躯体的不适,身体的感觉)

3. 幻想
(最好或最坏)

强化的记忆
情绪记忆
("交易点券")
提供证据和合理化

图22.1 扭曲系统

但是,由于原始的感受没有得到回应,婴儿的情绪体验就得不到完结。为了

第二十二章 扭曲系统

让自己能够理解这些体验,她会想出一个对自己、他人和世界的解释方法,这就构成了核心的脚本信念。它们是以小孩子虚虚实实的想法为基础的。

我们来看一个例子。戴维是一名来访者,年近三十。他和几位女性都有过同居关系,每次都是在一起一年左右后女方离他而去。他自己意识到这是他自己招致的结果,他给女友找茬,他嫉妒、爱生气、攻击性强。现在戴维又有了一段新恋情,他非常珍视这个女人,害怕自己还会用同样的方式终结这段关系。虽然他能意识到自己的攻击性和嫉妒心,但是他觉得一旦这些情绪来了他无法控制。最近他打了女友,对方威胁说要离开他,因此他来此接受治疗。

对戴维的问题进行扭曲分析,我们立马就回到了他的婴儿期。在他刚出生几个月后,他非常享受和母亲之间亲密的肢体接触。但是在他长大一些后,刚过完一岁生日他母亲就觉得他不像以前那么可爱了。他活动得更多了,还常常把自己搞脏;他会流口水,大便之后还很臭。虽然母亲自己没有意识到,但其实她已经在身体上远离戴维了。

戴维凭借他敏锐的婴儿觉察力发现了母亲的拒绝。他感到吃惊、迷惑——这个世界怎么了?最糟的是,妈妈是不是要远离他啊?在分析了这种可能性后,戴维感到了恐惧与悲痛。但是,每当他向母亲寻求抚慰时,母亲还是会拒绝他,因此他无法通过表达恐惧和伤痛来满足自己的需求。

戴维无法理解母亲为什么会疏远他,于是他用自己的方式"解读"了这份未完结的感受:"我不可爱,我有问题。"这样,他就形成了一条针对自己的核心脚本信念。

与此对应地,他还形成了另一条核心脚本信念:"他人(尤其是重要的女性)会拒绝我。世界是个可怕、孤独和无法预测的地方。"

戴维觉得表达伤痛和恐惧无法帮他满足需求,因此他尝试了一段时间后就放弃了,接着又尝试了另一种策略。他发现如果他表达愤怒,那么母亲至少会关注他。他的发脾气或是抱怨,至少可以获得母亲对他的吼骂。虽然这种负面关注让他痛苦，但这也比没有关注要好。戴维做出决定："满足我需求的最佳方式是生气。"他学会了用扭曲的愤怒来掩盖真实的恐惧与悲痛，而这就为他的"扭曲表现"打下了基础。

辅助性脚本信念

婴儿获得自己的核心脚本信念后，开始按照这些信念解读现实。这些信念影响他对不同经历的关注度、他对这些经历的理解以及他认为哪些经历是重要的。通过这种方式，他开始具有辅助性脚本信念，它们能对核心脚本信念进行再确认和详细阐释。

戴维有一个比他大几岁的哥哥。由于年龄的差异，他哥哥总比他壮一些，思维能力也比他好一些。戴维用他学步儿的思维能力进一步得出结论："现在我知道我的问题在哪儿了，是因为我不够强壮、不够聪明。我之所以明白，是因为我哥哥高大又聪明，而他总能得到关注。"

于是，戴维形成一些他的辅助性脚本信念："我很笨、我身体弱小、我的需求不重要。其他人比我强壮、比我聪明。因此，他们比我更重要，他们会得到所有人的关注，尤其是重要的女性。生活实在是太不公平了。"

脚本信念和感受的重复循环

现在戴维已经成年。每当遇到压力时，他就会再次进入脚本。而且如果当下的情境和儿时的压力情境有些相似，他就更会这样，就像被橡皮筋弹回去一样。

每当这种时候，戴维就会重新体验到童年早期的感受和信念。假设他认为他的女友在"推开他"，他便不知不觉地做出与婴儿期母亲推开他时一样的反应。在没有意识的情况下，他开始体验到伤痛和恐惧。

他在这么做的同时重演他的脚本信念。他对这种拒绝做出"解释"，无意识地在脑中对自己说："我不可爱，因为我身上有根本性的问题。这个重要的女人想要完全拒绝我。如果她拒绝了我，我就孤身一人了。"

每当戴维对自己说这些话时，他就在合理化自己的恐惧和悲痛。而每当他重新体验这些感受时，他都会重申自己的脚本信念，从而对自己"解释"为什么会有这些感觉。通过这种方式，脚本信念和感受不断循环。图22.1中的虚线箭头就是对此的描绘。厄斯金和查克曼强调这个过程是发生在心理内部的，也就是在一个人的脑中发生的。由于戴维已经对拒绝有了一个内部的脚本性解读，因此他不会根据当下现实更新自己的脚本信念。相反，每当他重复这个循环过程，就会强化他的想法：现实已经证实了脚本信念。

扭曲表现

扭曲表现中包含了脚本信念与感受的所有外在和内在行为表现，其中包括可观察的行为、口述内部体验和幻想。

可观察的行为

可观察的行为包括个体在对内部心理过程做出反应时所表现的情绪、词语、语调、手势和肢体活动。这些行为表现具有重复性和模式固定性，因为它们是个体脚本行为的翻本，个体在儿时就学会了在多种情境下使用这些行为获得他想从家里"得到的结果"。

扭曲表现包括与脚本信念一致或相反的行为。例如，戴维小时候就认为"我很笨"，于是成年后他还会表现出困惑、愚笨从而重演他的脚本信念。同样做出相同决定的另一个人可能就会表现得相反，他会花很多时间在书房，在学校总能得高分，然后还会强迫性地去获取一个又一个职业资质。

戴维攻击女友的这种扭曲表现源自他的早期决定："要想让我的需求得到

满足，我需要在感到悲痛或恐惧时表现出愤怒。"当他觉得女友有轻视或拒绝他的表现时，他就会重演他的核心脚本信念以及恐惧、悲痛的感受。但是，他在婴儿时就学会了要用愤怒来掩盖那些感受，因此，他会像"条件反射"一样变得愤怒、有攻击性。他会跟女友剧烈争吵，冲她大喊大叫，还把她推来推去。或者他会压制自己的愤怒、摔门而去、怒火中烧地在街上逛。

他的女友无法从这些行为了解到他真实的情感是受伤、害怕还是渴望亲密。戴维自己都意识不到自己有这些感受，相反，他变成了一个易怒、暴力的人。在戴维的情感经历中，最后的结果都是女友离他而去。每一次，戴维都会用"我不可爱，女人会拒绝我，我会孤独终老"的反应合理化脚本信念。

口述的内部体验

我们已经知道，婴儿产生脚本信念是为了解释他未完结的情感体验，从而尽力让它完结。除了这个认知过程以外，个体还会在身体上经历一个相似的过程，也就是他的身体反应。为了把他的能量从未完结的需求上转移开，他用这份能量形成身体的紧张或不适。

我们在前面的章节中举过一个这样的例子。一个婴儿反复找妈妈但得不到回应。因此，一段时间之后他让肩膀紧绷起来，阻止自己再去找。虽然这很不舒服，但这比继续找妈妈却被拒绝好受一些。之后，他把原始的需求和肩膀的紧绷排除在意识之外。成年后，他的肩膀、脖子和后背上部可能时常疼痛。我们这个例子中的戴维也会这样。

人们身上有许多紧绷、不适和身体疾病都是由脚本信念造成的。它们在可观察的行为中可能表现不明显，但是可以通过个体讲述出来。有时，人们把肌肉紧张压抑得太深，可能只有在按摩时才能意识到。

幻想

即便没有人按照个体的脚本信念行动,个体也会幻想出这些行为。这些想象的行为可能是他自身的也可能是别人的。

例如,戴维有时幻想自己因为打了女友而被惩罚或拘禁。

他常常想象别人在他背后贬损他,讲各种他们认为他做错的事。有时他会夸张地幻想"最好的事":他想着自己遇到了完美女友,对方全心全意地接受他,永远不会做出让他感到被拒绝的事。

强化记忆

个体在脚本中时常回顾能强化他脚本信念的记忆。所有这些记忆都是个体在循环自己的脚本信念和感受。她在这么做的同时就会做出扭曲表现,可能是体验一种扭曲感受也可能是做出代表她自身扭曲系统的外部或内部行为。由于回忆被翻了出来,扭曲感受和其他扭曲表现也会随它一起回忆起来。换句话说,每个强化记忆都伴随着一个点券。

个体回忆起的事件可能是他人对他扭曲表现的回应,就像多个女友都用离开对戴维的暴力行为做了回应。这里也包括个体认为是在证实他脚本信念的回应,虽然这些回应可能只是中性的,或者和他的信念相反。比如说,一个女孩邀请戴维参加一个派对,戴维自己在脑子里想:"她不是认真的。她只是在表现友好。"这样解读之后,他还会对别的"拒绝"感到愤怒。因此,他还会再次"验证"他的脚本信念,并且收集另一段强化记忆及其相关交易点券。

还有一些事件连最聪明的小教授都无法认为是和脚本信念相符的。但在这种情况下,个体会采取另一种策略:选择性地忘记这些事件。比如也有女人跟戴维说过，她们欣赏他本来的样子愿意跟他在一起。但是处在脚本中的他会忘掉这些记忆。

我们也见到过有的个体自己幻想情境使之符合脚本信念。对这些幻想的强化记忆可以跟真实事件的记忆一样有效。每当戴维幻想别人在背后谈论他的问题时，他都给他的强化记忆又加了一条。

我们在此又看到了扭曲系统是如何自我强化的。强化记忆是对脚本信念的反馈，图22.1中的实线箭头就代表的是这个意思。

每当个体回忆一段强化记忆时，他就会重演脚本信念，而脚本信念也会通过强化记忆而得到加强。在脚本信念重新上演时，相伴随的扭曲感受也会受到激发，同时内部心理的"循环"也会再度开启。

这时，个体会产生扭曲表现。这其中包括可观察的行为、内部体验、幻想或是这三者的结合。反过来，扭曲表现的结果也会促使个体收集更多的强化记忆以及与之相伴的情绪点券。

扭曲系统是一个封闭的系统。这就是说，只要个体还处在脚本当中，还在扭曲系统的反馈环中循环往复着，这个系统中就不会有任何一个要素放她"出去"。幸好，这个问题也有积极的一面。当我们意识到一个系统是封闭的，我们就知道获得改变的唯一方法只有打破这个系统。在本章的后面部分，我们会探讨一些打破扭曲系统的方法。但是，最重要的第一步还是要先了解扭曲系统中都有哪些内容。下面这个练习的目的就在于此。

编写你自己的扭曲系统

●拿出一张大纸并在上面画出图22.1的样子。在三竖列的小标题下留出充足的空间。接着你可以在这张空白的图上，填入你自己扭曲系统的内容。

第二十二章 扭曲系统

如果你想继续这个练习，请回想近期一件让你痛苦或不满的事。你可以按自己的意愿选择要不要重新体验当时的不良感受。

想象自己又回到了那个情境中，按照实情详细填写扭曲系统。请用直觉迅速作答。

要想了解自己的脚本信念，你需要问自己：我在那个情境中，在头脑里对自己说了什么？关于他人说了什么？关于生命和世界又说了什么？

你在"做出脚本决定时压抑了什么感受"一栏写了什么？由于当你处在扭曲系统中时这些感受是被压抑的，因此你在当时那个情境中无法清晰地意识到它们。然而，你有许多线索可以借鉴。有时，在你进入扭曲感受前，你能体验到一瞬的真实感受。比如说，如果你当时的扭曲感受是烦躁，可能在那之前你感受到了几分之一秒的恐惧。另一种方法是，你可以问自己："如果我是个不会对自己的感受进行审查的婴儿，我在这个情境中会有什么感受？我会感到愤怒吗？悲痛欲绝？恐惧？狂喜？"如果你不能确定，那就猜一个答案。最后，再对照上一章关于"扭曲感受、真实感受和问题解决"的部分核查一遍。你觉得哪种真实感受适合你来应对这个情境呢？

现在再来看扭曲表现这一列。要想列出你的可观察行为，你要想象自己是在看一段自己演出的视频。注意你的用词、语调、手势、姿态和面部表情。你在表达哪种扭曲情绪？把它和你在当时情境中体验到的扭曲感受做一下比较？

在"口述内部体验"部分，注意你身体上是否有紧绷或不适的地方。你头疼吗？有没有胃绞痛？脖子疼吗？记住，"没有感觉"也是一种感觉。回想一下，你有没有哪个身体部位是注意不到的？

你可以写下你的任何幻想。有一个方法是你可以想象自己又回到了那个情境中，然后问自己："我觉得最糟糕的情况会是什么？"把你想到的第一件事写下来，不论它多么不靠谱。接下来你要问自己："我觉得最好的情况会是什么？"这个幻想也是扭曲系统的一部分，所以也要用相同的方式记下来。

最后来看强化记忆这一列。你要让回忆自由涌现，然后把与要分析的情境相近的记忆写下来。这些记忆可能是最近发生的也可能来自很久以前，但它们都能让你体验到相同的扭曲感受、相同的身体不适或紧绷等，也就是你在"扭曲表现"一栏下面写的内容。

把扭曲系统中的细节跟你在之前练习中编制的脚本矩阵的内容做对比十分有趣。它们之间有多少是一致的？你可以用它们相互进行完善修改。●

打破扭曲系统

扭曲系统既是一个分析工具，也是一种改变的方法。厄斯金和查克曼说："任何治疗手段只要能够打断扭曲系统的流畅运行，就可以对个体改变其扭曲系统和脚本产生效用。"

换句话说，你可以在任何一个时点切入扭曲系统，并从那个点开始做出改变从而走出脚本。当你发生改变时，你也就打破了你旧有的反馈环，于是进一步的改变也会更加容易。整个过程依然具有自我强化性，但现在你是在强化走出脚本的行为而不是困在脚本的行为。

你不必只在一个干预点上停下来，如果你愿意你可以从多个点来破坏扭曲系统的运行。你对系统改变得越多，你迈出脚本的步子也就越大。

厄斯金和查克曼在他们的文章中，介绍了多种打破扭曲系统的具体干预措施。你在自我治疗中也可以用类似的方法。如果你想把扭曲系统用在这个方面，

第二十二章 扭曲系统

下面这个练习可以给你提供一个大致的框架。你可以发挥创意对其进行添加、修改[2]。

●拿出一张纸，在这张纸上画一个类似扭曲系统的图，但只包括它的积极部分。如果你愿意，你可以称之为"自主系统"。

还是画出三列，左边一列标为"更新的信念和感受"，中间一列称为"自主表现"，第三列的名称和扭曲系统中的一样还叫"强化记忆"。

再回顾你在编写扭曲系统时所用的情境。先来看"对自己的信念"。关于自己你想更新哪些正面的事实信息作为你更新的信念？

例如，假如戴维在做这个练习，他会在这个下面写："我非常可爱，原本的我已经足够好了。"

首先很重要的一点是要使用正面的词语。避免使用类似"不、停止、失败、没有"的负面字眼。如果你在第一遍写的时候用了这些词，请耐心地用正面词语把它们重新表述出来。对于戴维来说，他的脚本信念是"我有问题"。因此，他应该用正面词汇把它改为"我已经足够好了"而不是改为"我没有问题"。

接下来再用相同的方法更新你对他人和生命的信念。留心自己是否有夸大，这依然是你扭曲系统的一部分。如果你不确定，那就让自己乐观一些。

左列的最底端原来在扭曲系统中要填"压抑的感受"，但现在要写"表达出的真实感受"。这跟你在扭曲系统中写的真实感受是一样的。想象你又回到那个情境中，你要如何安全地表达出自己的真实感受从而终结它。

接下来看中间一列"自主表现"。还是要像看视频一样把自己放在那个情境中，但是这一次在重演时要做出正面的行为，走出脚本，使用真实感受而非扭曲。在"可观察的行为"一栏下面，填写你会使用的更新后的词语、手势等。

再用同样的方法写下修改后情境的"口述内部感受"。作为不适感的替代回答，你有什么舒服的感觉？你有没有发现任何以前没注意到的肌肉紧绷状况？如果有，你要放松这些肌肉吗？当你放松时你有什么感受？

你不用在自主系统中填写"幻想"。我们之前讲过，对"非常好"和"非常糟"结果的夸张幻想都是扭曲系统的一部分。而现在我们要在这里填写"规划和正面想象"。你可以在闲暇时填写这一部分，它是指你为了确保未来积极发展而做出的人生规划，它会替代你在扭曲系统中分析过的扭曲计划。你可以抛弃幻想而运用创意想象技术推进你的人生规划。

最后还要填写强化记忆这一列。几乎可以肯定的是，你一定会想起一些跟你现在重新回顾的情境相近的正面情境。也许在你思考这件事的时候，你就能回想起很多。

但如果你一个也回忆不起来怎么办？那就编一些出来。回想编造的正面情境和回想真实情境具有相同的功效。

现在你拥有了一个初步的自主系统。和扭曲系统一样，以后你可以继续对它进行完善修改。

想象你把扭曲系统图放在自主系统图几米高的上方。以后你可以在扭曲系统的任何一个位置上开设活板门，然后顺着它来到自主系统图上对应的地方。从那个点开始，你便可以顺着自主系统来运行，而不再像以前一样在扭曲的反馈环中打转。

你可以多给自己设几个活板门，你设得越多你就越容易走出扭曲系统实现自主。每走出一步，后面的路都会变得更容易。●

第二十三章
心理游戏和游戏分析

你有没有过这样的经历，一场对话结束后你和对话的另一方都感觉很糟，之后你对自己说了类似这样的话：

"为什么我身上老发生这种事情？"

"怎么又变成这样了？"

"我本以为他/她跟别人不一样，但是……"

你有没有对事情发展到如此糟糕的境地感到吃惊，但同时又意识到这种事情在你身上发生过？

如果你有过这样的经历，那么用TA的话来说，你很可能陷入了一场**心理游戏**[1]。

和橄榄球或国际象棋这些游戏一样，心理游戏也会按照预先设定好的规则进行。伯恩最早注意到这种可预测的游戏结构，并且提出了一些分析方法。

我们在本章介绍伯恩和其他TA学者提出的心理游戏分析方法。

心理游戏案例

下面两个例子向我们展示了人们是如何玩心理游戏的：

案例1：杰克和珍妮相遇后，两人坠入爱河并且决定要住在一起。一开始一切都很顺利，但几个月后，杰克开始折磨珍妮。他忽视她的需求和感受，对她大喊大叫，有时还会把她推来推去。他还喝醉后很晚回家，花了珍妮的钱然后"忘记"还给她。

珍妮不顾他的各种劣行还跟他住在一起。他行为越恶劣，珍妮就越原谅他。

这种状态持续了将近三年。之后，没有任何预兆，珍妮跟另一个男人走了。杰克回家后在厨房餐桌上找到一张字条，上面说她永远地离开了。

杰克惊呆了。他对自己说："怎么会变成这样？"他找到珍妮，恳求她回来但是没有成功。他越是恳求，珍妮对他的拒绝就越严厉，然后他的感觉就越糟糕。杰克在很长一段时间里都感觉抑郁、被抛弃、没有价值。他思考自己的问题所在："那个男人哪一点儿比我好？"

奇怪的是，所有这些都曾在杰克身上发生过。他有过两段感情经历，两次都被拒绝了，而且都是以相同的模式。每次他都跟自己说："不要再这样了。"但是事情还是会发生，而且每次他都有吃惊、被拒绝的感受。

杰克在玩"踢我吧"的游戏。

珍妮也曾经历过所有这一切。她在遇到杰克之前，跟别的几个男人也谈过恋爱。不知怎的，她好像总会找到那种开始对她好，但很快又会像杰克那样折磨她的男人。每次她都会忍受那个男人一段时间，像个"小妇人"一样。但每次她最后都会突然改变主意，然后突然拒绝对方。当她做出这种行为时，她觉得自己无可指责而且还有一些得意。她对自己说："跟我想的一样，所有男人都是一个样子。"尽管如此，过段时间她还会再找一个人开始一段新恋情，然后整出戏码还会再演一遍。

珍妮的游戏是"可逮着你了,你这狗娘养的",也可以缩写成"NGYSOB"。

案例2:莫莉的儿子戴夫来看她。他快要成年了,正在读大学,现在住在附近一个城市的学生公寓里。今天他看起来很沮丧。

戴夫说:"发生了一件很糟的事。我的房东把我踢出来了,所以我现在没地方住。我不知道该怎么办了。"

"天啊,这太糟了。"莫莉说着担心地皱起了眉头,"我能帮你做什么吗?"

"我不知道。"戴夫阴沉着脸说。

"这么着吧,"莫莉说,"咱们一起看看晚报里有没有市里的出租房。"

"问题就在这儿,"戴夫说,而且表情更加沮丧了,"这附近的房租我负担不起。"

"你知道你爸爸和我永远都乐意帮你的。"

"谢谢你的好意,"戴夫说,"但是说真的,那样我会觉得我是在接受你们的施舍。"

"好吧,要不我在家里给你支张床?"

"谢谢,"戴夫说,"但我觉得我现在这个状态受不了跟家人住在一起,而且交通也是个问题。"

莫莉继续想着办法,于是出现了一阵沉默。但是她想不出来了。

戴夫长叹一口气,站起身准备离开。"还是要谢谢你,这么想着要帮我。"他沉闷地说完后便消失在门外。

莫莉问自己:"到底发生了什么?"她开始感觉很吃惊,然后又觉得自卑、抑郁。她告诉自己她不是一个好母亲。

与此同时,戴夫一边在路上走着,一边充满了对莫莉的不满与愤怒。他对自己说:"就觉得她帮不上我的忙,果然是这样!"

对莫莉和戴夫来说，这个场景已经重复发生过很多次了。莫莉常常陷入这种对话中。她给别人提建议，然后当别人不接纳时她就感觉很糟。戴夫对接受建议这种事也一样熟悉。不知为何，他总会一次次地拒绝别人给他的帮助，然后又会因对方让自己失望而感到生气。

莫莉和戴夫玩的这两个游戏经常一起出现。莫莉的游戏叫"你为什么不……"，戴夫的游戏叫"是的，但是……"。[2]

心理游戏的典型特征

我们可以从这些案例中找到心理游戏的一些典型特征。

（1）**心理游戏具有重复性**。每个人都会一遍遍地玩自己喜欢的心理游戏。其他玩家和环境会变，但是游戏模式不会变。

（2）**成人自我意识不到在玩游戏**。尽管人们重复地玩游戏，但每次他们重复时都意识不到自己在这么做。直到游戏结束时，玩家才会问自己："怎么又发生这种事了？"但即便到了这个时刻，人们还是意识不到正是他们自己设计了整个游戏。

（3）**游戏总会以玩家产生扭曲感觉为结局**。

（4）**游戏是玩家双方做出的暧昧交流**。在每个游戏中，心理层面和社交层面的内容是不一致的。我们之所以知道这一点，是因为人们不断重复自己的游戏，同时还发现对方的游戏会和自己的纠缠在一起。当戴夫来寻求帮助而莫莉提供帮助时，他们二人都以为这就是他们的真正目的。但是最终的结果表明，他们无意识的动机是迥然不同的。他们都在心理层面向彼此发送了表露自己真实意图的"秘密信息"。莫莉想提供不被接受的帮助，而戴夫想寻求自己不接受的帮助。

（5）**游戏中总会出现惊讶或困惑的时刻**。这种时刻，玩家感到出乎意料。不知怎的，双方都转变了角色。当杰克发现珍妮离开自己时就是这种感受。而对于珍妮来说，她离开是因为她对杰克的想法一下子改变了。

第二十三章　心理游戏和游戏分析

> ● 你最近有没有符合游戏描述的痛苦交流经验？
>
> 用纸笔记下当时那个情境的过程。看看它是否符合我们给出的五条典型游戏特征。
>
> 把你在游戏结束时的感受也记下来。你觉得这个感觉熟悉吗？●

运动衫

人们能够找到和自己一起玩游戏的人，这真是太神奇了。杰克总能遇到会离开自己的女人，莫莉也总能遇到会向自己寻求帮助但最后又不接受的人。

这就好像每个人都穿着一件运动衫，上面印着他们各自的游戏邀请。运动衫正面写的标语是我们有意识想让全世界看到的话语，而背面则是心理层面的"秘密信息"。背面的信息决定着我们选择谁来发展关系。

我们可以想象，珍妮运动衫的正面写着类似这样的话："我很体贴，忍耐力强。"背面写着："但是看我抓到你时怎么收拾你！"

> ● 你觉得杰克运动衫的前后写着什么？莫莉的呢？
>
> 回到你自己的心理游戏例子，你觉得你运动衫的正面写着什么？背面呢？
>
> 你觉得跟你同陷那个局面的其他人在他们的运动衫正反面都写着什么？
>
> 如果你在团体中，组成二人或三人小组。小组中的每个人用直觉写出其他小组成员的正反面运动衫信息，然后互相分享你们写下的内容。
>
> 不要担心自己对其他小组成员不熟悉。反正我们也经常凭第一印象推测别人的运动衫信息。

如果你愿意，你可以再跟你熟悉的人重做这个练习。通过对比不同人从你身上读取的信息，你会对自己产生一些有趣的认识。●

心理游戏的等级

心理游戏根据玩的剧烈程度可以分为多个等级[3]。

第一级心理游戏是指玩家可以在他的社交圈分享其游戏结果的游戏。在本章伊始的游戏案例中，玩家就是在玩一个第一级游戏。你可以想象到，莫莉在向她的朋友讲述她的自我怀疑感受时，戴夫也会向他的朋友抱怨她有多没用，而他们的朋友会认为这是可以接受的。实际上，第一级游戏通常是派对和社交聚会中占比最大的一种时间结构方式。

第二级心理游戏会产生更严重的后果，玩家不愿意在社交圈中透露这些后果。比如说，假设戴夫不仅抱怨，而且回到市里后切断了跟莫莉的所有联系，最后睡在了大街上。这时，莫莉会感受到巨大的抑郁，她当然不会随便对朋友说出了什么事。

第三级心理游戏用伯恩的话来说就是"……一个永远要玩下去的游戏，最终让人进手术室、法庭或太平间"。如果杰克和珍妮的游戏达到了这种强度，杰克就会对珍妮施以暴力。而珍妮会一直积攒愤怒，直到有一天拿刀捅了杰克。

G公式

伯恩发现所有游戏都会按顺序经历六个阶段[4]，他对这些阶段的命名如下：

第二十三章　心理游戏和游戏分析

297

$$饵+钩=回应\to 转换\to 混乱\to 结局$$

或者直接用它们的首字母：

$$C+G=R\to S\to X\to P$$

他称这一序列为G公式。

我们把G公式套用在莫莉和戴夫之间的游戏上。他先说他的房东把他赶出来了，在这层社交层面信息之下隐藏着一个"饵"。它是用非言语信息表达的，暗示着他的无助，同时也在说："但当你帮我时，我不会接受的，哈哈！"

莫莉相信了这个游戏圈套后，就通过展现一个"钩"表明她玩游戏的意愿。伯恩用"钩"这个词描述的是个体脚本的"弱点"，这个弱点会引导个体去相信别人的饵。对莫莉来说，她头脑中徘徊着一条父母自我信息："你必须帮助有困难的人。"

莫莉倾听到这种内在的信息，于是在心理层面回应戴夫："好的，我努力去帮助你，但是你我都清楚到最后你是不会接受帮助的。"在社交层面，莫莉却对戴夫说："我能帮你做什么吗？"

心理游戏的"回应"阶段包含着一系列交流。这些交流可能只有一两秒，也可能持续几小时、几天或几年。在这个例子中莫莉给了戴夫好几条建议，而戴夫说明了为什么每一条都行不通。在社交层面上这些交流看起来都是简单的信息交换，但是在心理层面上它们一直重复着游戏开始的饵—钩交流。

当莫莉再也提不出建议，而戴夫说"谢谢你这么想着要帮忙"时，"转换"就发生了。

下一秒，莫莉突然感到十分惊讶，这个困惑的时刻就称为"混乱"，戴夫也有相同的体验。

两个玩家立刻尝到了他们扭曲感受的"结局"。莫莉感觉抑郁和自卑，戴夫觉得不满和气愤。

> ● 在杰克和珍妮的游戏中，G公式的各个阶段都是什么？
>
> 在你自己的心理游戏例子中找出G公式的各个阶段。在每个阶段中，都隐藏着什么心理层面的信息？●

戏剧三角形

斯蒂夫·卡普曼创造了一个简单有效的工具——戏剧三角形（图23.1）[5]，它可以用来做游戏分析。（卡普曼的代表作《人间无游戏》也已由世界图书出版公司出版）他认为人们在玩心理游戏时，会进入三种脚本角色之一：迫害者、拯救者和受害者。

迫害者是压制他人、贬低他人的人物。迫害者认为他人是"低人一等""不好"的。

拯救者也认为他人是"低人一等""不好"的，但是他会从一个更高的位置帮助对方。她相信："我必须帮助这些人，因为他们没能力自救。"

受害者认为自己是"低人一等""不好"的。有时受害者找迫害者来打压自己；或是找拯救者来帮助自己，证实自己"我无法自己解决"的信念。

每个戏剧三角形角色都隐含着漠视。迫害者和拯救者漠视他人。迫害者漠视他人的价值与尊严，极端的迫害者还会漠视他人生存和健康的权利。拯救者漠视他人为自己思考的能力，以及主动采取行动的能力。

受害者漠视自己。如果她在寻求迫害者，她认同迫害者的漠视，并认为自己应该被拒绝、被贬低。如果她寻求拯救者，她会认为自己确实需要拯救者的帮助来让自己想清楚、行动或做出决定。

第二十三章 心理游戏和游戏分析

●用一分钟写下你认为符合迫害者特点的词汇。

给拯救者和受害者也写一写。●

三个戏剧三角形角色都是不真实的。当人们处在这些角色中时,他们是在对过去做出回应,而不是对当下。他们在用小时候决定的或是从父母身上学来的那些陈旧的脚本性的策略。为了体现三角形角色的不真实性,我们会把迫害者、拯救者和受害者的首字母大写。如果你看到首字母小写的这些词,我们就是在指真实生活中的迫害者、拯救者和受害者。

（迫害者）　　　（拯救者）

P ⇄ R

↓↑　↑↓

V

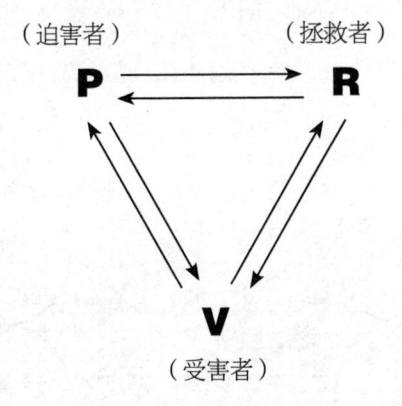

（受害者）

图23.1　戏剧三角形

●请想一个真实生活中是迫害者但并不是迫害者角色的例子。

请举例说明真实的受害者与受害者角色的区别。

你觉得有没有可能一个人是受害者但却不在受害者角色上？●

通常来说,玩游戏的人会先处在一个角色上,之后再转换到其他角色上。戏剧三角形中的这种转变与G公式中的转换同时发生。

在杰克玩的"踢我吧"游戏中,他开始处在迫害者位置,并在这个位置待到了回应阶段结束。当转换发生时,他便转到了受害者角色上。

> ● 珍妮在她的"NIGYSOB"游戏中,做了哪些戏剧三角形角色转变?莫莉和戴夫在他们的游戏中呢?
>
> 你在自己的心理游戏例子中有哪些三角形角色转变?●

心理游戏的交流分析

游戏分析还有一种方法就是使用交流图。这种方法在找出玩家的暧昧交流方面十分有效。

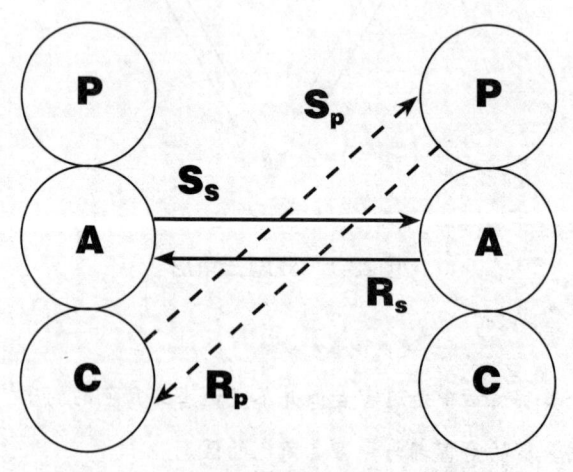

图23.2 伯恩的交流性游戏分析图实例

伯恩分析心理游戏的交流图

图23.2是伯恩版的分析心理游戏的交流图[6],它描绘了杰克和珍妮之间最开

第二十三章 心理游戏和游戏分析

始的交流。

杰克（社交层面，Ss）："我想更好地了解你。"
珍妮（社交层面，Rs）："我也有这个想法。"
杰克（心理层面，Sp）："踢我吧，求你了！"
珍妮（心理层面，Rp）："我会逮到你的，你这个狗娘养的！"

对于Sp和Rp之间暧昧的"秘密信息"，在转换一刻把它揭露出来之前，玩家们都是意识不到的。

葛丁和库弗的游戏分析图

鲍伯·葛丁和戴维·库弗发明了另一种分析游戏的交流图（图23.3）[7]。在他们看来，心理游戏具有五个特征。

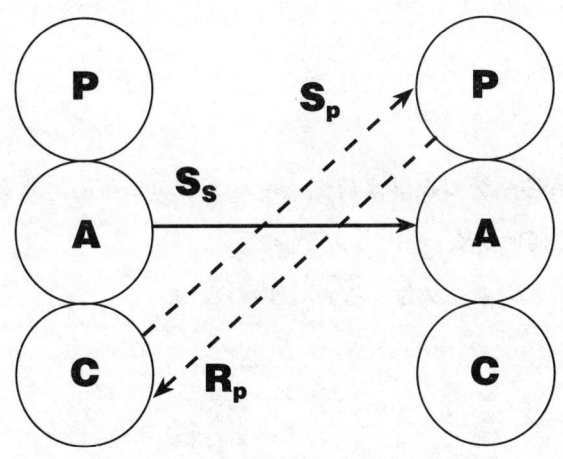

图23.3　葛丁和库弗游戏分析图实例

（1）游戏的第一个要素是社交层面上的"开始"（Ss）。葛丁和库弗称其为"表面的直接刺激"。在杰克和珍妮的例子里，这就是杰克说的："我想更好地了解你。"

（2）游戏的第二要素是与Ss同时发生的、在游戏中被称为"饵"的心理层面信息（Sp）。它叫"秘密信息"，其中包含着关于自我的脚本信念。杰克的秘密信息是："我就该被拒绝。在你拒绝我之前我会一直试探你。踢我吧，求你了！"

（3）结果总是由心理层面决定。珍妮接收了杰克的"踢我吧"信息并做出相应的回应——先附和他一阵子，然后再拒绝他。葛丁和库弗称之为"对秘密信息做出回应"。

（4）双方玩家最终都会产生扭曲感受，这叫"不良感受结局"。

（5）玩家对整个暧昧交流都没有意识。

葛丁夫妇指出，如果一个人对自己喜欢玩的游戏非常投入，他就会把对方的回应扭曲为自己认为的回应。即使对方不做心理游戏的回应，他也能得到他的扭曲结局。

例如，假设珍妮不顾杰克的诱惑依然坚定地拒绝了他，杰克就会对珍妮的回应再定义并告诉自己说："她只是假装想让我在身边。我知道其实她想甩掉我，可能她还在秘密地跟别人见面呢。"这样，他就创造出了他想要的漠视，得到了他的不良感受结局。

●运用伯恩分析心理游戏的交流图与葛丁和库弗的游戏分析图，分析莫莉和戴夫之间的游戏。

接着再用它们来分析你自己的心理游戏。●

心理游戏的计划

约翰·詹姆斯设计了一套问题称为"心理游戏的计划"[8]，它能让我们从另一个角度理解游戏过程。

下面这个练习是劳伦斯·柯林森对心理游戏计划修订后而提出的，额外增加

第二十三章 心理游戏和游戏分析

了两个"神秘问题"。

你可以用心理游戏计划中的问题分析你写过的个人游戏案例。或者如果你愿意的话，你可以用它来审视你生活中遇到的其他游戏。

把心理游戏计划中的问题套用在你选择的案例上，用纸笔记录你对这些问题的答案。如果你能找一个人分享你在作答过程中的想法，那也是不错的。

● "神秘问题"写在本章的结尾。在你回答完心理游戏计划中的所有问题前，不要去看神秘问题。答完后再把神秘问题的答案加进来。

1、我身上有什么事总是重复发生？
2、这件事如何开始的？
3、之后发生了什么？
4、（神秘问题）
5、之后呢？
6、（神秘问题）
7、它的结局如何？
8a、我有什么感受？
8b、我认为对方会有什么感受？●

解读

你对心理游戏计划问题的回答，应该能展示你在心理游戏中的戏剧三角形转换以及公式G的各阶段。

你就8a和8b给出的答案，很可能就是你的扭曲感受。也许你觉得8a的感觉很熟悉，但你更会惊讶8b也是你的扭曲。如果你是这种情况，请再找一位熟悉你的朋友复核。

两个"神秘问题"的答案，代表心理游戏交流图中心理层面的信息。但是，劳伦斯·柯林森认为，这两个问题的答案也可能是你小时候父母传递给你的信息。你可以验证一下这是否与你吻合。

还有一种可能是，"神秘问题"答案中的一个或两个是你很小的时候给你父母传递的信息。

保留好你的心理游戏计划答案。在后面两章中你还会再用到它。

心理游戏的定义

TA学者之间对于心理游戏的定义还存在争议[9]。这可能是因为伯恩在他不同的理论阶段，对游戏有不同的界定。

伯恩在他的最后一本著作《在你打招呼之后你说什么》中，列出了G公式并且对六个阶段做了解释，内容就是我们前面介绍的。之后他又说："只要符合这个公式的就是心理游戏，不符合的就不是。"

作为一个定义，这再清晰不过了。但是在他之前的一本书《团体治疗原则》中，伯恩却对心理游戏做了不同的定义：

"**心理游戏是一系列暧昧交流，这其中包含着一个钩，而且会导致一个隐藏得很好，但又界定明确的结局。**"

你可以看到这两个定义之间存在重大区别。《在你打招呼之后你说什么》中提出的这个后期版本认为，"转换"和"混乱"是心理游戏的必要特征，但前期版本却不这么认为。

实际上，伯恩直到他游戏研究的后期才引入了"转换"这个概念。它最早出现在《人类爱中的性》这本书中。在更早期的《人间游戏》中，他对游戏的定义跟《团体治疗原则》中提出的类似，没有提到"转换"或是"混乱"。

第二十三章　心理游戏和游戏分析

伯恩之后，许多学者都遵循了他早期的定义。他们用不同的辞藻，把心理游戏定义为：**最后使各方都产生不良感受（体验到扭曲感受）的一系列暧昧交流。**

我们更倾向另一个流派的看法，使用伯恩后期的定义。我们认为心理游戏必须遵循G公式的阶段顺序，包含"转换"和"混乱"所代表的"角色转换"和"困惑时刻"。

为什么呢？因为伯恩早期没有转换的那个定义，可以用现代TA的另一个概念表示，即扭曲的交流。而且扭曲交流与心理游戏的过程之间有着明晰的区别，这一点范妮塔·英格里斯做过解释。扭曲交流者与游戏玩家相似的地方在于，他们都在做暧昧交流，而且会得到扭曲感受的结局。但是，扭曲交流中没有"转换"。交流各方只要还有能量就能一直扭曲交流下去，之后他们会停下来或再做点别的。

只有当交流各方出现"转换"时，扭曲交流才会变成一个心理游戏（在后面一章中，我们会更详细地介绍人们为什么会这样）。

我们认为给扭曲交流和心理游戏做出区分十分有益。这能帮助我们了解人们是如何进入痛苦交流的，以及如何走出来。因此，我们把它们界定为不同的定义，这样我们便可以清楚地知道我们在谈论哪个概念。

如果你想给一个人介绍心理游戏的定义，但他不知道伯恩在G公式中所用术语是何意思，这时你可以用范恩·琼斯的方法跟他说：

"心理游戏是指你在做一件事时有隐藏的动机，而这个动机：

（1）你的成人自我意识不到；

（2）只有在参与各方做出行为转变时才会显现出来；

（3）最后会使所有人都感到困惑、误解并且想指责他人。"

神秘问题

神秘问题4：我要给对方传达的秘密信息是什么？

神秘问题6：对方要给我传达的秘密信息是什么？

第二十四章
人们为什么玩心理游戏？

心理游戏一点也不好玩，我们为什么还要玩呢？

许多TA学者对此做出过回答[1]，他们普遍认同一个观点，即我们在玩心理游戏时是在沿用过时的策略。玩心理游戏是我们小时候为了从世界中得到自己想要的东西而发明的活动。心理游戏能满足我们所有的基本心理饥渴，它们给我们带来强烈的安抚，以刺激、戏剧性的方式安排我们的时间，而且还证实了我们基本的存在性心理地位。唯一的问题是，它们会导致负面结果。成年后的我们可以有更多有效、积极的方法满足我们的饥渴。

心理游戏、点券和脚本结局

人们玩游戏最重要的原因是**为了实现他们的人生脚本。**

伯恩提出了一个我们为达到此目的所需要经历的过程。玩家在每次获得心理游戏结局后会体验到扭曲感受。每当他有此感受时，他就会把它当作一个点券贮

第二十四章 人们为什么玩心理游戏?

307

存起来。

之后发生的事我们在第二十一章已经讲过了。当游戏玩家积攒一个足够大的点券集后,他觉得自己"理当"把它们兑换成他小时候希望得到的负面脚本结局。

因此,每个人为了获得那些能让他接近自己脚本结局的点券,就会选择要玩的心理游戏。脚本故事在玩家的一生中以微缩的形式多次上演。

我们来看珍妮的"NIGYSOB"游戏。每当她玩这个游戏时,她都会收集到愤怒点券,之后再把它们兑换成对他人的拒绝。她的脚本结局要很久才能实现,最终她会孤独终老,拒绝掉所有她认识的男人。

人们根据自身脚本结局的程度,选择他们心理游戏的级别。假设珍妮的脚本是做出伤害,而不是平庸,她就可能做出第三级的"NIGYSOB"游戏。她挑选的男人会在肢体上伤害她,而不只是在语言上。当游戏到达转换的时刻,她反过来把她的愤怒点券兑换成对那个男人的肢体伤害。她的脚本结局是谋杀或者严重伤害他人。

● 回顾你自己的游戏例子。你在积攒何种感受点券?你是如何为负面脚本结局积攒这些点券的?●

脚本信念的强化

你已经知道了,孩子们会把自己的早期决定视为生存下去的唯一方法。所以,当成年的我们再次进入脚本时,我们一遍遍地想要证实我们对自我、他人和世界的信念是"正确的",这也就不足为奇了。我们每次玩心理游戏,都会用游戏的结局强化那些脚本信念。

例如，莫莉在婴儿期就用非语言的形式决定她此生的任务是要帮助他人但又不能完全帮到对方。每次她玩完"你为什么不……"的游戏后，她就在脑中重复自己的这个决定。从扭曲系统的角度看，她又累积了一段强化记忆，用以加强她对自己、他人和生命的脚本信念。

心理游戏和心理地位

我们还可以用心理游戏来"验证"我们的基本心理地位（回顾此概念，见第十二章）。例如，像杰克这种玩"踢我吧"游戏的人，会强化他自身"我不好，你好"的心理地位。这种心理地位能让玩家"有理由"远离他人。类似珍妮的这种"NIGYSOB"玩家认为每当她获得迫害者结局时，她都证实了自己"我好，你不好"的心理地位，因此她也就给自己摆脱他人的方式"找到了理由"。

如果个体的心理地位处于象限图左下方的象限即"我不好，你不好"，她可能是想用这个游戏为没有结果"找理由"。比如说，莫莉在玩"你为什么不……"游戏时就会得到这种结果。

●你在自己的心理游戏例子中，是想用结局来强化哪些你对自我、他人和世界的脚本信念？

这些信念处在哪个心理地位上？

这与你学习心理地位象限图时得出的心理地位一样吗？●

心理游戏、共生关系和参考框架

席芙夫妇认为心理游戏是由未解决的共生关系造成的，玩家会在其中漠视自己和对方[2]。玩家会继续维持夸大的信念从而"合理化"自己的共生关系，如"我什么也做不了"（儿童自我）或者"我只为你而活，亲爱的！"（父母自我）。因此，每次游戏不是在维持不健康的共生关系，就是在对共生关系表达愤怒。

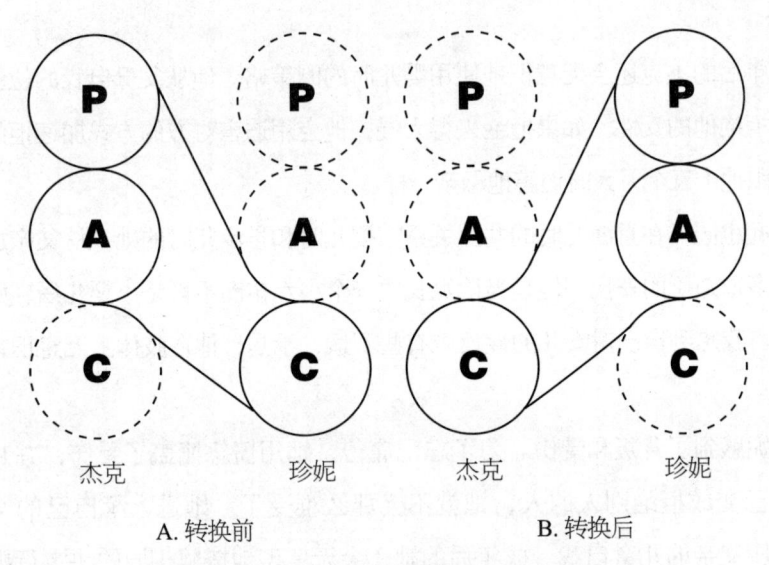

A. 转换前　　　　　　　B. 转换后

图24.1 游戏分析中共生关系图的应用

我们可以画一个共生关系图分析杰克和珍妮之间的心理游戏（图24.1）。在图24.1A中，我们可以看到他们初始的共生位置。杰克扮演父母自我的角色，珍妮扮演儿童自我。为了符合共生关系图的标准绘制方法，我们让杰克也扮演成人自我。但是，由于双方在经历他们各自游戏的早期阶段时都没有意识到发生了什么。因此，你可以想象着重新画一幅图，把成人自我从二人的关系中去掉。

转换发生时共生位置也会发生变化。现在，杰克变成受伤的儿童自我，珍妮变成拒绝他人的父母自我。这就是图24.1B描绘的结束时的共生关系图。

杰克无意识地跟他母亲重演了儿时的共生关系。他在婴儿时以非语言的方式了解到，他的母亲在拒绝他。杰克没有用语言就做出决定："看起来只有在她拒绝我的时候她才会关注我。如果不这样，我就一点儿关注也得不到。所以我最好还是设法让她不断拒绝我吧。"很快，他想出了许许多多能够达到此目的的策略。有时他不停地抱怨，有时他又会发脾气。不论何种方式，母亲最后都会对他生气。当她生气时会朝杰克大喊甚至是扇他。这种关注很痛，但也总比没有关注要强。

成年后的杰克还会无意识地使用婴儿时的旧策略。他从父母自我的位置寻找可能会拒绝他的女性。如果拒绝来得太慢，他会用迫害对方的方式加速拒绝的到来，就跟他十五个月大时迫害他母亲一样。

珍妮也同样在重演儿时的共生关系。婴儿时和学步儿时的她，从父亲那里得到了许多逗她玩的安抚。但是当珍妮长成一个小女孩而不再是小婴儿后，她父亲的儿童自我感到自己对女儿的性反应有些不适，于是，他在肢体上无意识地远离了珍妮。

珍妮感到了背叛和受伤。为了忘记痛苦，她用愤怒掩盖了受伤，并且决定如果自己变成拒绝别人的人，她就不会那么难受了。她进入了自己的父母自我，打压父亲的儿童自我。成年后的她还会无意识地按照相同的决定行事。她"把父亲的脸装到"与她交往的男人脸上，然后在拒绝他们的同时再次体验到儿时的愤怒。

●给莫莉和戴夫的游戏画共生关系图。

看看你在自身游戏开始时处在哪个共生位置上，然后在转换发生时又转变到哪个位置上。你知道你在重演或抵触儿时的哪段共生关系吗？●

人们用心理游戏重演儿时的共生关系时会"合理化"并维持被漠视的问题。这样,他们便能维护自己的参考框架。

因此,玩心理游戏就是为了"合理化"玩家本来就感受到、相信的东西(他们的扭曲感受和心理地位),并且把责任转嫁给其他人或物。每当有人这样做时,他就是在强化、推进他的脚本。

心理游戏和安抚

你知道儿童自我需要安抚来维持生存。每个孩子都会害怕安抚供给不足。为了防止这种事情发生,他们想出各种操纵手段保证安抚的获得。

心理游戏是获取强烈安抚的一种可靠方式。游戏开始阶段的安抚可能是正面的也可能是负面的,这取决于游戏。在转换发生时,每个玩家都能得到或给予强烈的负面安抚。无论正负,心理游戏中的安抚都包含漠视。

心理游戏、安抚和扭曲交流

范妮塔·英格里斯认为,当人们感觉来自扭曲交流的安抚不够用时,就会用心理游戏寻求安抚[3]。假设我在你面前扮演了一个无助的角色,而你在热心地帮我。我跟你讲了那一天别人对我做的所有坏事,于是你给了我过度的同情。就这样,我们交换了较长一段时间的扭曲交流的安抚。

后来你厌倦了这种交流,给我发出了你想要换话题的信号。由于我的儿童自我感到害怕,我做出了一个"NIGYSOB"的转换,我说:"哈!我本来还以为你可以依靠,但我现在发现我错了。"我在无意识中希望你能用"踢我吧"来回应我,从而继续提供安抚。

每当人们用心理游戏获取安抚时,他们都是在漠视现实。他们忽略了自己作为成人用正面方式获得安抚的各种选择。

●你在自己心理游戏的各个阶段上都得到、给予了哪些安抚？
你在扭曲交流的安抚不够用时会进入心理游戏吗？●

伯恩的"六个好处"

伯恩在《人间游戏》中指出玩心理游戏有"六个好处"[4]。现在，TA实践中很少提到它。联系其他TA概念可能更容易理解这六条好处的含义。我们简单地来看一下。为了方便，我们假设我爱玩"踢我吧"。

（1）**内部心理好处**。通过玩心理游戏，我可以维持我脚本信念的稳定。每次在我玩"踢我吧"游戏时，我都能强化我"被人拒绝以获得关注"的信念。

（2）**外部心理好处**。我可以避开挑战我参考框架的情境。因此我可以降低因挑战而产生的焦虑。通过玩"踢我吧"游戏，我可以避免直面这个问题："如果我直接找他人要正面安抚会怎样？"

（3）**内部社交好处**。用伯恩的话说，心理游戏是"室内或私人之间的假亲密"。"踢我吧"游戏中有一部分是我和游戏搭档之间长久、沉痛的"心与心"的交流。我们觉得我们好像对彼此敞开了心扉，实际上这不是亲密。社交层面信息之下的是证明我们在玩游戏的暧昧信息。

（4）**外部社交好处**。心理游戏为我们在更大的社交圈内讨论八卦提供了话题。我在酒吧和另一群男性"踢我吧"玩家在一起，可以围绕"女人难道不糟糕吗？"这个话题进行消遣或扭曲交流。

（5）**生理性好处**。这是指游戏在获取安抚方面的优势。"踢我吧"会带来许多负面安抚。小时候我做出决定，既然正面安抚不好获取，为了生存，我还是想办法挨踢吧。而且，每次我在重演这个游戏时，我的结构饥渴和安抚饥渴都会得到满足。

（6）**存在的好处**。这是指心理游戏在"证实"心理地位方面的作用。"踢我吧"源自"我不好，你好"的心理地位。每当我在游戏中被踢时，我都会强化这个心理地位。

●六个好处是如何体现在珍妮的"NIGYSOB"游戏中的？
六个好处是如何体现在你的心理游戏中的？●

心理游戏的正面结局

约翰·詹姆斯认为游戏和脚本都有真正的好处。他指出每个游戏都有一个正面结局和一个负面结局[5]。

心理游戏是孩子向世界索求的最佳策略。我们成年后玩游戏是想使一个儿童自我的真实需求得到满足，只是我们获得满足的方法是过时的、有操纵性的。

詹姆斯认为，在游戏公式中正面结局排在负面结局之后。例如，通过玩"踢我吧"游戏，我想满足的正面儿童自我需求是什么？那就是在我获得不良感受的结局之后，我可以对我的儿童自我说："啊！谢天谢地，我终于有一点儿自己的时间和空间了！"

其他"踢我吧"玩家的正面结局可能与我不同。正面结局对每个玩家来说各不相同，但是詹姆斯说，你总能找到它的。

> ● 莫莉和戴夫在"你为什么不？是的，但是"游戏中想要获得的正面结局是什么？
>
> 你在自身游戏结束时获得的正面结局是什么？你可能立即就能想到也可能需要花一些时间来想。●

第二十五章
如何应对心理游戏？

在解除心理游戏的路上你已经完成最重要的一步了。你已经学习了心理游戏是什么以及如何分析心理游戏。你也知道了人们在玩心理游戏时带着隐藏的动机。

本章我们将大致给你介绍一系列应对心理游戏的实用方法。

我们需要给心理游戏命名吗？

伯恩在他的畅销书《人间游戏》中，给心理游戏起了简单上口的名字[1]，这对读者很有吸引力。其他人也都学着伯恩，于是在许多年之内给游戏取名字成了TA界的一种时尚。当时"发现"了上百种游戏，每个游戏都有自己的名称。

直到四十多年后我们才后知后觉地发现，这些名字中只有很少几个对我们理解游戏有帮助。根据我们在第二十三章所讲的定义，很多名称对应的交流模式甚至根本就不是心理游戏。它们很多都没有转换，因此更应该被划归为消遣或扭曲交流。《人间游戏》中列出的"游戏"很多都是这个情况。

删掉这些非游戏后我们发现，余下的游戏可以被归到相对较少的几个基本模式中。每个模式都可以用一个家喻户晓的游戏名称来代表，其他名称都只是这些模式的变形。在这里变形是内容上的而非过程上，也就是游戏中发生了什么而不是游戏是如何玩的。心理游戏可以划分为三个基本类别：（1）挑别人毛病的；（2）让别人挑自己毛病的；（3）没有结果的。

现在，多数TA执业者都会尽量减少他们所用的心理游戏数量。我们赞同这种方式，因为我们认为只有关注界定游戏如何玩的一般模式，才能更好地理解游戏。同时，这能给你一个应对游戏的普遍原则，而不再需要像伯恩那样针对每个游戏内容的不同分别寻求解决之道。

常见的心理游戏

这一部分我们列出一些最常见的游戏名称。我们按照玩家在戏剧三角形上的位置转换给它们做了分类[2]。

迫害者转换到受害者

这里最典型的是"踢我吧"游戏，前面我们已经用案例做了讲解。

"警察与强盗"是发生在法律情境中的同类游戏的另一种版本。在这个游戏中，玩家一开始会以破坏法律和秩序的迫害者出现，但是最终他会让自己被捕，于是变成一个受害者。

在"瑕疵"游戏中，玩家给对方挑毛病，批评对方的外貌、工作和衣着，等等。他会一直用这种方式进行扭曲交流，没有发生心理游戏的转换。但是挑毛病的人最终会被那些他批评过的人拒绝，或者"意外地"被那些他批评的人偷听到他的批评。之后他会从戏剧三角形的迫害者变为受害者,从而扭曲交流变为心理游戏。

"要不是因为你"游戏的玩家总会跟别人抱怨他人如何阻碍了自己愿望的达成。比如说,一位母亲对她的孩子说:"要不是因为你,我就能去国外旅行了。"现在假设发生了一些事,打断了她的这种扭曲交流。也许她继承了一笔巨款,足够她支付托儿费;或是她的孩子已经大了,可以不用她在身边照顾了。你觉得这时她会去国外旅行吗?不会的。她会发现自己害怕离开自己的国家,于是她便转换到了受害者的角色。

受害者转换到迫害者

这个模式的典型游戏是"可逮着你了,你这狗娘养的"(NIGYSOB)。在我们开始的案例中,珍妮玩的就是这个游戏。玩家在这个游戏以及这个游戏的变形中,会从受害者位置给予一个"吸引"。当对方上钩后,他就会变成迫害者折磨对方。

在"是的,但是……"游戏中,玩家开始找人询问意见,但同时还会拒绝所有意见。当对方再也提不出意见时转换就会发生,同时游戏玩家拒绝给他帮助的人。还记得戴夫在例子中是如何玩这一套的吗?

"挑逗"是"NIGYSOB"在性方面的一个版本。在这个游戏中,玩家发出一个性诱惑信号,当对方做出性回应时,玩家就会怒气冲冲地拒绝他。玩家运动衫正面写的是:"来找我吧!"背面却写着:"但是你不行,哈哈!"第一级"挑逗"是派对中常见的安抚来源,结局只是要求发生性关系,被粗暴拒绝。第二级挑逗比较尴尬,玩家会把它藏起来,可能涉及扇脸或是当众受辱。在第三级游戏中,玩家等到已经发生肢体性接触时会突然转换,哭着喊道:"强奸!"

有许多类似"NIGYSOB"这种模式的游戏,一开始玩家只是站在受害者的位置上做扭曲交流,通常只有当他的扭曲交流受到质疑时,他才会发生转换。

"愚蠢"游戏以及"可怜的我"游戏玩家,一开始都会分别从"我无法思考"和"我禁不住"的姿态出发做扭曲交流。只要能持续得到安抚,他们就愿意继续待在受害者位置上。但是,如果有人要求他们为自己思考或做事,他们就会发生转换,变得愤怒或指责:"哼!我居然会想从你那里得到帮助!"

"假肢"是"可怜的我"的一种变形,其运动衫上写着:"像我这样一个……有这样一个妈、酗酒、成长在市中心等的人,你还有什么好期待的呢?"

"帮我做点什么"的玩家会隐秘地操纵他人,从而让对方替自己思考或做事。比如说,老师问了学生一个问题,这个学生呆呆地坐着,咬着铅笔等待老师给予答案。只要对方给予了期待中的帮助,玩家就会继续待在无助受害者的位置上。但以后,他可能也会发动转换,通过指责帮助者的建议不好而获得更多的游戏安抚。比如还是那个学生,他考完试后跑去找校长告状,说自己成绩不好是因为老师讲课不清楚。有时人们会用另一个名字来形容游戏最后这个状态:"看你都让我做了什么"。

拯救者转换到受害者

这种模式的典型游戏是"我只是想帮你"。凡是有人一开始从拯救者位置提供"帮助",但后来转换成受害者的都可以使用这个名称。他的转换可能是因为"被帮助"的个体拒绝接受帮助,然后把事情搞得一团糟,也可能是被帮助者暗示得到的帮助不够好。于是,这个准"助人者"就会得到自卑点券的结局。

在我们开始的例子中,莫莉玩的游戏"你为什么不……"就是这个模式的一个变形,她提供建议但是被游戏搭档拒绝了。

拯救者转换到迫害者

"看我已经多努力地试过了"和"我只是想帮你"的开头一样,"助人者"处在拯救者的角色上。但到转换的时候,曾经的拯救者变为一个指责他人的迫害者,而不

第二十五章 如何应对心理游戏？

是可怜的受害者。例如，一个女人从她儿子小时候就对他过度保护，现在她儿子成了一个叛逆少年，声称要离家出走。这个母亲立即发动了转换，尖叫着说："我为你做了那么多你还这样对我！你就等着吃亏吧！我再也不管你了，你听到了吗？"

运用选择

我们在第七章中介绍了选择。如果你有过练习，现在应该已经能够熟练运用它了。结合这个技术和游戏分析的知识，你将在应对心理游戏时得到有效保护。

选择可以在游戏公式的任何一个阶段将游戏打破。如果你意识到自己正在经历一个自己的游戏，你便能选择从负面自我状态走向一个正面的功能性自我状态。如果是别人邀请你进入了他的游戏，你可以用选择做出回应，从而打破他们对你在那个游戏阶段"应该"会做什么的预期。

我们建议你只使用正面自我状态的选择。你不要跟对手围着戏剧三角形转，你应该直接跳出三角形。

你无法使别人停止玩心理游戏，你也不能让他们不再拉你进入心理游戏。但是通过运用选择，你可以让自己不再玩游戏，或者如果已经进去了可以让自己再出来。同时，如果你愿意的话，你还可以尽量增加你把别人拉出游戏的可能。

识别"开始的饵"

鲍伯和玛丽·葛丁强调在游戏开始，即"开始的饵"那里意识到正在发生游戏的重要性[3]。如果你立即用一个选择面质它，你就能够避开后面的游戏。

这就需要你"像火星人一样思考"。你需要发现构成饵的暧昧信息并切断它，不能在社交层面上回应它。

你可以用成人自我发出一个交错交流。比如，在莫莉和戴夫的游戏开始时，戴夫找莫莉寻求帮助，莫莉可以回应说："听起来你好像遇到了麻烦。你想怎么解决？"运用这样的回答，她便直接指出了隐藏的目的。如果戴夫想通过再定义把她再拉回游戏，她可以继续重复相同的交错交流，直到戴夫给予成人自我的回答或是放弃后离开。如果是后者，戴夫还是会自己获得自己游戏的结局，但是莫莉避免得到自己的结局。

如果情况合适的话，你可以用一种特别有效的方式切断开始的饵，那就是从儿童自我或父母自我做出一个夸大、过分的回应。比如，莫莉在面对戴夫刚开始的抱怨时，可以从椅子上滑到地上，然后哀号："哦，天啊！你又出问题了是不是？"当来访者告诉鲍伯·葛丁自己来做治疗是为了"处理"一个问题时，鲍伯常常会做出一副痛苦无奈的表情，自言自语道："处理、处理、处理……"这种回应能从心理层面上打破最开始的饵，并且传递出这样的信息："我已经看透了你的游戏，我们还是做点有意思的事儿吧。"

面质游戏中的漠视

游戏开始的饵总是蕴含着漠视，后面的各个阶段还会有别的漠视。因此，觉察漠视的能力能够帮助你识别游戏邀请，并用选择平息它。

如果你接受了饵中的漠视，你也就暴露了自己的钩，那么游戏很快就会到来了。因此，平息游戏的方法就是面质他人的漠视。当然，这意味着你自己必须没有漠视。

拒绝负面的结局

如果你没注意到开始的饵进入了游戏，直到转换发生时才意识到自己在游戏中怎么办？你还没有完全失败。你还是可以拒绝你的不良感受结局的，而且你还可以替代地给自己一个良好感受结局。

例如，假如我参加一位知名人士的讲座，到了讨论环节，我对他的观点进行了激烈的攻击。实际上，我还没有意识到其实我已经开始迫害他了。在我说完后，演讲者浅笑着用了一句恰当的话就攻破了我的批评。观众大笑。

这时，我的脚本让我发起"踢我吧"游戏的转换，我"应该"感到没用、被拒绝。但是我走出了脚本，我对自己说："有意思！我刚发现在之前的三分钟内我在玩'踢我吧'游戏。我真聪明，居然能意识到这一点！"我为自己发现心理游戏的机智奖励自己一些良好感受。

注意，我没有祝贺自己进入游戏，我祝贺的是自己足够聪明地意识到自己进入了游戏。

有意思的是，如果你一直使用这个技术，慢慢你会发现你玩游戏的次数和强度都会降低。考虑到游戏角色和脚本之间的关系，这并不奇怪。每当我拒绝一次不良感受结局并给自己一个良好感受结局，我就会扔掉一些负面点券，我收集正面的强化记忆以取代游戏中需要的负面强化记忆。因此，我能缓和我的脚本信念并降低我扭曲表现的强度，当然，心理游戏也是扭曲表现的一种。

直接得到正面结局

约翰·詹姆斯提出了一个类似的技术[4]。我们前面讲过，他认为每个游戏既有正面结局也有负面结局。当你发现你玩的游戏是哪种以后，你可以推测你之前那么做是想满足儿童自我的何种真实需求。之后，你可以想办法直接满足这个需求而不再用脚本式的方法。

例如，假设"踢我吧"游戏的正面结局是获取个人的空间与时间。了解到这一点后，我就可以用我成人的选择得到它，而不用让自己先被踢。我可以每天早上和下午给自己十分钟的安静时间，或是在日程安排上给自己腾出时间去乡村散步。我这么做可以使我儿童自我的需求得到直接满足，因此我玩"踢我吧"游戏的次数就会降低。另外，即便我还玩心理游戏，我玩的级别也会比以前低。

转换时刻变亲密

当你习惯了追踪游戏各阶段后，你会发现识别转换相当容易。你能意识到你和对方转换了角色，而且你还能几乎同时发现构成混乱的困惑瞬间。

此时，你依然有另一种方法走出游戏。当个体在转换和混乱的时刻仍然处在脚本中时，他会认为他只有走向结局这一个选择。但是，利用成人自我的觉察力，你还可以走另一个路线。你不用进入扭曲感受，你可以跟对方说出自己的真实感受和需求。这样，你便可以用亲密替代游戏结局。

例如，假设我在一段关系中玩了"踢我吧"游戏，现在正处在转换的时刻。我可以跟对方说："我刚意识到我是在设局，我想把你推开直到你拒绝我为止。现在我很害怕你会离开我，我真的希望你能跟我在一起。"

说这些心里话无法使对方跟我在一起，甚至如果她非要待在游戏中，我也无法使她走出她的游戏。但是我可以邀请她用她的真实感受和需求回应我。如果她这样做了，我们就可以幸福、轻松地回到以前的关系中。也有可能我们会选择分开，但这是因为合理的理由而不是因为心理游戏。如果我们选择了后者，我们会因为丧失而悲伤一段时间。**一直以来，亲密的可预测性都比玩游戏低，它可能带给我们舒适，也可能带来不适。**

替换游戏安抚

儿童自我认为玩心理游戏是获取安抚的一种可靠方法。所以，当你因为成人自我的合理原因而减少玩游戏时会怎么样呢？

第二十五章　如何应对心理游戏？

你的儿童自我会无意识地感到恐慌并且问自己："我得到的安抚怎么少了？"还记得吗，对儿童自我来说，安抚缺失意味着他的生存受到了威胁。

因此，你会不自觉地开始用小教授的策略重新获得你失去的安抚。你可能会换种方法玩你的老游戏，也有可能你会玩不同的游戏，但依然保留原先的戏剧三角形转换，还有可能你会"忘记"面质自己的漠视。

这些行为在表面上看起来是"自残"，但只要涉及早期的儿童自我，它们的目的就会是相反的。个体做这些行为是为了获得足够的安抚，因此也就是为了生存。

鉴于这个原因，你不能只是"停止玩游戏"，你还要找一个方法替代你之前通过玩游戏而获取安抚的策略。

斯坦·威廉姆斯在这方面发现了一个难题[5]：游戏的安抚量大而强烈，然而我们在没有游戏的生活中得到的安抚则相对温和，而且有时还不一定能得到。当然，这些新安抚都很直接，不存在漠视。但我们也知道，饥渴的儿童自我更在乎的是安抚的量而不是品质。

针对这个问题只有一种解决办法，那就是你要慢慢地说服你的儿童自我，告诉它这种新安抚是可以接受的，而且可以持久供给。在这个过渡期，你可以找一些别的安抚来源帮你渡过难关。团体支持在这里就可以帮你完成个人改变。

长期来看，你的儿童自我将会习惯这种新的、不太强烈的安抚输入。不玩游戏可能会让你丧失一些熟悉的刺激来源，但是它也能让你学会运用你在玩游戏时一直否认的成年人的选择。走出游戏后，我们能更轻松地体验到真实的亲密。

● 回顾你用游戏计划分析的那个游戏（第二十三章）。

你能看出它符合前面给出的哪个游戏吗？之后再用你在游戏转换时刻的戏剧三角形角色转变核实一次。

参考你在本章学到的游戏应对技巧，将它们运用到你的游戏例子中。未来你就会用多种方法解除心理游戏了。

如果你想用这些技术，你首先要想好你要用什么安抚替代你因为离开游戏而丧失的安抚。你要确保另一种安抚的充足供给。

之后你可以开始处理游戏了。选一个技术持续使用一个星期，之后用相同的方法应对他人的游戏。如果你在团体中，你可以跟团体成员分享你的成功。●

改变：TA实务

[第七部分]

第二十六章
制定改变合约

详细的TA专业操作指导不属于本书范畴。我们最后这个部分的目的是带你简要地了解TA是如何用来推进改变的。

本章伊始，我们介绍一个TA实务的核心特点：制定合约[1]。

伯恩对合约的定义是双方对一系列清晰界定的行为做出明确承诺。同时，我们也接受詹姆斯和钟沃德的定义："合约是成人自我对自己和/或他人要做出改变的承诺。"

合约中要明确：

▶双方指的是谁；

▶他们要在一起做什么；

▶要花多长时间；

▶这个项目的目标或结果是什么；

▶如何确定他们的目标达成了；

▶这为什么对来访者有好处和/或让来访者高兴。

TA从业者区分两种不同类型的合约：管理或商业合约以及临床或治疗合约。商业合约是指咨访双方一起工作时，对治疗费用和管理安排等细节达成的

第二十六章 制定改变合约

协议。

在治疗合约中，来访者要明确他要获得的改变并且具体列出为了实现改变他愿意怎样配合。咨询师要表明自己愿意帮助来访者获得他想要的改变，同时还要说明自己在这个过程中要做什么。

斯坦能的"四项要求"

克劳德·斯坦能为完善合约制定过程列出了四项要求。它们是根据法律上的合约制定过程得出的。

（1）**一致认可**。这是指双方都要认可这个合约。咨询师不能向来访者强加商业条款或治疗目标，反过来来访者也不能把它们强加到咨询师身上。合约是在双方协商之下制定的。

（2）**报酬明确**。在法律术语中，"报酬"是指以一定形式对个体的时间或工作进行补偿。在TA语境下，报酬通常是来访者支付给咨询师的钱。有时，双方还会把报酬定为其他形式，比如来访者可能同意咨询师每治疗一小时，自己就帮咨询师工作几小时。无论具体情形如何，报酬的性质都要明确标出，并且要由合约双方同意。

（3）**能力**。咨询师和来访者都要有能力完成合约规定的内容。对于咨询师来说，这意味着他要有专业技术帮助来访者达成改变。来访者能够理解合约，并且具有完成治疗的身体和精神资源。这就是说，像一个大脑严重损伤的人可能没有治疗合约要求的能力。处在酒精或对思维有影响的药物控制下的人也不能签订合约。

（4）**条款合法**。合约的目标和条款必须合法。对于咨询师来说，"条款合法"还意味着他要遵循他所从属的专业机构的道德条例。

制定合约的原因

首先，TA实务中对合约的强调来自一个哲学假设：人是好的。咨访双方互相平等，因此让来访者获得改变的责任要共同分担。

合约遵循的信念是每个人都有思考能力，根本上都要为自己的生活负责。自己决定造成的后果要由自己面对。因此决定一个人想从生命中得到什么是来访者自己而非咨询师。咨询师的工作是指出所有出问题的地方。

若想让这种责任分担变得有意义，咨访双方就要明确想要获得的改变是什么以及为了达成改变双方都要做什么。

合约与隐藏的目的

你知道，在任何关系中交流双方都会交换暧昧信息。当个人或组织寻求改变时，这种交流更可能发生，因为改变通常都是对个体参考框架的一种挑战。咨访双方在进入工作关系后，可能既有隐藏的目的，又有社交层面的目的。合约的一个重要功能是把隐藏的目的挑明。通过公开暧昧信息，清晰的合约便能切断心理游戏并帮助咨访双方远离戏剧三角形。

咨询师有自己的参考框架，而且她的参考框架还会跟来访者的参考框架有区别。因此，她会把她自身关于什么是"好的"改变的定义带到他们的关系中来。如果没有合约，她可能认为来访者的定义跟自己的一样。此外，由于她可能对自己参考框架中的定义没有完全觉察，因此她可能都意识不到自己给来访者决定了什么目标是"好的"。

在这种情况下，咨询师容易进入戏剧三角形角色，她可能按照一定方向给来访者"铺路"，因此就会变成来访者这个受害者的迫害者。用鲍伯·葛丁的话来说，不制定合约意味着咨询师可能变成"强奸犯"。

或者，咨询师可能对自己说："这个来访者很明显需要一些改变，但他还没有达成。因此他现在处境很糟，没有我的帮助他将无法生活。"这样她就进入了拯救者的角色。

来访者也是既有隐藏目的又有公开目的。他找咨询师就是在社交层面上表达了他想获得改变（有时，他是因为别人想让他做一个改变），但是他还没达成改变。这可能是因为他确实不知道该如何做，也可能是他在隐秘地拒绝改变。若是后者的话，他就是在对咨询师传递这样的暧昧信息："我来寻求改变，但是我做不到"，或是"我来寻求改变，但是你无法迫使我改变"。

如果双方都以隐秘目的为先，他们就会陷入互补的戏剧三角形角色中，这将给扭曲交流和心理游戏提供空间。

合约的作用之一就是提前制止这种事情的发生。通过共同协商改变的目标与方法，咨访双方将不得不去对比他们的参考框架。这个过程有助于双方意识到自己的隐藏目的，从而把它们跟现实做比较。由于双方都是不完美的，所以他们不可能第一次沟通就把自己所有的隐藏目的都公布出来。因此合约要不时拿出来回顾，如果必要的话，还可以在改变的过程中重新商讨合约。

合约和目标定向

多数来访者来找咨询师都带着一个想解决的问题。制定合约的目的之一是要把来访者的注意力从问题上转移开，然后主要关注改变的目标。

在合约制定过程中，咨访双方必须在头脑中构建出他们想要的结果。当他们这样指引自己向一个明确的目标进发时，他们会自动地调动达成目标所需的个人资源。这就是各种系统的"创造性想象"背后的原理。

相反，如果双方把主要精力都放在了"问题"上，他们就会在头脑中建构出有关那个问题的画面。这样，他们不知不觉地就会陷入负面想象把资源用于问题检视而非问题解决。

制定一份表述明确的合约还有另一个好处：双方都知道治疗何时才算完成。此外，这还有助于他们评估治疗进程。因此，制定合约可以防止治疗的无限延期，这样咨访双方便不会成年累月地"处理"来访者的问题了。

制定有效的合约

我们在这里总结了TA从业者眼中一份有效合约的主要特点。我们希望你不要只是抽象地说而是把它们用在你想获得的改变上。詹姆斯和钟沃德指出，你既可以跟自己订合约也可以跟咨询师订合约。

下面这个合约条款清单练习是由本书作者之一（伊恩·斯图尔特）设计的[2]。完成这个练习你需要写作材料、大量纸张（或打字机）以及时间。

你会看到，这个练习包含一系列固定顺序的步骤。每个步骤下面的注解用来把你引向下一个步骤。第一步需要你写一个你想做出的个人改变，你可以运用头脑中出现的任何词汇。第一步下面的注解解释了为什么有效合约的用词需要是正面的而非负面的。之后在第二步中，你要为你想获得的改变寻求正面词汇。整个练习中都贯穿着这个结构。

1、想一条你想实现的个人改变。把它写下来，可以用你脑中浮现的任何词汇。

合约目标需要用正面的词汇描述出来。通常你在第一次描述一个目标时都会使用负面的词汇。例如，一个人可能希望停止吸烟或控制饮酒、减重或者不再惧怕权威人物。这些"停止合约"和"不要合约"的目标长期来看都不会有效。部分原因是合约目标要作为视觉想象的手段，但是，你无法想象出"不做什么"。（如果你对此有怀疑，请想象"不是一只红色的大象"。）当你这么做时，你会自动想出"不"之后的形象，或者其他负面词语后的形象。比如说，一个人制订了"停止吸烟"合约，那她一想到合约就一定会想象出她想要停止的问题行为。

TA理论中有一条也很好地解释了为什么"停止合约"是无效的。记住，所有脚本行为都是儿童自我生存、获取安抚和满足需求的最佳策略。如果你直接订一个合约来"停止"这些脚本行为，结果会怎么样呢？至少，你没有给儿童自我将要做什么的清晰指示，你只是又给小时候你父母给你的一大堆"不要""停止"信息又多加了一条而已。最糟的是，你订的合约要你放弃被儿童自我视为生存必需的行为。

若想获得一个有效的合约，你必须明确正面信息，给你的儿童自我提供清晰的行为指导。合约中必须包括满足个体生存和需求的一个新选择，这个选择至少要跟旧的脚本选择一样好。

2、如果你在愿望表述中使用了负面词汇，你需要重新用正面词汇替代它。在你的新表述中，你要说明你会用哪种正面行为代替负面行为。

你的目标必须是具体可观察的。要你和他人都能明确判断出你是否达成了目标才行。留心过度概括化的目标和比较性的表达。人们一开始常常会做出这种总体性的目标，如"我要做个温暖外向的人"或者"我想跟别人更亲近"。制定这种合约就等于让自己陷入了无尽的"工作"中，因为这些目标都不够具体，人们无法知道他们有没有达成目标。

3、你和他人怎样才能知道你已经实现了想要的改变呢？回答这个问题，请你详细写出你和他人会看到、听到怎样不同的你。如果你的目标跟与人交往有关，请你具体写出这些人的名字。

合约目标一定是在你现有境况和资源的条件下可以实现的。一般而言，我们认为"可以实现的"就是你的身体条件是可以的。注意，这个条件意味着你只能制定改变自己的合约。从身体上来讲，你无法"迫使"别人改变。

4、思考你想要的改变对你来说是否可能。你可以这样问：世界上有人实现过它吗？如果有，那它就是可能的。（但是，一定要明确"它"指的是什么。）

你想要的改变必须是安全的。用成人自我在身体安全、法律安全和社会适宜方面对其进行评估。请把当前和未来的情况都考虑进去。

5、检查：你想要的这个改变对你来说安全吗？

这个合约必须由成人自我制定，如果有儿童自我的协助更好。换句话说，你的合约目标必须与你成人的状况和能力相适合，而且还能帮你满足儿童自我的真实需求而非否认它们（但是也要注意，有时制定一个让儿童自我一开始感到反感的目标也是必要的，比如把吃垃圾食品改为吃健康食品，这样才能获得在长期来看有利于儿童自我的结果，而在这个例子中就是改善健康、延长寿命）。

6、检查：如果不是为了讨好别人、获得某人的认可或是反抗某人，你想为自己实现这个改变的愿望有多强？这里的"别人"和"某人"是来自你过去或当前生活的人。如果你发现自己是在讨好、寻求认可或是叛逆，你可以做下面这个检查："我想做出这个改变来讨好/得到认可/反抗……"注意，任何想要的改变都部分是为了讨好、获取认可或反叛，也部分是为了自己。现在你知道了自己在多大程度上是想讨好、获得认可或反叛，你还想改变吗？

实现目标总要付出代价。这个代价可能是时间、金钱、承诺、动荡、说再见或是面对自己对改变的恐惧。

7、检查：要获得这个改变你会付出什么代价？现在你已经知道了你的代价，你还想改变吗？

你是否想在各个方面、所有时间以及对任何人都达成合约目标？如果不是的话，你想把这个合约限制在哪个方面、什么时间以及谁身上？（这是合约的背景。）

8、检查：我要在哪个方面、什么时间以及谁身上实现合约目标？我不要在哪个方面、什么时间以及谁身上实现合约目标？

后面的这些步骤涉及个体对具体行动的承诺。

9、写下至少五件你实现合约目标所要做的事。这里还是要具体写出你和他人能看到、听到的行为。如果这些行为跟人相关，写出那个人的名字。

10、从你要做的事情中选一个你下周要做的事情，并且写下来，然后开始做。

第二十七章
TA改变的目的

在前一章你已经看到TA咨询师和来访者之间是如何协商具体合约目标的。但是，他们想从改变过程中得到什么最终结果呢？咨访双方如何才能知道他们的任务已经完成？

自主性

伯恩认为自主性是最理想的状态[1]。他没有给自主性下过定义，但是他说过自主性是"三种能力释放或恢复的表现，这三种能力分别是觉察、自发和亲密"。

觉察

觉察是纯粹从感官上看、听、感觉、品尝和闻东西的能力，就像新生儿那样。有觉察的人不会按自身父母自我式的定义解读或过滤他对世界的体验，他与自身的身体感官以及外部刺激紧密相连。

第二十七章 TA 改变的目的

我们长大的过程中会接受系统的训练从而弱化我们的觉察能力。另外我们还学着把精力用在给事物起名字或是批评自己或他人的表现上。例如，假设我在听一场音乐会，在音乐家演奏时我会在内心跟自己说："这首曲子作于1856年吧？嗯，节奏有点儿快。不知道什么时候才能结束。今天我必须早点儿睡，明天还有好多工作要做……"

如果我让自己拥有觉察，我就会关掉脑中的声音，我会简单地去体验音乐的声音以及我身体对它的反应。

自发

自发指从各种感受、思考和行为的选项中做出选择的能力。正如有觉察的人会体验世界，自发的人会回应世界——直接地、不忽视任何现实成分，也不会用父母自我式的定义重新解读世界。

自发暗示了这个人可以自如地用任何自我状态做回应。她可以用成人自我状态按照成年的她来思考、感受或行动。如果她愿意她可以进入儿童自我，重拾她儿时的创造力、直觉力和强烈的情感。或者她也可以用父母自我做出回应，重演她从父母和父母样的人学到的思想、感受和行为。无论她用哪种自我状态，她都能自由地选择自己的回应以适应当下情境，不去遵循过时的父母自我式命令。

亲密

你在第九章中学过，亲密是你与他人之间开放地分享彼此的感受与需求。你们表达的感受是真实的，因此亲密中不会存在扭曲交流或心理游戏。处在亲密中的人，在用成人自我的合约制定和父母自我的保护确保环境是安全的以后，就容易进入自由型儿童。

摆脱脚本的束缚

虽然伯恩没有明说，但是他暗示过自主和摆脱脚本的束缚是一回事。伯恩之后多数TA学者也都将这两个概念等同。因此，我们可以得出一个关于自主的定义：对当下现实而非脚本信念做出回应的行为、想法或感受。

你可能会问："但是，对当下做出直接回应的行为、想法和感受不是说的成人自我吗？所以保持自主性就意味着要一直待在成人自我中吗？"

答案是否定的。我们已经知道，自发的人有时选择用儿童自我或父母自我对当下做出回应。个体处于自主的状态就是这个选择能由个体自由地做出，以回应当前情境。相反，处在脚本中的人根据她儿时对世界做出的自我限制性决定，也就是她的脚本信念进行自我状态转换。

虽然自主不是说一直待在成人自我中，但是它也确实暗示了要用成人自我处理从外界传来的所有信息，然后再用成人自我选择要用哪个自我状态做出回应。和所有新学的技术一样，一开始个体也会觉得尴尬。自主提供的选择总比脚本多。一开始，个体觉得亲密不如玩心理游戏或是进行扭曲交流舒服，因为亲密的可预测性低。但是，自主的自我状态选择会随着练习变得简单。总有一天你的技术会变得非常娴熟和自然，就好像正面儿童自我和正面父母自我的特质已经融入你的成人自我一样[2]。对于自主你也可以这样想：**它具有儿童自我的体验和父母自我的信息，而成人自我的知觉又融入到了这两者里面。**

问题解决

用席芙夫妇的术语我们可以说，自主的人会主动解决问题而不是被动等待。在这里，"问题解决"并不只是思考解决问题的方法，它还指采取有效行动解决问

第二十七章 TA 改变的目的

题。跟我们在第二十一章中讲的一样，表达真实感受也是问题解决的作用之一。

在解决问题时人们准确地认识并回应现实。因此，他既不是在漠视也没有再定义。所以，反过来这说明他摆脱了脚本。

对于在企业、教育或其他治疗之外环境中的TA工作来说，把"有效的问题解决"作为改变的目标十分合适，比"自主"或"摆脱脚本"都合适。在这些情境中，漠视和未了结的问题常常是因为人们获得的信息有误造成的，而不是因为他们处在脚本中。因此，TA从业者这时就要更多地去关注信息交换和对这个信息的有效执行，而不是脚本问题。

关于"治愈"的看法

伯恩的另一大兴趣在于"治愈"。他多次强调TA从业者的任务是"治愈患者"，而不仅仅是让患者"有起色"[3]。

他在《团体治疗的原则》一书中使用了"青蛙和王子"的比喻强调他对治愈的看法。他认为"治愈"意味着剥下青蛙的表皮，重新回到被打断的王子或公主的发展过程中。然而"有起色"是指做青蛙做得舒服点。他在《在说你好之后说什么》一书中把治愈描述为完全摆脱脚本，"在人生路上上演一部新戏"。

若干年之后，《人际沟通分析杂志》出了一本专题论文集，诸多TA学者在其中阐释了自己对"治愈"的理解[4]。所有人的观点几乎都不一样，下面是那次讨论中出现的一些观点。

一些学者的观点较为实际，他们认为完成合约能最好地诠释"治愈"。咨访双方不用制定什么总体的改变目标，只要一起工作直到来访者完成了双方共同认可的合约目标就行。

但至少在治疗方面，更多人支持的观点是"治愈"必定包含脱离脚本的行动。这种脚本治愈可以是行为的、情感的或认知的，再或者是三者的混合。换句话说，若想摆脱脚本，个体可以用新方式来行动、感受或思考。

一些学者提出了脚本改变的第四个维度：身体治愈。这是指摆脱脚本的人也会改变他运用、体验自身身体的方式。比如，他长期的肌肉紧绷得到了缓解，或是他的心身疾病治好了。

治愈：逐渐学习新的选择

不论你如何定义"脚本治愈"，脚本治愈的过程都是一个循序渐进的过程。更多的时候，治愈只是在逐渐学习使用新选择。

当人们的脚本发生巨大变化时，他们通常会持续几周或几个月体验到一种自然的"高峰"感觉。过了一段时间之后，他们又会回去试验旧的行为，就好像他们心里有一部分想回去看看那些旧行为中还有没有精华留下。但这跟以前的区别是，现在他们知道自己在哪儿而且不会在那里待太久。旧行为给人的满足感不比从前了。他们已经有了新选择，因此他们会比以前出来得快。很快这些行为将一点吸引力也没有，于是他们就会把它完全抛掉。

也许下面这首诗能够最好地总结这个过程[5]：

五小节的自传

波西亚·纳尔逊（Portia Nelson）

I

我沿街走过，

街边有一个很深的洞，

我掉了进去，

我感到迷茫……感到无助，

这不是我的错。

第二十七章　TA改变的目的

我花多久也找不到出来的路。

Ⅱ

我沿着同一条街走，

街边有一个很深的洞，

我假装没有看到，

我又掉了进去，

我不相信自己又回到了相同的地方，

但是，这不是我的错。

我花了很久才找到出来的路。

Ⅲ

我沿着同一条街走，

街边有一个很深的洞，

我看到它在那里，

我又掉了进去……这是习惯，

我的眼是睁着的，

我知道我在哪儿，

这是我的错。

我很快就出来了。

Ⅳ

我沿着同一条街走，

街边有一个很深的洞，

我绕开了它。

Ⅴ

我走在另一条街上。

第二十八章
TA治疗与咨询

治疗和咨询是设计用来帮人们获得个人改变的过程。在本章中，我们介绍TA治疗和咨询的实质与技术。

是"治疗"还是"咨询"？

我们如何区分治疗（或说全称"心理治疗"）和咨询？助人行业对此有不同的看法。一些专业人士认为，这两种活动之间没有显著差别，或者说这两者之间重叠的部分太大，用两个名字来称呼它们实在没有必要。

在TA的专业资质认证系统中，治疗和咨询分属两个不同的应用领域（见附录E），得到一个资质认证不代表另一个也合格了。

ITAA监管培训和认证事宜的是培训与认证委员会，他们对这两个领域的区别做出了解释[1]。他们对心理治疗的描述是：

"心理治疗专业的从业者，把帮助来访者获得自我实现、疗愈和改变的能力

第二十八章　TA治疗与咨询

作为自己的目标。心理治疗过程能让来访者发现并改变旧有的自我限制模式——'在当前处理过去的伤痛，让他们在未来能自由地过自己的生活'。心理治疗的目的是让来访者理解他自己以及他的人际关系，并且创造出选择，从而让其过上有觉察、有创造性、自发、拥抱亲密的生活。"

下面是培训与认证委员会对咨询的描述：

"TA咨询是在合约关系内建立起来的一种专业活动。咨询过程通过提升来访者或来访者系统的优势、资源和功能来帮助他们培养觉察力、选择以及日常生活中的问题管理和个人发展技术。它的目的是提升个体在社交、工作和文化环境中的自主性。咨询领域的专业人士在社会、心理以及文化领域从业，例如社会福利、医疗保障、传教、预防、调解、过程促进、多元文化和人道主义等工作。"

虽然这两个描述告诉了我们一些治疗和咨询之间的明确区别，但它们同时也证实了这两者之间确实存在重叠。在TA实务中治疗和咨询都是"在合约关系内建立起来的一种专业活动"。很少有咨询师说自己的工作不包括帮助来访者"理解他自己以及他的人际关系"。同样，很少有治疗师不想帮他们的来访者"培养觉察力、选择以及日常生活中的问题管理和个人发展技术"。

常提到的一个基本区别是心理治疗的对象是处于退行状态的个体（即处在儿童自我状态中），治疗目的是帮他们修通很久以前的情绪问题。然而，咨询的对象一般都是处在当下的个体，目的在于帮他们解决当前生活中的问题。

尽管如此，我们本章讨论的TA核心理论和合约制定，在心理治疗和咨询中都是相同的。因此，本章自此往后都会用"治疗"来代表"治疗与咨询"。我们这么做的目的在于避免不必要的重复，而不是漠视这两个领域的区别。

自我治疗

如果你读完了本书并且做了其中的练习，你就已经做了许多自我治疗了。你已经发现了自己行为、感受和思维的典型模式。为了帮助自己理解这些，你还学习了TA的诸多分析技术。你已经发现了自己的儿童自我的过时策略，知道它们对于成年的你来说不是最有效的选择，而且你还试验了用新的、更有效的选择来替换这些过时的策略。

一些TA学者对于开发TA的自我治疗方法有着格外的关注。他们中尤以穆里尔·詹姆斯（Muriel James）值得关注，她曾因在自我再养育方面的研究获得了"伯恩科学纪念奖"[2]。通过这个系统个体可以构建一个"新父母"，并由它提供新的正面信息，从而克服可能是由真的父母给出的负面、限制性的信息。这其中包含各种技术的组合，比如问卷、合约制定、幻想、视觉化想象和行为改变任务。

从某个角度来说，所有治疗都是自我治疗。TA认为，所有人都要为自己的行为、想法和感受负责。就像没人能让你产生感觉一样，也没人能让你改变。唯一能做出改变的人，就是你自己。

为什么要做治疗？

鉴于每个人都要为自己的改变负责，那么跟治疗师一起工作的意义何在？

我们可以从漠视和参考框架的角度回答这个问题。为了不让我们在童年建构起来的世界受到威胁，我们会做出忽略某部分现实的行为。成年后每当我进入脚本时，我都会用漠视来保卫我的参考框架。如果我想解决问题并有效地做出改变，我就需要意识到那些被我漠视的现实。

但问题就在这儿。正因为我漠视了它们，所以它们是我的"盲点"。也许我能凭借我成人自我的努力发现并改正我的漠视。TA的分析工具在这方面会给我很大的帮助。

然而，我的儿童自我可能认为我的某些参考框架对我的生存格外重要。对于这些参考框架，我会用额外的力量保护。我在这么做时是无意识的，我会继续忽视挑战到这些关键漠视的现实成分。为了在这些方面也获取改变，我就需要一个在这方面没有盲点的人来告诉我。

朋友和家人不大能给你指出这个问题。家人在生活过程中会互相分享盲点。我也愿意选择我的朋友、配偶或伴侣，因为他们跟我有相同的盲点。跟治疗师一起工作或者参加治疗团体的一个目的是他可以给我一个不受我自身盲点所限的反馈。

如果我接受了这个反馈并且开始改变我的参考框架，我的儿童自我就会感到害怕。为了保证我顺利完成改变，我需要支持和保护。当我无意识地使用各种话题转移技巧拒绝改变时，面质可以给我帮助。如果我可以从别人那里得到安抚和鼓励，我就可以更容易地做出改变，并且让改变永久保持。与治疗师或团体一起工作，我可以得到所有这些好处。

谁能从治疗中获益？

TA界有一句话："为了变得更好，你不用让自己生病。"即便你不是无能的、有缺陷的、感到烦扰的，你也可以从治疗中获得好处。实际上，你甚至都不用"有问题"。作为一个功能健全、生活满足的人，你也可以为了更好地了解自己的需求而接受治疗。没有人是完全没有脚本的，不论他们有多好的父母。对于多数人来说，我们总会在生活的某些方面进入脚本，然后给自己带来麻烦。如果真是这样，我们就值得为解决这些脚本问题在治疗上付出时间、金钱和承诺。

尽管如此，也会有存在个人问题的人来寻求TA治疗的帮助。他们的问题从短暂关系、工作难题到严重精神困扰，各种各样。治疗更严重一些的障碍需要有适当的设置，有时需要精神病学的帮助。

TA治疗的特点

如果你决定做TA治疗，首先你要找一位有资质的治疗师，并跟他在合约中定好要接受多少次治疗。你可以选择接受个人咨询还是加入一个团体。伯恩在创立TA时将其作为一种团体治疗方法，多数TA治疗师依然喜欢做团体治疗。

在前面的章节中，你已经了解了TA治疗的主要特点，下面我们再回顾一下。

TA治疗实务以一个连贯的理论框架为基础，关于这个框架你在本书中已经学过了。你知道该理论的主要组成部分是自我状态模型和人生脚本的概念。

个人改变属于决定模型的范畴。在第四部分，你学习了TA关于我们在儿时如何决定自身脚本模式的解释。所有TA治疗都基于一个前提，即这些早期决定都是可以改变的。

你在第二十六章中学到了为什么说TA是一种合约性疗法。来访者和治疗师要为实现合约目标共同承担责任。这些目标是用来帮助个体走出脚本，实现自主的，具体细节见第二十七章。

TA中的治疗关系以"人是好的"这一假设为基础。来访者和治疗师都处于同一层级，没有地位高低之分。

要培养开放的交流。治疗师和来访者使用共同的语言，即本书中使用的简单词汇。我们鼓励来访者学习TA。治疗师常常让他的来访者参加入门课程或者读TA相关的书籍，比如本书。如果治疗师做案例笔记，这些笔记也要向来访者开放。所有这些方式都是给来访者赋予权利，让他们能参与并了解治疗过程。

TA治疗还有另一个特点，即它是以改变为导向，而不只是以了解为目标。

TA固然强调对问题实质和问题来源的理解，但是理解并不是终点，相反，它是在改变过程中使用的工具。改变包括决定做出不同的行为以及做出行为。

正是由于TA的这种导向，TA从业者从来不会认为过长的治疗本身有多好。我们不认为来访者在改变之前必须进行成年累月的工作以获得洞察。伯恩在给来访者的一个建议中便强调了这点："先好起来，然后如果你想分析的话，我们再分析它。"

但同时TA也不只是一种"简短疗法"。有一些问题的解决需要在来访者和治疗师之间建立起长期的关系，对于这种问题TA也可以应对。

TA的三个学派

我们通常认为TA有三个主要"学派"。每个学派都有其独特的理论重点和偏好的治疗技术。这三个学派——经典、再决定和贯注学派都是在TA早期创立起来的，到二十世纪七十年代，它们之间有了明确的区分[3]。因为历史长久，这三种TA又被称为"传统学派"。

自这三个传统学派创立之初，TA就一直在发展。今天，TA中又多了几种广为人知的取向，而且多数都认同它们跟三个学派是不同的。这其中较新的是二十世纪九十年代末发展出来的关系取向，自创立之初备受关注。我们在后面会介绍它。

当今很少有TA治疗师只属于一个"学派"。实际上，为了获取职业资质，治疗师必须能够在当代所有TA学派和取向的思想与技术中切换自如。下面的"小短文"介绍了各传统学派的主要特点，同时它还把各学派间的区别更加明显地展现出来。

经典学派

之所以称为经典学派，是因为它的治疗方法跟伯恩与他同事在TA早期开发的方法最为接近。经典学派的从业者用多种分析模型辅助成人自我的理解，并且同时"勾起"儿童自我的动机。在本书较为靠前的章节中你已经学习了其中的许多工具，如戏剧三角形、自我图、安抚图和选择等。

因此，经典学派的第一步是要让来访者认识到自己是如何制造问题的。之后他要在合约中承诺做出改变，这些改变能让他走出旧的脚本模式，从而实现自主。该学派认同当来访者做出行为改变后他的感受也会变化，但是鼓励感受的表达并不是它的主要关注点。

经典学派非常推崇团体治疗。团体过程也被视作重中之重。这意味着来访者与其他团体成员的交流是来访者所提问题的重演，而这个问题又是他小时候一个未了结问题的重演。治疗师的工作是允许团体过程发展，然后给予干预，以帮助团体成员意识到他的心理游戏、扭曲交流以及其他脚本模式。这些脚本模式会展现在他与其他成员或治疗师的关系中。

在经典学派中，治疗师的一个重要作用是给来访者提供新的父母自我式信息。派特·格罗斯曼和克劳德·斯坦能提出为了保证它的有效性，**治疗师需要给来访者"三个P"：允许、保护和能力**[4]。

在给予允许方面，治疗师给来访者提供跟脚本禁止信息或负面应该信息相反的信息。可以用语言传递这些信息，比如"你可以有你的感觉！因为每个人都有感觉自身感受的权利"，或者"不要再那么卖命了！因为这会影响你的健康"。它们都是一个父母自我指示加一个成人自我信息，这被称为"允许交流"。允许信息也可以被治疗师模仿。

如果来访者接受治疗师的允许信息，他的儿童自我必须认为治疗师的父母自我比他的真实父母更强大，也就是更有能力。此外，来访者还必须认为治疗师有能力给他提供保护，不让由违背父母负面命令而导致的灾难性后果发生。

再决定学派

鲍伯和玛丽·葛丁创立的这种治疗方法结合了TA理论和格式塔疗法的技术。后者是由弗雷德里克·皮尔斯发明的。葛丁夫妇指出早期决定是根据感受而非思考做出的。因此，要摆脱脚本个体必须重新体验当时他做出早期决定时儿童自我的感受；之后，通过表达那些感受来终结它；接着，再用一个新的、更合理的再决定替换那个早期决定。整个过程可以通过幻想、梦工作或"早期情境处理"完成，期间来访者要回忆早期的一个创伤情景并重新体验它。

鲍伯和玛丽·葛丁遵从皮尔斯的理论，认为当一个人"停滞在"某个问题中时，这个人的人格的两部分正在用相同的力量向相反的方向使劲，最终这个人消耗了大量能量，但却不会有任何结果，这种局面被称作僵局。葛丁夫妇详细阐述了皮尔斯的理论，他们在图中把僵局画在了不同自我状态之间。在治疗中，解决僵局通常都是使用格式塔的"双椅技术"。来访者想象自己发生冲突的两部分各坐在一把椅子上，他要轮流"变成"这两个部分然后以解决冲突为目标进行一场对话。在此过程中，受压抑的儿童自我感受通常都会被带到表面来。

再决定学派的治疗师比一般的TA从业者更强调个人的责任。进行再决定治疗时，治疗合约不再是咨访双方共同认可的协议，它变成了来访者对自己做出的承诺，治疗师只是见证人而已。治疗师不"给来访者允许信息"。来访者要以治疗师为正面榜样，从他身上拿来允许信息让自己用新方式来行为和感受。同样，能力也被看作来访者本来就有的资源，而不是治疗师提供的。

再决定治疗师经常做团体治疗，但是他们不会关注团体过程。他们的治疗是一对一的，其他团体成员作见证，并且给予正面安抚以鼓励、强化改变。

虽然表达感受是再决定疗法的核心，但他们同样强调来访者对目前状态的理解。尤其是处理感受之后马上让来访者做"成人自我汇报"。同样重要的还有来访者在行为改变合约中要对练习和巩固新决定做出规定。

贯注学派

在第五部分，我们介绍了贯注学派对TA理论的贡献。席芙夫妇最初创立贯注学院是想让其作为精神病患者的治疗中心。他们使用了一种叫作"再养育"的技术。该技术的前提是"发疯"是破坏性、不一致的父母自我信息造成的。在治疗中，治疗师跟来访者制定合约，承诺要在他退行的过程中给他支持，然后先帮来访者用他的成人自我跟治疗师形成好的关系。之后治疗师鼓励来访者退行到婴儿早期，那时他的问题还没有产生。席芙夫妇指出，只有精神病患者可以达到这种根本水平的退行。同时，治疗师还要求来访者对他"疯狂的父母自我状态"去贯注化，从而将其中的能量抽掉（席芙夫妇认为这仍是一个只有精神病患者能做到的过程）。

之后，治疗师真的给来访者一个重新成长的机会，而这一次由治疗师提供正面、一致性的父母自我信息输入。幸运的是，这第二次的成长过程比第一次快很多。即便如此，再养育也意味着这个已经长大的"婴儿"会对他的新"妈妈""爸爸"产生巨大的依赖。因此，这种治疗方法需要安全的设置以及治疗师的高度承诺和精神病学背景。在贯注学派早期，席芙夫妇合法收养了许多"孩子"，因此现在有一个分布广泛的"席芙家庭"。在他们当中不乏当今TA界的许多德高望重的理论家、治疗师和教师。

席芙疗法对非精神病性来访者的有效性也得到了证实。对他们治疗的重点是对漠视和再定义持续进行面质。治疗师督促来访者做出解决问题的思考和行动，而不能保持被动。再养育中强烈的治疗承诺，对于非精神病性来访者是不适合的。但是，席芙学派的治疗师会跟这类来访者达成一个养育合约。合约要求治疗师在规定的时间范围内持续关注来访者，担当来访者的"替代父母"给来访者新的、正面的父母自我定义，以取代他们可能从真实父母那里获得的限制性信息。

在团体中使用席芙疗法时，团体需从关怀的角度给成员提供反应性环境。这意味着团体中的所有成员包括治疗师在内，都要对其他成员的行为做出主动回应。如果你在团体中做了什么我不喜欢的行为，我就要告诉你："我不喜欢你刚才的行为，我想让你做……"如果团体中有人表现出了被动行为或是漠视，其他成员就要立即面质他并要求他主动解决问题。在这里，"面质"并不是迫害，是从"我好，你好"的地位对他人做出直接要求。作出面质的人以关照自己以及帮助对方作为自己的真实动机。谢伊·席芙用"关怀的面质"一词表达了这个概念。

关系取向疗法

海伦娜·哈歌达和夏洛特·西尔斯对关系取向疗法做了大量阐述，他们的研究在2007年被授予了"伯恩科学纪念奖"[5]。

和该取向的名字一样，该疗法的治疗师把咨访双方的关系作为促进个人改变的最重要因素。当然，在所有取向的TA疗法中都存在咨访关系，且该关系的基本原则是"所有人都是好的"。但是，关系取向更强调治疗关系中持续起作用的无意识过程。关系治疗师的任务是在他与来访者进行无意识对话时，他要意识到自己对来访者做出的回应。逐渐地，来访者和治疗师共同创造了治疗过程中发生的事情。治疗师和来访者在治疗过程中可能会发生改变。

跟该取向的思想一致，关系治疗师对TA三大传统学派所重视的高度具体化的合约并不特别关注。他们认为随着治疗的推进，合约会不断变化，而且治疗过程中的其他因素也会不断变化。

关系治疗师尽量少用用以推进改变的明显"技术"，而这又是关系取向和其他传统TA取向的又一差异。关系取向疗法认为治疗改变主要发生在无意识水平，当咨访关系中的无意识问题得到解决时，改变便会成为现实。

鉴于该疗法对咨访间独特关系的特别关注，关系治疗通常使用一对一治疗而非团体治疗。

自我状态模型是关系理论的核心，这对于TA的所有取向来说都是如此。关系治疗师强调早期的发展问题，因此他们喜欢在自我状态模型中体现出"自我"（即婴儿的身份感）是如何在婴儿与照料者的交流过程中发展起来的。这跟关系疗法的前提假设一样，即改变的关键存在于来访者与治疗师之间新产生的关系中。

从某些角度来说，关系取向的理论与实践跟传统的精神分析很像。许多关系取向的从业者都承认并欢迎这种相似性。这从关系取向作者常用精神分析的正式术语来阐释他们的研究，而非伯恩推崇的通俗语言就能看出来。

"三种学派"之外

TA的其他几个重要发展都在本书中有过介绍，它们都不属于"三大学派"的范畴。比如，厄斯金和查克曼的扭曲系统、凯勒的驱力、威尔、凯勒和琼斯对人格适应的研究。所有这些理论模型都发展出了自己独特的治疗方法。

TA最积极的一个特点是能融合其他疗法的理论与技术。有研究证明，这些疗法能和TA的理论基础相适应。最终，现代TA治疗师就拥有了一个庞大且适应性强的"技术包"，他们可以根据来访者的需求选择技术。多数TA从业者还受过其他模式的训练，他们把这些带到TA的工作中。例如我们已经介绍过再决定疗法中TA与格式塔的组合。TA治疗师根据自身背景和兴趣，使用来自各种领域的概念与技术，比如精神分析和短程治疗、生物能疗法、神经语言程序学、系统理论、视觉想象和自我形象调整技术、艾里克森疗法、行为心理学、发展理论等。但是，最终把理论整合并指导这些技术在TA框架使用的总是自我状态模型和人生脚本理论。

第二十九章
TA在教育和组织中的应用

伯恩从TA创立初期开始就把该理论视作"一种社会行动理论",而不只是治疗或咨询理论。他知道作为一种关于个体和团体的方法,TA可以被应用到各种领域中。任何人类活动,只要涉及人际间关系的,TA都可以提升其中的效率。

TA在多种教育和组织环境都得到了应用。TA的理论和实践可以供诸多群体使用,比如教师、培训师、学生、教育和管理咨询、教练、经理、员工、家长和孩子。所有这些应用领域都有各自的特点和需求。本章我们简要介绍TA在这些领域的应用。本章的参考文献给你提供了这方面的研究。

现在有些作者用发展性TA一词囊括我们刚才介绍过的所有应用领域[1]。本章使用更传统的术语"教育和组织",因为国际人际沟通分析协会在给从业者颁发资质时仍在沿用这个标题。

教育和组织领域应用的主要特点

TA的基本理论对教育和组织（EO）工作以及治疗和咨询是相同的，但是在取向和技术上存在一些区别[2]。从对TA从业者的培训与认证上就能看出这些区别（见附录E）。

在治疗和咨询中合约通常是双方的，须由治疗师和来访者共同协商制定。然而教育和组织环境下的合约多数都是多方的。为了代理机构成员的利益起见，商业合约须由从业者和赞助代理机构协商而成。比如，一个公司要聘请一位TA培训师给公司员工做培训。这时，培训师需要同涉及的各方协商治疗合约，通常付款方以及参加培训的个人或团体都会参与其中。

这意味着，为了避免多方心理游戏的发生，从业者要特别小心地协商出一个明晰、公开的合约。比如说，一个公司派员工去参加TA培训，但是员工并不想参加。所以，除非公司、培训师和员工在商讨合约时挑明了这一点，否则很可能这其中几方或所有方就会陷入戏剧三角形中，并且随后获得游戏转换。

在组织工作中，TA从业者一般会扮演促进者、培训师或教练的角色。教育领域的TA从业者一般以老师、带头老师、行为支持和特殊教育需求等类似领域专家的身份出现。

教育和组织从业者常常邀请他的来访者去观察社交层面发生的事，而不是心理层面。不用说，从业者本身肯定要特别清楚社交层面之下的"火星语"信息，并且在这些基础之上形成自己的治疗策略。若想实现TA的有效实施，除此之外别无他法。但是在许多EO环境下，直接把心理层面的信息告诉来访者是不合适的。

因此在教育和组织工作中，从业者大多关注个体或团体如何通过在当下做出思考和行动来最有效地解决问题，而不是探索个体过去有什么未解决的问题。自我状态诊断一般用行为和社交线索而不是历史或现象。从业者给团体成员介绍人生脚本的概念，用以解释人们为什么做自我挫败或痛苦的事情，但是个体脚本分析很少会用到。

虽然这么说，但所有涉及个人或组织改变的训练还是有可能影响个体脚本的，即便训练只是针对社交层面。因此，教育和组织从业者需要有高超的合约制定和边界管理能力，这样才能保护脚本改变的安全实现。

接下来，我们回顾一些可在组织与教育领域应用的TA概念。

TA在组织中的应用[3]

培训和认证委员会对组织领域的TA有如下描述：

"组织领域的TA需要从业者在组织中或为组织工作，他们要熟悉组织的参考框架、产生背景以及组织发展。他们的目标是帮助组织内员工发展、成长并且提高效率。人际沟通分析对组织发展专家来说是一个强大的工具。组织发展专家通过讲述TA基本理论并用其巩固来访者目标，能够构建起一个通用的策略，用以满足组织的特殊要求、建立功能良好的关系，并且减少失功能的组织行为。"

组织领域TA的改变目标

组织领域的TA跟TA治疗或咨询一样，最根本的改变目标是自主。组织领域TA从业者和培训者朱莉·海伊写道："我们（组织领域TA）的意图是让组织中的人变得更自主、更当下，这样组织便能得到心理更健康的员工。"[4]

自我状态

组织本身并没有自我状态，但是它们的一些元素像自我状态那样运行。他们有跟父母自我相对应的信念模式、礼节和规范，有类似成人自我的技术和问题解决策略，还有像儿童自我的行为和感受模式。组织分析师能分析出组织在这三个部分各投入了多少能量，就像治疗师能分析出个人自我状态上的贯注分布一样。

在更浅显的层面上，组织内个体之间的交流可以运用自我状态模型得到改善。比如说，经理注意到自己在用负面父母自我，而员工正在通过反叛或过度抱怨做出负面适应型儿童的回应。为了提高效率，经理和员工都要采取措施增加他们成人自我的使用。通过把工作环境装扮得更加明亮、舒适，也能激发员工的自由型儿童、提高工作满意度。

交流、安抚和时间结构

在培训与公众有直接接触的员工时，比如接待员、售票员，交流分析使用得十分广泛。他们用平行交流保持沟通的顺畅和舒适，也会用交错交流打断潜在的父母自我与儿童自我的争执。

安抚模式分析在提高工作动力方面有显著作用。经理要学会给做得好的工作予以正面安抚，而不是只给做得不好的工作负面安抚。"安抚因人而异"的意思是可能你尊敬的上级表扬你给你带来最大的满足，但我更愿意获得高工资、长假期的安抚。

对会议的时间结构进行分析后，你会发现有时消遣很多、活动很少。心理游戏可能是组织中最浪费时间和人力资源的事情。心理游戏会在组织内的压力较高时出现，比如员工在组织内感到无聊、不受认可或潜力没有得到充分发挥。改变安抚模式和增加正面挑战的机会，可以有效减少心理游戏，并且能提升创造性和团队合作。TA的合约制定过程也能将组织能量引导到有建设性的行为中，而不再追求隐藏的目的。

面质被动性

经验证，席芙学派的理论在组织中有广泛的效用。漠视矩阵给我们提供了一种系统的问题解决方法。当情境中的信息和指令都"处在水平面以下",同时细节信息发生丢失、扭曲时,这个方法就会起效。意识到言语漠视、离题交流和阻碍交流也能够改善沟通、提高会议效率。

人格适应[5]

了解人格适应的知识对组织从业者和经理的招聘与团队建设活动会有所助益。团队成员的职位须能展现他的主要优势或人格风格。了解人格适应意味着每个人的典型失败模式可以被预先制止,而他们的成功模式可以受到鼓励。

TA在教育中的应用[6]

培训和认证委员会对TA在教育领域的应用做出如下描述:

"教育领域的TA需要从业者在学前教育、学校教育、大学和大学后继续教育领域里工作,或从事儿童、青少年、成人在家庭、学院或社会中的教育工作。TA在教育领域可以被应用到教学团队和教育机构的发展方面。其目的是在学术和社会方面促进个人成长和专业发展。TA作为一种实用的教育心理学给人们提供了一个把教育哲学与原理化为日常实践的方法。教育领域的TA既有预防性又有恢复性。它的目的是提升个体自主性,支持个体发展出自己的生活哲学、工作哲学,并且最大限度地推进心理健康和成长。"

教育领域TA的改变目标

自主性指的是清晰的思维和有效的问题解决。教育者的目标是帮助学生发展这些能力。因此,自主性作为一个总体目标,在教育领域中有跟TA其他领域中一样的重要性。教育领域从业者和培训师朱蒂·牛顿表达过她对教育领域TA哲学的看法：

"……真正的教育远远不止学校教育，它是一个持续的、可观察的、公共的过程，每个人都可以选择去关注并参与进去。伯恩认识到了这点。他是第一批开始关注个体可见行为、解读个体对自己和他人的信念、并且教人们自己去这样做的精神病学家之一。这些信念来源于广泛意义上的教育，也就是社会与自身交谈的方式。TA在分析、探究该社会现象方面是一个很好的工具，因为直至今天，人际沟通分析都还保持着这种'指向外部'的特质……人际沟通分析这片天空之下的我们还有精彩的故事要讲，我们都是讲故事的人，希望用比喻和创意来解读世界。"[7]

鉴于教育环境的特殊性，学生很容易给老师"安上一张脸"，而老师反过来也会扮演父母自我的角色重演往事。教育交流分析师可以用他对TA模型的知识避免这种游戏的发生。相反，他会引导学生或受训者跟他形成"我好，你好"的关系。

TA在儿童发展方面的理论，能够帮助教育者有效应对处在不同发展阶段的孩子。尤其是TA教育家和作者珍妮·伊尔斯利·克拉克，许多从业者都认为她对当代教育领域TA的理论和实践起着核心作用。[8]

自我状态

孩子从学龄开始就能很容易地理解基本的自我状态模型了。TA简单的语言也对此发挥了作用。学生分析了自身三种自我状态中的内容和动机后，由于了解了自己的目的和欲望，因此能更好地学习。运用了全部三种自我状态的学习最有可能是有效的。尤其要知道的是，自由型儿童是创意与人格力量的来源，在学习过程中需要把它囊括进来。

教育者本身可以在三种自我状态中自由转换。多数时间需要用成人自我解决问题；还要用正面控制型父母设定界限，或是用正面照顾型父母表现关心；他还要用儿童自我给学生展现出自发性、直觉力、创意和对学习的兴趣。

交流、安抚和时间结构

交流分析能够让老师与学生之间的沟通保持清晰、有效、毫无隐藏。选择可以帮助老师和学生打破"锁死"的父母自我与儿童自我的交流。

安抚和时间结构模式在教育领域中的重要性跟在组织中是一样的。教室和讲堂尤其是滋生心理游戏和扭曲交流的温床。学生会玩"愚笨""你无法强迫我""帮我做点什么"（容易转换成"看看你让我做了什么"）等游戏。老师会玩"看我多努力地试了""我只是想要帮你""你为什么不……""瑕疵"等游戏。了解了游戏分析之后，老师和学生能创立一个增进学习、减少心理游戏和扭曲交流的环境。

合约制定能够帮助教育者和学生达成一个清晰、坦诚的协议，其中规定他们各自要做什么以及如何才能最好地做到它。

面质被动性

在教育背景下，人们很容易对共生关系产生期待。这种期待在一些文化中甚至是公开的，他们在传统上认为老师应该扮演父母自我和成人自我的角色，而学生要扮演儿童自我。当代教育理念跟TA一样也认为这是对双方能力的漠视。

席芙学派的理论能够帮助老师和学生摆脱共生关系，并且充分利用他们所有的自我状态。教育者可以学着识别四种被动行为，然后对它们进行面质，从而不再陷入心理游戏。如果教育机构环境允许的话，教学团体和班级可以创建起一个反应性环境，让老师和学生共同承担责任，从而促进清晰的思维和主动解决问题的能力的发展。

人格适应

人格适应理论可以帮助教育者在他与学生或受训者之间建立并维持有效的和谐关系。跟在组织工作中一样，个体的失败模式可以被预先制止，成功模式可以得到鼓励。威尔顺序理论本身就是一个学习风格模型。当教育者和学生做单独沟通时，他可以根据该学生的接触域调整沟通方法；当他给一群学生讲课时，他要确保他的教学方法能平均地触及三种接触域。

第三十章
TA的发展历程

　　本书第二版付梓的时间距离伯恩发表第一部分以"人际沟通分析"为标题的文章已经五十五年。因此，TA作为一个公认的流派已经存在半个多世纪了。

　　当这五十五年还没有过四分之一时，伯恩就于1970年去世了。在余下的时间里TA继续得到发展壮大。尽管伯恩是公认的学科创始人，但其他学者和从业者在他思想的基础之上，贡献了许多自己的新想法，《今日TA：人际沟通新论》这本书实为众人之作。

　　在本章中，我们首先介绍伯恩的生平，以及他在20世纪50年代及更早时期的思想起源。在1957年那篇文章发表后的十年内，一群聚集在美国西海岸、思想丰富的TA专业人士促进了TA的早期发展。伯恩在1964年出版的畅销书《人间游戏》将TA推进了公众的视野，TA从此受到大众欢迎，直到20世纪70年代中期达到顶峰。与此同时，在伯恩去世后的十年之内，TA专业人士为TA的理论与实践做出了重要贡献。

　　20世纪80年代至今是TA巩固和发展的时期，相关的理论和实践都得到进一步的完善与发展。可能最让人惊讶的是对TA的兴趣和专业活动遍及了全世界。从20世纪50年代美国西海岸的一个研讨小组开始，TA已经获得了长足的发展，现在全球有五十二个国家设有活跃的TA协会，今天的TA社区确实具有国际性。

埃里克·伯恩与TA的起源

埃里克·伯恩[1]1910年出生在加拿大的蒙特利尔，原名是埃里克·雷纳德·伯恩斯坦。他的父亲是一名全科医生，母亲是专业作家。他的早年生活十分快乐，尤其喜欢跟着父亲给人看病。后来在伯恩九岁时，他的父亲去世了。父亲的去世对他打击很大，这可能对他日后的发展也产生了重大影响。

受到雄心壮志的母亲的鼓励，伯恩考入医学院并于1935年成为一名医生。不久他来到美国，成为精神病住院实习医生，后来他加入美国籍并且把名字改为埃里克·伯恩。

1941年他开始精神分析训练，并接受保罗·费登的分析。二战中断了伯恩的学习，他在1943年以精神病医生的身份加入军医团。那时，他开始团体治疗并整理有关精神病和精神分析的评论记录，这也是他后来著作的基础。

1946年伯恩从军队退伍后，他又重新开始精神分析训练，这次埃里克·埃里克森给他做分析。从此往后他便一直处于忙碌的工作中，他既开私人诊所又有几个官方任命，而且约稿计划不断。他的第一本书《思想化为行动》出版于1947年，后来修改后又在1957年以《普通人读的精神病与精神分析》为名重新出版。

1949年伯恩发表了他第一篇关于直觉本质的杂志文章。从这一年到1958年，他关于此话题又相继写了五篇文章，它们包含了伯恩对TA的初步设想。

在这整个期间，伯恩一直都在接受精神分析。1956年他向他的专业精神分析学院提交会员申请，但是遭到拒绝。没人知道这是为什么，有人猜测是因为他太特立独行了，常常按自己的方式做事。

受此刺激后的伯恩决定自立门户，建立一种新的心理治疗流派。到那年底

第三十章　TA 的发展历程

（1957年），他又完成了两篇关于直觉的文章，在第一篇中他提出了父母自我、成人自我和儿童自我的概念，并且使用了"结构分析"这一术语。之后的第二篇文章，他在1957年11月将它提交给了"美国团体心理治疗协会"，题为"人际沟通分析：一种新颖有效的团体治疗方法"。

这篇文章在随后一年发表出来，伯恩在其中重新介绍了父母自我、成人自我和儿童自我的概念，并且引进了心理游戏和脚本的概念。到此，TA理论的基本框架已经成形。

伯恩是怎样的一个人？在最近于加拿大蒙特利尔召开的百年纪念会上（2010年8月），伯恩的孩子说他是一位慈爱称职的父亲。不同的人对他复杂的性格有不同的看法。有人说他和蔼、给人支持、爱找乐趣。也有人说他言辞尖利、求胜心强、待人冷淡[3]。但有一点是肯定的，他思维清晰而且他也要求别人思维清晰。他的这一特质体现在TA理论结构的连贯性上。

在伯恩的整个职业生涯中，他都对直觉的作用保持着强烈的兴趣。他对直觉的关注推动了TA理论的最初形成，此外还反映在他对"像火星人一样思考"的强调上，即隐藏的和表面的信息都要理解。

伯恩是个个人主义者，甚至说是一个叛逆者。我们无法断定被精神分析机构拒绝是否真的促使他创立了TA，但他确实成功地创立了一种心理治疗疗法，当时他认为该疗法打破了那个机构的规则。他的理想是迅速治愈来访者，而不是让他们在数年的治疗中"取得进步"。他坚定地认为TA应当使用通俗语言而非披上拉丁语和希腊语的外衣，这样来访者和治疗师才能在治愈的过程中更好地合作。

矛盾的是，伯恩有些内心深处的理念直接来自医学。也许这不仅反映了他自身的医学背景，也反映了他童年时跟父亲在一起的美好回忆。在伯恩写《心理治疗中的人际沟通分析》时，他用拉丁语写了献辞："献给我的父亲戴维，医学博士和外科硕士、穷人的医生。"

在伯恩看来一个好治疗师必须是个"真正的医生"，这并不是说只有有医学资质的人才能做治疗师，相反，他的意思是所有治疗师都要像医生一样负责。伯恩说，"真正的医生"总会把治好患者作为首要目标。他必须做好治疗计划，这样他在每个阶段都知道自己在做什么以及为什么要这样做。直到今天，TA从业者在接受资格认证时还需要具备这些特质。

早期阶段

自20世纪50年代开始，伯恩和他的同事们就开始定期举办临床研讨会[4]。1958年，他们创立了旧金山社会精神病研讨会（SFSPS），每周二在伯恩家里见面。

在那段早期时光里，旧金山研讨会为TA新想法的产生提供了肥沃的土壤。伯恩的《心理治疗中的TA》著于1961年，这是他第一本关于TA的书。之后在1963年，他又出版了《组织与团体的结构和动力》。由伯恩担任编辑的《人际沟通分析公报》首次于1962年发行。

SFSPS的会员包括许多TA"经典学派"的知名人物，如克劳德·斯坦能、杰克·杜谢和斯蒂夫·卡普曼。

雅基·李·席芙也是早期研讨会的参与人之一。此外，鲍伯·葛丁20世纪60年代早期接受了伯恩的临床督导。因此，伯恩也为当代TA另外两个主要学派的发展播下了种子（第二十八章有关于学派的介绍）。

1964年伯恩和他的同事决定建立一个"国际人际沟通分析协会"，因为当时有越来越多美国之外的专业人士也在使用TA。与此同时，旧金山研讨会的名字也改为"旧金山人际沟通分析研讨会"（SFTAS）。

第三十章　TA 的发展历程

《人间游戏》的影响力

1964年发生了一件TA历史上的标志性事件——《人间游戏》出版了。伯恩本来是为为数不多的专业人士写的这本书，但是它却成了畅销书。随着这本书在全球的火热出售，大量读者都被TA的语言和观点吸引了。伯恩的著作连载在大规模发行的杂志上，并被选为是当月最佳书籍，而且最终被翻译成十五种语言。伯恩成了一个公众人物。"游戏""安抚""好的"之类的术语出现在日常对话中，不论谈话者懂不懂它们最初的含义。就这样，《人间游戏》以一种在心理治疗历史上颇为独特的方式，将伯恩和他的TA理论带进了公众的视线。上百万人都对伯恩和TA有所耳闻。他们对TA的认识不是来自阅读《人间游戏》，就是来自媒体对这本书做的各种总结，大众对TA的兴趣从那时起一直持续到了下一个十年。

《人间游戏》并不是写给大众读者的。它故意简化了对TA理论的叙述，因为伯恩最初考虑到专业读者读过他以前的研究，或者为了更好地理解会参考以前的研究。所以现在普通读者看到的是朗朗上口的"游戏名称"和伯恩所用的其他一些通俗语言，看不到这些特意选出的通俗标题之下的理论深度。这种对理论的过简化处理在大众媒体的加工下变得更为严重，而这也是对《人间游戏》进行肤浅阅读的后果。

理论的许多部分在这个过程中受到伤害，自我状态模型就是其中之一。在伯恩的原始版本中，父母自我和儿童自我都是过去的反映，只有成人自我才是完全处在当下的，但是大众媒体多数都使用了严重简化的版本，我们在第二章中简短介绍过，即："父母自我是价值观、应当和应该，成人自我是思考，儿童自我是感受。"由于TA的整个理论结构都以自我状态模型为基础，因此这种简单化使整个TA显得肤浅了。汤姆·哈里斯（Tom Harris）在1967年出版的畅销书《我好，你好》，也在不经意间助长了这个趋势，因为它在阐述"TA理论"时使用了"价值—思维—感受"模型。

其结果是TA以一种歪曲和过度简化的形式为大众所知，在其后的许多年里，修正TA这种扭曲形象、恢复本来面目并使TA在心理咨询与治疗领域及其他助人行业受到尊重将是TA从业者的一项重要任务。

专业化和国际拓展的开始

《人间游戏》的商业成功没有马上使TA专业人士的人数带来爆炸性增长。国际人际沟通分析协会1965年的会员名单上只有279个名字。但是，这一小群从业者为TA的理论和实践带来了稳定的发展。1965年席芙夫妇开始接收精神病来访者，现在他们的大本营在美国东部。1966年伯恩的《团体治疗的原则》得以付梓。同年，斯坦能在《TA公报》上发表了他关于"脚本和应该脚本"的重要文章。

美国以外国家对TA的兴趣早就存在。早在1964年，英国莱斯特大学的教授约翰·阿拉维就在成人教育课程中讲过TA在团体互动中的应用[5]。但是，1965年国际人际沟通分析协会的会员名单中美国之外的名字只有很少的几个。

到1968年，国际人际沟通分析协会的会员增长到了500多名。同年，斯蒂夫·卡普曼的戏剧三角形首次发表在《TA公报》中。

在这整个期间伯恩一直不间断地努力工作。到1970年6月，他已经完成了两本书的手稿，它们分别是《人类爱中的性》和《在你打招呼之后还说什么》。但是他没有等到它们出版的那天。6月下旬，他突发心脏病被紧急送往医院，起初以为已经开始恢复了，但随后又突发了第二次，卒于1970年7月15日。

第三十章 TA 的发展历程

20世纪70年代：大众流行与专业创新时期

回顾TA的历史，我们可以看到两条独立的"线索"贯穿70年代到80年代早期。一条是TA在普通大众中的扩张、顶峰以及随后的缩减。另一条是TA专业人士持续不断的创造力。那个时期的理论与实践创新至今都还是人际沟通分析的核心。

伯恩去世后，他最后的两本书《人类爱中的性》和《在你打招呼之后还说什么》分别在1970年和1972年出版。1971年，墨里尔·詹姆斯和多罗西·钟沃德的畅销书《天生赢家》将伯恩的观点和皮尔斯的格式塔疗法结合在一起（与汤姆·哈里斯不同，詹姆斯和钟沃德展示的TA理论，以伯恩最初基于时间的自我状态定义为基础）。

大众流行的雪球越滚越大。因此，国际人际沟通分析协会的会员数从1971年的1000人左右增加到1973年5000多人。这个数目后来一直增长直到1976年达到顶峰，约11000人[6]。随着全球TA热潮的进行，非美籍会员数得到增长，直到1976年ITAA记录在册的美国外会员数达到约2000人。

为了满足欧洲国家对TA的兴趣，1974年成立了"欧洲人际沟通分析协会"（EATA），并在1975年举办了第一次代表大会。之后在1976年召开了第一届泛美洲代表大会。

与此同时，TA的三个学派都在忙着推进理论和实践的发展。1971年1月出版了第一期《人际沟通分析杂志》，这是为了向伯恩致敬而发行的纪念刊。在同一期中，艾伦和雅琪·席芙发表了他们有突破意义的"被动性"一文，斯蒂夫·卡普曼提出他的"选择"概念。杰克·杜谢1972年在《TA杂志》上发表他最初关于"自我图"的文章。同年，葛丁夫妇在一篇发表的文章中提出了他们的再决定和禁止信息概念。此外，席芙夫妇创立了贯注学院。

泰比·凯勒关于驱力的研究1974年第一次发表在《TA杂志》上,它代表了TA的一个重大新开端。凯勒的想法不在任何一个主要学派的框架范围内。虽然他的研究深深植根于TA的基本理论,但他提出了一些重要概念,这都是1970年伯恩在去世前从未听说过的。

如果说伯恩在早期关于直觉的研究中开始酝酿TA,1957第一篇文章的发表作为TA诞生的标志,那么到1978年它已经成熟了。那一年,国际人际沟通分析协会的会员数降到了8000人。在接下来的十年中,这个数字一直都在下降,尽管它下滑的速度是逐渐降低的。

作为一个媒体事物的TA,它的新颖性价值已经剥落这是必然的。但是这种大众兴趣的下降只是TA历史的一部分,而且可能还是一个不重要的部分。更重要的是到20世纪70年代末期,TA成了一门成熟的学科,而且作为一种专业流派重新在国际上得到认可。从这个角度来说,TA丢掉了在快速扩张时期形成的"流行心理学"形象也不失为一件好事。

1977年出版的两本书在很多层面上都象征着这个改变。两本书都是专题论文集,主要目标群体是专业人士。格拉汉姆·巴恩斯是《伯恩之后的人际沟通分析》的总编,书中记录了伯恩去世后TA理论与实践的重要发展。墨里尔·詹姆斯是《给心理治疗师和咨询师的TA技术》的总编,该书主要关注TA在心理治疗和咨询中的应用。

TA学者一直都在为加深拓宽TA理论而努力。下面是一些标志性发展事件:1975年出版了《贯注解读》,这是贯注学派在理论和实践方面的"圣经";葛丁夫妇在1978和1979年出版了两本关于再决定的原始资料集,《患者的力量》和《用再决定疗法改变生命》;理查德·厄斯金和玛丽琳·查克曼的扭曲系统在1979年第一次发表在《TA杂志》上。

泰比·凯勒在他之前关于驱力的研究之上,继续发展出了一套人格与沟通模型,称为"过程模型"。他展示了这个模型在管理、沟通以及咨询和治疗领域的有效性。凯勒和威尔还发展出了人格适应的概念，后来此概念也融进了过程模型中。二人起初是独立做研究，后来才开始一起研究。威尔在1983年发表了他在人格适应方面具有决定意义的文章。

20世纪80年代至今：国际扩张和巩固

想来也有趣，TA的发展跟人从婴儿到成年的发展十分相似。在小孩刚出生的几个月或几年里发展阶段变化很快，从一个阶段到下一个阶段的改变清晰显著。到了童年后期和青少年时期，人虽然还在成长发展但改变却不如婴儿期那么剧烈了。童年远去成年到来，人还会发展，但是发展任务跟童年时的不同了，节奏也会变慢。尽管如此，成年人面对生活的挑战与现实比以前更为成熟、有经验。我们在本章结束之前探究的就是TA的第三个发展阶段。

TA理论：重建、巩固和多样

从20世纪80年代到今天，TA理论家们比任何时候都繁忙和有建树。但是，TA理论发展的风格和方向发生了变化。TA理论在这段时间一直在"向外延伸"，而不再像以前一样纯粹就是想着"提高"。这个意思是说学者们把80年代早期就存在的验证有效的理论框架，用到具体环境和来访者团体中。除了这个趋势之外，也有学者重新考量既有的核心理论，并进行重建或拓展。

借此，我们可以回顾这段时间内"伯恩科学纪念奖"的讨论主题（见附录C）。我们首先注意到1985到1993这9年中，至少有8年都没有颁布EBMA奖。好像TA理论在启程进入另一个方向前"停顿"了几年似的。在这期间唯一一篇获奖的文章是卡罗尔·莫伊索在1987年得奖两年前发表的研究，它在范恩·琼斯对游戏中各种投射的研究基础上，重新解释了移情在TA中的角色并将其应用在了特定来访者群体上（自恋型/边缘型）。

　　1994年三个并列奖项的颁发是因为TA在特定治疗技术领域的应用有了推进，其中包括琼斯对人格适应理论、再决定理论、发展理论和传统诊断的整合。从那时到现在，EBMA反映出了我们前面提过的"向外延伸"和多样化。例如，这个奖曾颁给过TA在父母教育、社会权力研究以及家庭系统理解方面的应用。多样化的另一个体现是TA和其他模型、哲学观念的整合，比如自我心理学、叙事理论和建构主义。

　　从1987年到现在，EBMA的获奖名单中贯穿着两条有关对话的重要"线索"。一个是TA中的移情和无意识沟通研究，另一个是对最初自我状态模型的恢复。第一条"线索"开始于1987年给莫伊索颁奖。从那时起，又颁给过厄斯金和特劳特曼（1998年给他们1991年关于移情的文章颁奖），给诺夫里诺（2003年）以及哈阿根和希尔斯（2007年）。这一系列想法再加上一些关于建构主义和自我状态早期发展的研究，共同构成了我们在第28章介绍过的关系理论的主要来源。

　　再来看自我状态模型。为什么说需要恢复它呢？因为在令人头晕目眩的20世纪70年代，过于简化的"价值—想法—感受"模型大行其道，它甚至出现在一些专业的TA文章中。它的这种"简洁性"让它在许多教科书和培训课程中大受欢迎。我们前面已经介绍过TA的名头给它带来的不良结果。

　　厄斯金和特劳特曼是杰出的TA学者，他们批判了过于简化的模型，并且号召大家恢复使用伯恩的原始版本。他们于1981和1988年在《TA杂志》上发表相关文章，但这只是他们获得1998年EBMA奖的所有研究的一部分。另一篇明确支持伯恩最初模型的文章是霍姆斯和高木力在1982年发表在《TA杂志》上的（但这并没有为其作者获得EBMA奖）[7]。

　　我们（作者）在1987年出版第一版《今日TA》时的主要目的是写一本TA的基础教材，该教材以伯恩最初的基于时间的自我状态模型为根本，而不是任何简化版本。多亏所有这些努力，伯恩的最初模型又坚定地成为TA理论的核心。

从20世纪80年代开始，一些从发展角度对自我状态模型进行解释的研究也获得了EBMA，它们分别在1995和2010年颁给了布莱克斯通和考耐。这个领域的研究再加上有关移情的研究，共同激起了学界对TA关系理论的兴趣。

国际扩张和ITTA的角色

TA的国际传播开始于20世纪70年代，而且从80年代至今一直未有减弱。首先出现的是西欧国家对TA的应用增加。之后，1989年以柏林墙倒塌和"开放"氛围为标志的那场横扫东欧的政治巨变，也为前苏维埃阵营国家TA活动的新高涨开辟了道路。到1991年，国际人际沟通分析协会的会员人数已经超过4000人，相当大一部分都是专业人士。

与此同时，一批国际人际沟通分析协会访客还于1987年在中华人民共和国第一次讲授"TA 101"课程[8]。拉丁美洲、日本、印度和澳大利亚既存的TA协会也在不断扩大。

国际上对TA的兴趣增加给国际人际沟通分析协会带来了挑战。虽然有着"国际"的头衔，但国际人际沟通分析协会在它创立的头几年一直都是一个美国组织，只是有大量非美籍会员。现在国际人际沟通分析协会几乎是"抛弃了自己"真正成了一个国际组织。美国TA的专业人士在1982年就对这个变化做出了应对，他们建立了"美国TA协会"。

国际人际沟通分析协会面临的问题是全世界国家与地区性TA协会人数的增长挤占了国际人际沟通分析协会的会员量，与此同时，它在全球范围内要执行的任务还在不断增加。国际人际沟通分析协会在20世纪80年代末实施了第一个应对措施，即发展独立的从属机构。EATA在1989年开始从属于国际人际沟通分析协会，紧接着加拿大和印度的TA协会也从属于国际人际沟通分析协会。这给国际人际沟通分析协会的会员总数带来了急剧增长，到1991年人数达到了7000人。但是，这其中包含着大约4000名的EATA会员，这证明TA在全球的活动中心已经确实从美国移到了欧洲。

但是这个从属计划并没有维持下来。由于管辖权和财务的多种原因，EATA和其他从属协会后来又选择脱离了国际人际沟通分析协会。因此，国际人际沟通分析协会在90年代末面临的问题到今天更为严重了，其会员数从1995年的6715人下降到了2010年的1169人。我们（作者）认为，一个蓬勃发展的国际人际沟通分析协会对全世界的TA来说都是宝贵的财富，而且多数人际沟通分析师应该都认同这个观点。在本书第二版付梓之时国际人际沟通分析协会提出了一个新愿景——"为人际沟通分析的理论与实践发展搭建一个全球的专业网络"。目前它正在着力创建一个新结构以便实施愿景让其得以维持[9]。

如果我们抛开国际人际沟通分析协会的问题，转而来看全球各TA协会的人员总数，我们便能看到一个美好许多的景象。EATA目前就有超过7500名会员[10]，再加上欧洲以外各TA协会的会员，全球的总体会员数至少接近TA在1976年最鼎盛时期的11000人。虽然我们没有准确的数据支持，但我们相信当今会员中的专业人士比例肯定要比1976年时高得多。

专业性和学术认可

在本章前面的部分我们介绍过，在20世纪60年代末期往后的十年中TA成为大众流行，当时媒体中宣传得过于简化的TA给TA的专业形象带来严重的损害。我们说过，TA专业人士肩负着修正TA当时产生的扭曲形象的任务。在1987年本书的第一版出版时，这个修正任务还仍然处于"进行中"的状态，实际上我们写作本书的目的之一也是想帮助实现这个任务。

现在，25年过去了，我们可以有底气地说这个任务已经完成了，或者至少可以说在专业领域任何致力于个人改变的取向都没有像现在这么"完全接受"TA。其实，这个任务可能早在10年前也就是21世纪初就已经彻底完成了。在专业文献方面，TA现在已经能在除美国以外的国家和其他流派平起平坐了。这些文献以纲要汇总和系列书籍的形式在国际知名的出版社发行出来,涉及领域包括心理治疗、咨询、教育和组织工作。

许多TA培训课程得到了大学的认证,可以向学士、硕士甚至博士颁发学业成绩奖。在一些国家TA培训还是大学课程的一个组成部分。

在过去的25年中,由政府或专业团体对心理治疗和咨询进行管制已经成了一个渐趋增强的趋势。TA在这方面根据国家的不同也有着不同的待遇。欧洲心理治疗协会、英国心理治疗委员会以及英国咨询和心理治疗协会都认可TA是一个完善的流派。

百年纪念大会

2010年8月,全球主要的TA协会一起组织了一场纪念伯恩诞辰一百年的纪念大会。会议于伯恩的出生地蒙特利尔举行,本书作者也有幸受邀作为大会的开场演讲嘉宾[11]。在会议结束后,一位代表写道:

"来自31个国家的267名参会人员带着共同的决心与愿景齐聚一堂,他们有着不同的语言、文化、发展方向和TA取向。你能想象他们聚到一起会创造出怎样一种气氛吗?"

TA在其创立者诞生一百年之后,依然还是一门充满活力、不断发展的学科,其应用也遍布世界。

附录

附录A
埃里克·伯恩的著作

伯恩所有著作的介绍请参见www.itaa-net.org/ta/BerneBiliography.htm（提示：2012年3月之后，该网站地址更名为新的ITAA的网址：www.itaaworld.org）。

下列著作包括伯恩生前所有的著作，以及逝世后出版的两本选集。

Berne, E., *A layman's guide to psychiatry and psychoanalysis*. New York: Simon and Schuster, 1957; third edition published 1968. Other editions: New York: Grove press, 1957; and Harmondsworth: Penguin, 1971.

本书由《付诸行动的心灵》（*The mind in action*）改版而成，原书于1947年出版。约翰·杜谢为1967年的版本写了一篇TA导论。

Berne, E., *Transactional analysis in psychotherapy*. New York: Grove press, 1961, 1966.

这是第一本完整讨论TA的书籍，包括伯恩最初的、至今仍是明确的关于自我状态模式的概念，还包括早期刊登在专业期刊上的其他阐述基本理论的文章。

Berne, E., *The structure and dynamics of organizations and groups*. Philadelphia:

J.B. Lippincott Co., 1963. *Other editions*: New York: Grove press, 1966; *and* New York: Ballantine, 1973.

本书的内容正如书名所述，包括一部分TA的概念，例如交流和心理游戏的分析。

Berne, E., *Games people play.* New York: Grove Press, 1964. *Other editions include*: Harmondsworth: Penguin, 1968.

这本世界知名的畅销书呈现了游戏分析的概念，该概念是伯恩在19世纪60年代早期发展出来的（他在后来的著作中将这方面的理论做了修订，请参见本书第二十三章）。本书还包含以各种名称命名的心理游戏的梗概。

Berne, E., *Principles of group treatment.* New York: Oxford University Press, 1966. Other editions: New York: Grove Press, 1966.

本书是临床团体治疗的理论和实务教科书，也包括TA在该领域中的应用。

Berne, E., *Sex in human loving.* New York: Simon and Schuster, 1970. *Other editions*: Harmondsworth: Penguin, 1973.

本书是在TA的框架里探讨人际关系中的性。

Berne, E., *What do you say after you say hello*? New York: Grove Press, 1972. *Other editions*: London: Corgi, 1975.

本书详细介绍了伯恩和他的同事在19世纪70年代末期发展出的脚本理论的概念及其在治疗中的应用。伯恩在其生命的最后时期仍然坚持本书的写作，本书在他逝世后出版。

Steiner, C., and Kerr, C.（eds）, *Beyond games and scripts.* New York: Harper and Row, 1977.

本书是伯恩所有关于人际沟通分析的文章选集。

McCormick, P.（ed.）, *Intuition and ego states.* New York: Harper and Row, 1977.

本书是1949年至1962年期间，伯恩发表在专业期刊上的与直觉有关的文章汇编，包括伯恩对于TA理论的首次介绍。

附录B
TA的其他重要著作

在将此附录命名为"重要著作"时,我们并非要否定许多TA现存的其他著作的重要性。我们在这里选择的书籍根据两个标准:概论性的书籍,可以广泛而概要地了解TA理论及实务;或是介绍了三种TA学派及其他流派的研究进展,并广泛受到大家的认可。从这两个角度看,这些著作是进一步阅读和研究TA的"钥匙"。

为了给出这些书籍的历史沿革,我们将这些书籍名称及其副标题以时间顺序排序,而不是以作者字母顺序排序。

我们并没有说明哪些书在市面上可以买到,因为这方面的信息各家出版社变化很快。

教科书和概论性质的论文集

James, M., and Jongeward, D., *Born to win: transactional analysis with gestalt experiments*. Reading: Addison-Wesley, 1971. *Other editions include:* Now York: Signet, 1978.

本书是1971年的畅销书,也是介绍TA基本理论的入门书,其特色是用格式塔式的练习帮助读者学习并增进自我了解。

Barnes, G.(ed), *Transactional analysis after Eric Berne: teachings and practices of three TA schools*. New York: Harper's College Press, 1977.

附录 B　TA 的其他重要著作

本书包括22篇文章，主要探讨伯恩逝世后TA的发展兼谈TA的实际应用，并探索在19世纪70年代末期TA三种学派的本质与发展。

James, M.（ed.）, *Techniques in transactional analysis for psychotherapists and counselors*. Reading: Addison-Wesley, 1977.

本书包括一次讨论会的43篇论文，由穆里尔·詹姆斯主编。正如题目所述，本书主要关注TA的技术兼谈TA理论，有一章对TA与其他治疗流派的关系做探讨。

Stern, E.（ed.）, *TA: the state of the art*. Dordrecent: Foris Publications, 1984.

本书包含23篇文章，阐述了19世纪80年代中期TA的理论及实务。作者主要来自于欧洲的从业者们。

Stewart, I., *Eric Berne*. London: Sage, 1992.

本书详细描述和评价了伯恩对于心理治疗理论及实务的贡献，是塞奇系列书籍《心理咨询与治疗界的关键人物》中的一本书。

Stewart, I., *Developing transactional analysis counseling*. London：Sage, 1996.

本书是参加培训者以及TA咨询师和治疗师的实用手册，给出了30种有效促进个体转变的方法。

Tilney, T., *Dictionary of transactional analysis*. London: Whurr, 1998.

正如书名所述，本书是第一本TA理论与实践术语词典。

James, M., *Perspectives in transactional analysis*. San Francisco: TA Press, 1998.

本书是穆里尔·詹姆斯1968年至19世纪90年代末期间写的TA论文及书籍文章的选集。詹姆斯是伯恩在早期旧金山研讨班的同事，其文章广泛涵盖了该学科的诸多方面。

Tudor, K.（ed.）, *Transactional approaches to brief therapy*. London: Sage, 2001.

本书展现了在心理治疗或咨询的设置中，在相对较少的疗程内TA如何最有效地发挥作用。

Stewart, I., *Transactional analysis counseling in action*. London: Sage（3rd edn），2007.

本书的目标读者是受训者和TA咨询师与治疗师。本书描述了TA治疗的系统过程——从诊断和治疗计划到制定合约并按顺序实施既定的治疗计划。

Erskine, R.（ed.），*Life scripts: a transactional analysis of unconscious relational patterns*. London: Karnac, 2010.

本书是以人生脚本为主题的专题论文集，包括13篇文章，主要受众为资深读者。

Widdowson, M., *Transactional analysis: 100 key points and techniques*. London and New York: Routledge, 2010.

正如书名所述，本书给出了100个TA理论与实务知识点，措辞精准，旨在为合格的从业者及资深受训者提供指导。

经典学派

Steiner, C., *Scripts people live: transactional analysis of life scripts*. New York, Grove press, 1974.

本书详细探讨了人生脚本的理论及影响，是除伯恩的研究外探讨该主题的原始资料集。

Dusay, J., *Egograms*. New York: Harper and Row, 1977. *Other editions*: New York Bantam, 1980.

可读性很高的一本书，谈到杜谢的自我图的概念，附加讨论自我状态的功能模式以及经典学派的其他观点。

再决定学派

Goulding, R., and Goulding, M., *The power is in the patient*. San Francisco: TA press, 1978.

Goulding, M., and Goulding, R., *Changing lives through redecision therapy*. New York:

Bruner/Mazel, 1979.

这两本由高登夫妇所著的书探讨了再决定学派的理论与实务。第二本书的内容取材自他们刊登在期刊和专业论文集上的文章。

Kadis, L.（ed.）, *Redecision therapy: expanded perspectives.* Watsonville: Western Institute for Group and Family Therapy, 1985.

本书是一本涵盖再决定疗法理论与实践多方面主题的专题论文集。

贯注学派

Schiff, J., et al., *The Cathexis reader: transactional analysis treatment of psychosis.* New York: Harper and Rows, 1975.

本书详细阐述了席芙学派的理论，包括一些刊登在《TA杂志》上的文章。

关系疗法

Hargaden, H., and Sills, C., *Transactional analysis: a relational perspective.* London: Routledge, 2002.

本书是关系疗法在理论、原则及实务方面的核心著作。

Cornell, W., and Hargaden, H.（eds）, *From transactions to relations: the emergence of a relational tradition in transactional analysis.* Chadlington: Haddon Press, 2005.

本书是为资深读者提供的专题论文集，是理解TA关系疗法的主要书籍。

人格适应

Joines, V., *Joines personality adaptation questionnaire administration, scoring and interpretive kit*（*JPAQ*）. Chapel Hill, NCL Southeast Institute, 2002.（或在线寻找：www.seinstitute.com/book_videos_.html）

Joines, V., and Stewart, I., *Personality adaptation: a new guide to human understanding in psychotherapy and counseling.* Nottingham and Chapel Hill: Lifespace, 2002.

本书是基于TA概念理解人格的一本实用指导。本书介绍以研究为基础的六种人格适应类型，展示如何诊断并帮助每种类型的来访者进行个体转变，此外还为每种人格类型对应的心理治疗方法做了注解。

Kahler, T., *The process therapy model.* Little Rock: Taibi Kahler Associates, 2008.

泰比·凯勒是过程治疗模型的创始人，本书中他将自己对于该主题的最新思考呈献给读者。本书强调了阶段化的概念，即在这个过程中个体能获得其他人格类型的所有特质。此外本书还从治疗的角度回顾了驱力和过程脚本。

教育中的TA

Illsley Clarke, J., and Dawson, C., *Growing up again.* Center City: Jazelden, 1998.

本书旨在指导父母为孩子的健康成长提供必要的结构和照顾，同时它对从事儿童、青少年、家庭及学校工作的人也大有助益。

Napper, R., AND Newton, T., *Tactics: transactional analysis concepts for trainers, teachers and tutors.* Ipswich: TA Resources, 2000.

本书是为帮助他人学习的专业工作者提供的指导书，它通过人际沟通分析的框架探讨了学习过程中的关系。

Barrow, G., Bradshaw, E., and Newton, T. *Improving behavior and raising self-esteem in the classroom.* Abingdon: David Fulton, 2001.

本书一方面探讨了如何用TA影响校园文化并建设有活力的班级关系，另一方面还为老师解决学生的行为问题提供了支持与指导。

Hay, J., *Transactional analysis for trainers.* Hertford: Sherwood Publishing（2nd edn），2009.

本书将TA概念中的精华提取出来形成了一个可操作的框架，并且为教授个人和工作效率的个体提供了指导及活动建议。

组织中的TA

Mohr, G., and Steinert, T.（eds）, *Growth and change of organizations*. Bonn: Kulturpolitische Gesellschaft, 2006.

本书文章来自全世界的TA作者。它关注组织中的思考、感觉和行为模式，为个体和系统层面进行诊断和干预提供了方法，此外还从TA的视角对经济和社会进行了解读。

Hay, J., *Transactional analysis for trainers*. Hertford: Sherwood Publishing（2nd edn）, 2009（Op. cit., 参见上述注解）

Hay, J., *Working it out at work: understanding attitudes and building relationships*. Hertford: Sherwood Publishing（2nd edn）, 2009.

在这两本书中，作者将心理治疗师使用的模型转变为了易于理解的形式，并且将它们用在工作情境中。作者运用大量案例展示如何提高自我觉察以及解读人际之间的动力。

De Graaf, A., and Kunst, K., *Einstein and the art of sailing: a new perspective on the role of leadership*. Hertford: Sherwood Publishing, 2010.

本书使用爱因斯坦扮演一位高明的讯问者，目的是请读者思考有关现代领导力的核心问题，并分析优秀管理者需要哪些人格特点。

Mountain, A., and Davidson, C., *Working together: organizational transactional analysis and business performance*. Farnham and Burlington: Gower, 2011.

本书将TA理论及实务应用于工作场所，展示TA是如何改善交流沟通、决策制定和工作表现的。

Hay, J., *Donkey bridges for developmental TA: making transactional analysis accessible and memorable*. Hertford, Sherwood Publishing（2nd edn）, 2012.

本书的目标受众为已拥有专业TA知识的资深读者。本书展示了大量TA概念的讲述方法，使TA变得容易理解，而且最重要的是让大家的关注点落在健康而不是病理学上。

附录C
埃里克·伯恩纪念奖的获得者

"埃里克·伯恩科学纪念奖"设立于1971年，目的是纪念埃里克·伯恩的学术贡献。每年有一位在TA领域提出新的原创概念的学者获得此奖项，获奖者由ITAA编辑委员会判定。

1990年，ITAA理事会决定改变该奖项的名称及范围，变为今日的"埃里克·伯恩TA纪念奖"。每年该奖项授予在TA理论与实务、整合TA理论或将TA理论与其他心理治疗模型比较研究中有突出贡献的学者。获奖者由ITAA理事会委派的评审会评选出来。

下面是按时间顺序排列出来的1971—2011年获奖者名单，以及他们获得该奖的文章。该表摘自培训与认证委员会网站：

http://ta-trainingandcertification.net/exam_handbook_pdfs/Section4.pdf。

在中文网站上，有些奖项信息输入后会显示大量得奖作品资源（文章或书籍）。在下面的表格中，我们仅列出了每个查询的前两个结果，其余的查询结果会以"[Two further citation]"这样的形式标出。完整的获奖作品名单可参见上面给出的中文网站。

每条参考信息最后用括号括起来的斜体数字代表该话题在本书中的章节。

1971: Claude Steiner, SCRIPT MATRIX. Steiner, C., 'Script and counterscript'. *Transactional Analysis Bulletin*, 5, 18, 1966, 133-35. *(13)*

1972: Stephen Karpman, DRAMA TRIANGLE. Karpman, S., 'Fairy tales and script drama analysis'. *TAB,* 7, 26, 1968, 39-43. *(23)*
1973: John Dusay, EGOGRAMS. Dusay, J., 'Egograms and the constancy hypothesis'. *Transactional Analysis Journal,* 2, 3, 1972, 37-42. *(3)*
1974: Aaron Schiff and Jacqui Schiff, PASSIVITY AND THE FOUR DISCOUNTS. Schiff, A., and Schiff, J., 'Passivity'. *TAJ,* 1, 1, 1971, 71-8. *(17)*
1975: Robert Goulding and Mary Goulding, REDECISION AND TWELVE INJUNCTIONS. Goulding, R., and Goulding, M., 'New directions in transactional analysis'. In Sager and Kaplan (eds.), *Progress in group and family therapy.* New York: Brunner/Mazel, 1972, 105-34; *and* 'Injunctions, decisions and redecisions'. *TAJ,* 6, 1, 1976, 41-8. *(14)*
1976: Pat Crossman, PROTECTION. Crossman, P., 'Permission and protection'. *TAB,* 5, 19, 1966, 152-4. *(28)*
1977: Taibi Kahler, MINISCRIPT AND FIVE DRIVERS. Kahler, T., 'The miniscript'. *TAJ,* 4, 1, 1974, 26-42. *(15)*
1978: Fanita English, RACKETS AND REAL FEELINGS: THE SUBSTITUTION FACTOR. English, F., 'The substitution factor: rackets and real feelings'. *TAJ,* 1, 4, 1971, 225-30; *and* 'Rackets and real feelings, Part II'. *TAJ,* 2, 1, 1972, 23-5. *(21)*
1979: Stephen Karpman, OPTIONS. Karpman, S., 'Options'. *TAJ,* 1, 1, 1971, 79-87. *(7)*
1980 (joint award): Claude Steiner, THE STROKE ECONOMY. Steiner, C., 'The stroke economy'. *TAJ,* 1, 3, 1971, 9-15. *(8)*
1980 (joint award): Ken Mellor and Eric Sigmund, DISCOUNTING AND REDEFINING. Mellor, K., and Sigmund, E., 'Discounting'. *TAJ,* 5, 3, 1975, 295-302; *and* Mellor, K., and Sigmund, E., 'Redefining'. *TAJ,* 5, 3, 1975, 303-11. *(17, 18, 19)*
1981: Franklin H. Ernst, Jr., THE OK CORRAL. Ernst, F., 'The OK corral: the grid for get-on-with'. *TAJ,* 1, 4, 1971, 231-40. *(12)*
1982: Richard Erskine and Marilyn Zalcman, RACKET SYSTEM AND RACKET ANALYSIS. Erskine, R., and Zalcman, M., 'The racket system: a model for racket analysis'. *TAJ,* 9, 1, 1979, 51-9. *(22)*
1983: Muriel James, SELF-REPARENTING. James, M., 'Self-reparenting: theory and process'. *TAJ,* 4, 3, 1974, 32-9. *(28)*
1984: Pam Levin, DEVELOPMENTAL CYCLES. Levin, P., 'The cycle of development'. *TAJ,* 12, 2, 1982, 129-39. *(2)*
1985, 1986: Not awarded.
1987: Carlo Moiso, EGO STATES AND TRANSFERENCE. Moiso, C., 'Ego states and transference'. *TAJ,* 15, 3, 1985, 194-201. *(−)*
1988 through 1993: Not awarded.
1994 (joint award): Sharon R. Dashiell *(area: Practice Applications).* Dashiell, S., 'The Parent resolution process: reprogramming psychic incorporations in the Parent'. *TAJ,* 8, 4, 1978, 289-94. *(−)*
1994 (joint award): John R. McNeel *(area: Practice Applications).* McNeel, J., 'The Parent Interview'. *TAJ,* 6, 1, 1976, 61-8. *(−)*
1994 (joint award): Vann S. Joines *(area: Integration of TA with Other Theories and Approaches).* Joines, V., 'Using redecision therapy with different personality adaptations'. *TAJ,* 16, 3, 1986, 152-60;

and 'Diagnosis and treatment planning using a transactional analysis framework'. *TAJ, 18,* 3, 1988, 185-90. *(16)*
1995 (joint award): Peg Blackstone *(area: Integration of TA with other Theories and Approaches).* Blackstone, P., 'The dynamic Child: integration of second-order structure, object relations, and self psychology'. *TAJ, 23,* 4, 1993, 216-34. *(–)*
1995 (joint award): Jean Illsley Clarke *(area: Practice Applications).* Applied Transactional Analysis in Parent Education. Illsley Clarke, J., *Self-esteem: a family affair.* San Francisco: Harper, 1978; *Self-esteem: a family affair reader guide.* San Francisco: Harper, 1981. *(–)*
1996: Alan Jacobs *(area: Theory).* Transactional Analysis and Social Applications. Jacobs, A., 'Autocratic power', *TAJ, 17,* 1987, 59-71; 'Nationalism', *TAJ, 20,* 1990, 221-228. *[Two further citations] (-)*
1997: Fanita English *(area: Theory).* Hot Potato Transmission and Episcript. English, F., 'Episcript and the "Hot Potato" game', *TAB, 8,* 32, 1969, 77-82. *(14)*
1998 (joint award): Richard G. Erskine and Rebecca L. Trautmann *(area: Comparison and/or Integration).* 'Ego state analysis: a comparative view', *TAJ, 11,* 1981, 178-185; 'Ego structure, intrapsychic function, and defense mechanisms: a commentary on Eric Berne's original theoretical concepts', *TAJ 18,* 1988, 15-19. *[Seven further citations] (2, 4)*
1998 (joint award): James R. Allen and Barbara Ann Allen *(area: Theory).* Allen, J., and Allen, B., 'Narrative theory, redecision therapy and postmodernism', *TAJ, 25,* 1995, 327-334; 'A New type of transactional analysis and one version of script work with a constructionist sensibility', *TAJ, 27,* 1997, 89-98. *[One further citation] (–)*
1999 through 2001: Not awarded.
2002: Leonard Schlegel *(area: Theory).* Schlegel, L., 'What is transactional analysis?', *TAJ, 28,* 1998, 269-287. *(1)*
2003: Michele Novellino *(area: Theory).* 'Unconscious communication and interpretation in transactional analysis', *TAJ, 20,* 3, 1990, 168-172. *(–)*
2004: Pearl Drego *(area: Permission Ritual Therapy).* 'Changing systems through correlations of injunction inventories,' in Lapworth, P. (ed.), *The Maastricht Papers: Selections from the 20th EATA Conference* (pp. 5-19), Amersfoort: EATA, 2004. Also *Building family unity through permission rituals: permissions and ego state models,* Bombay: Alfreruby Publishers. *(–)*
2005: Graham Barnes: The circularity of theory and psychopathology with specific identification in the construction of schizophrenia, alcoholism, and homosexuality. Chapters 5 and 6 of Graham's doctoral dissertation, *Psychopathology of psychotherapy: a cybernetic study of theory* (Royal Melbourne Institute of Technology, Melbourne, Victoria, Australia) *and* 'Homosexuality in the first three decades of transactional analysis: a study of theory in the practice of transactional analysis psychotherapy,' *TAJ, 34,* 2004, 126-155. *(–)*
2006: Theodore B. Novey, 'Measuring the effectiveness of transactional analysis: an international study.' *TAJ, 32,* 1, 2002, 8-24. *(–)*
2007 (joint award): Helena Hargaden and Charlotte Sills: New theory of relational domains of transference. Chapters 4 and 5 in Hargaden, H., and Sills, C., *Transactional analysis – a relational perspective,* Hove: Brunner-Routledge, 2002. *(29)*

附录C 埃里克·伯恩纪念奖的获得者

383

2007 (joint award): Bernd Schmid: New theory, role concept transactional analysis and social roles. In Mohr, G., and Steinert, T. (eds.), *Growth and change for organizations: transactional analysis new developments 1995-2006* (pp. 32-61). Pleasanton, CA: ITAA. (Original work published 1994). *(–)*

2008: Gloria Noriega Gayol: New theory, Mechanisms for transmitting transgenerational scripts. Noriega Gayol, G., 'Codependence: a transgenerational script,' *TAJ 34*, 2004, 312-322; *and* 'Construcción y validación del instrumento de codependencia (ICOD) para mujeres mexicanas [Construction and validation of the codependency instrument (ICOD) for mexican women],' April 2002 *Revista Salud Mental.* *(–)*

2009: Dolores Munari Poda: Practice application, New techniques in the treatment of children and ensuing theory. Munari Poda, D., 'Every child is a group: the girl of the snakes,' *TAJ, 34*, 2004, 52-68. *(–)*

2010: William F. Cornell: The relational and somatic organization of the Child ego state: expanding our understanding of script and script protocol. *(Area: Theory).* Cornell, W.F., 'Life script theory: a critical review from a developmental perspective', *TAJ, 18,* 1988, 270-282; 'Babies, brains, and bodies: somatic foundations of the Child ego state.' In Sills,C., and Hargaden, H.(eds.), *Ego states (key concepts in transactional analysis: contemporary views)* (pp. 28-54). London: Worth Publishing, 2003. *[One further citation] (4, 10-13)*

2011: Not awarded.

Details of Eric Berne Memorial Awards after 2011 will be posted periodically on:
http://ta-trainingandcertification.net/exam_handbook_pdfs/Section4.pdf.

附录D
TA的组织

至本书的第二版（2012年1月）出版为止，TA的组织包括世界性的国际人际沟通分析协会（简称ITAA），还有负责欧洲大陆的欧洲人际沟通分析协会（简称EATA）。除了这两个国际性组织，还有遍布世界各地的许多国家性或区域性的人际沟通分析协会。

在本书第三十章中，我们简短地阐述了ITAA和EATA的发展历史。附录E将谈到这两个协会关于TA的训练和资格认定的规定。在该附录中，我们将描述这两个组织截至2012年1月的现有结构、成员分类及联系方式。一些细节可能会在我们下次出版前因实际情况而变，所以我们推荐读者自行登录网站查询相关信息。

国际人际沟通分析协会

ITAA是根据美国法律成立的非营利的教育性法人团体，该组织现今拥有遍布52个国家的超过1200名会员。该组织会员由ITAA理事会直接管理。

ITAA提供五种不同的会员形式。第一种叫准会员，是指对TA有兴趣，但是没有投票权的会员，凡是支持ITAA的人本精神的人均可加入。第二种是学生会员，专为全日制大学生而设。不同于准会员，学生会员拥有投票权。第三种是普通会员，指支持TA理论，拥有投票权，但得到其他心理学流派认证的人。此种会员同时也要为ITAA BOC（资格认定理事会）或EATA COC（资格认定委员会）的资格认证做准备。若想成为此种会员必须参加TA101课程或考试，并且拥有人际沟通分析教师和/或督导师（TSTA）或者临时TSTA（PTSTA）的签名认证（具体关于P/TSTA的资质信息请参加附录E）。

第四种是认证人际沟通分析师会员，要取得该资格必须接受专业教师或督导的训练然后通过笔试和口试（参见附录E）。这种会员可以专攻以下方向：咨询、心理治疗、组织和教育。

第五种是认证人际沟通分析教师和/或督导师会员，指在TA应用方面认证合格，并且能够作为CTA或TSTA在教育、组织、咨询或心理治疗方面培训和/或督导他人通过资质认定的人（参见附录E）。

目前，ITAA的会员可以向个人开放，但是没有向组织开放（这个问题正在商讨当中，一些国家性协会将ITAA的会员纳入了自己的会员）。本书写作之时，ITAA正在讨论对组织结构做出重大调整。这样做的主要目的是为了应对ITAA会员和活动的日趋国际化，以及区域性和国家性TA组织的不断增加（参加第三十章）。

关于ITAA的进一步资料请参见：ITAA, 2843 Hopyard Road, Suite 155, Pleasanton, CA 94588, USA. 网站：www.itaaworld.org。电子邮件地址请参见网站。电话或传真：+1925-600-8112。

欧洲人际沟通分析协会

EATA是根据瑞士法律成立的非营利性法人团体，该组织现今拥有超过7550名会员，分属27个欧洲国家的34个TA组织中。

EATA是"伞形"的组织，是欧洲范围内国家性和区域性TA协会的联盟。通常，EATA下属国际或区域性协会的会员可以自动加入EATA。除了在极特殊情况下，EATA不能取消个人的会员资格。

正因如此，EATA本身并没有正式的会员分类。相反，EATA内的各种国家和区域协会可以做自己的会员分类。大体来说，它们的分类跟ITAA的类似（EATA与ITAA的TA资格认定分类是相同的，参见附录E）。

EATA下属国家和区域性协会的代表组成了一个委员会，EATA的管理要受到该委员会的影响。

若需获取进一步信息，请参见：EATA Executive Secretary, Silvanerweg 8, 78464 Konstanz, Germany. Tel: +49 7531 95270；传真：+49 7531 95271。网站：www.eatanew.org；电子邮件：EATA@gmx.com。

ITAA与EATA的关系

在法律和功能方面，EATA完全脱离了ITAA，尽管后者仍作为主要TA组织被广泛认可。在实践操作中，EATA监管欧洲大陆的TA活动及发展，而在欧洲之外这个职能则由ITAA履行。尽管两者是独立的，但两个国际组织的合作却十分紧密。而让这种紧密联系成为可能的是二者信息互通、相互合作、彼此认可的组织结构。

国家和区域性组织

我们在这里并没有给出国家和区域性TA协会的联系方式，因为这些联系方式因组织选举的原因时常改变。此外，新的协会也在不断形成，既存协会也在合并或消亡。

现有国家和区域性组织的联系方式由ITAA或EATA保存。因此，如果你想要寻找特定区域或国家内TA组织的联系方式，最好是先从上述这两大组织的网站中寻找。如果这个方法不行，我们建议你直接在搜索引擎中输入"人际沟通分析"并加上那个区域或国家的名称。

附录E
TA的培训与资格认定

至本书的第二版（2012年1月）出版为止，世界上有两个组织可以提供国际认可的TA培训和资格认定，它们分别是ITAA和EATA。

ITAA的培训和资格认证事宜由培训与认证委员会（简称T&CC）负责。因受到美国法律的限制，该组织从ITAA中独立出来运作，但与ITAA有着紧密的联系。T&CC拥有两个委员会：培训事宜由其下的培训标准委员会（Training Standards Committee，简称TSC）负责，考试安排和证书颁发则由认证审议会（Board of Certification，简称BOC）负责。在EATA中，相关的事务分别由专业培训标准委员会（Professional Training Standards Committee，简称PTSC）和认证委员会（Commission of Certification，简称COC）负责。

目前T&CC和EATA在培训和考试方面的合作，由一个联合委员会即人际沟通分析资格认证委员会（Transactional Analysis Certification，简称TACC）主持进行。这样就可以做到一方认证的资质，另一方也予以承认。两个组织的培训和资格认证流程几乎完全相同，它们各自的培训和考试手册也基本一样。

本附录余下的信息均来自T&CC及EATA最新版手册（2012年1月出版）。读者可以在下列网站中找到相关的具体信息，并追溯培训与认证过程的历史沿革：

T&CC工具书：

http：//ta-trainingandcertification.net/ta-training-and-exams-handbook，html

EATA工具书：www.eatanews.org/handbook.htm

培训与资格认定的目的

国际培训与认证项目的目的是：确保每一个沟通分析师都有足够的专业能力与伦理，以帮助有需要的个人和机构；协助发展、澄清、简化、评估TA的理论与方法；促进TA专业评估的能力；促使TA订立合约的方式可以应用到各种相关领域。

目前，TA的专业资质分为两种，一是对人际沟通分析的应用，另一个是在TA的四个专业领域教授或培训他人：（1）心理治疗；（2）咨询；（3）组织；（4）教育。

要想成为认证的人际沟通分析师（Certified Transactional Analyst，简称CTA），个体在接受培训后需得到ITAA或EATA认可的认证委员会的认证，证明他有能力在自己的专业领域中应用TA。要想取得人际沟通分析教学和/或督导的资格，个体在接受培训和督导后，需被认证有教授TA知识（Teaching Transactional Analyst，简称TTA），和/或督导他人使用TA（Supervising Transactional Analyst，简称STA）的能力

正在接受培训和督导准备获取T/STA资格的专业人士，可以被任命为他们那个领域的人际沟通分析临时教学和/或督导师（PT/STA）。

TA培训与资格认定中包含哪些内容？

要成为ITAA或EATA的认证沟通分析师，必须经过以下步骤：

1. 接受TA101课程训练或是通过TA101的笔试；

2. 提交申请并支付ITAA或EATA会员水平的CTA认证培训相应的费用；

3. 在你想接受培训的专业领域找一位有TSTA或PTSTA资格的专家做你的主要督导师，并跟他签订"培训合约"；

4. 培训和督导的内容必须符合BOC或COC的考试要求；

5. 通过BOC/COC认证沟通分析师（CTA）的认证考试；

6. 提交申请并支付ITAA或EATA会员水平的CTA合格者相应的费用。

若想成为TA培训师和/或督导师，你可以选择接受沟通分析教师的认证，还是沟通分析督导师的认证，再或者两者都要。取得资格的过程如下：

1. 成为你想给他人培训的那个专业领域的CTA；

2. 参加一个正式的培训认可工作坊（Training Endorsement Workshop，简称TEW），获得TEW成员认可后可以开始接受训练；

3. 提交申请并支付ITAA或EATA会员水平的接受T/STA认证培训相应的费用；

4. 在你想接受培训的专业领域找一位有TSTA资格的专家做你的主要督导师，并跟他签订"培训合约"（这可以让你获得专业领域PT/STA的资格）；

5. 培训和督导的内容必须符合BOC或COC的考试要求；

6. 通过BOC/COC的T/STA认证考试；

7. 提交申请并支付ITAA或EATA会员水平的T/STA合格者相应的费用。

TA101课程

TA101是埃里克·伯恩给人际沟通分析基本理论与方法起的名字。数字101在美国各大学普遍用来称呼某种科目的基本导论课，它能让你对这个科目有一个大体了解。

TA101是ITAA或EATA官方认定的人际沟通分析的入门课程，其目的是提供关于TA统一而准确的资讯。合乎标准的TA101课程必须符合下述要求：

1. 教师必须得到官方认证可以教授TA101课程，也就是说，教师必须是TSTA

（或TTA），或PTSTA（或PTTA），再或者是TA101教师；

2. 课程内容必须包括官方的TA101课程概要（作者注：本书第二版使用的是2008年版的课程概要，见附录F）；

3. 课程时间至少要保证12个小时。授课形式和授课区间可以灵活掌握（例如占用一个周末或几周），可以超过12个小时，还要让学员有体验练习；

TA101的笔试测验可以替代参加课程或工作坊，因为全球有越来越多的人对TA的基本原理有充分了解，但无法参加官方的TA101课程。此类学员可直接参加考试，并由专业教师评分。如果通过考试，他们则具有跟参加过TA101课程一样的加入会员和接受训练的资格。

资格认定的条件

以下是成为CTA或T/STA的训练及督导要求：

CTA：成为CTA的最低培训时间是1年，重点在于达到能胜任的程度，多数学员所花的时间会多于1年。从最开始的CTA训练到最终测验通常需要4至6年，具体时间取决于受训者以前的经验。在这一阶段受训者最少需要用2000小时完成以下内容：

——750小时与来访者接触，其中至少有500小时必须应用TA理论；

——600小时专业训练，其中至少有300小时必须应用TA理论；

——150小时接受督导，其中至少有75小时由PTSTA或TSTA进行督导，并且至少有40小时由主要督导师进行督导；

——另外500小时用来进行专业发展，由主要督导者根据国情需要决定具体内容。

尽管ITAA或EATA并没有规定受训者需要接受个体心理治疗，但这也可视为训练的一部分。一些国家规定了受训者需要接受个体心理治疗的具体小时数，此外根据国家的不同还会有其他附加需求。这要符合每个国家的法律和专业规范。

附录 E　TA 的培训与资格认定

为了能通过 CTA 测验，应试者必须展示出他们已经达到本国的附加需求。

CTA 资格认定包括笔试和口试，参加口试前必须先通过笔试。口试由 4 名已获得 T/STA、PT./STA 或 CTA 资格的专家作为主试，重点考察考生以录音或录像形式提供的工作样本。

T/STA：作为 TTA 的资格认定，受训者必须在 TSTA 或 TTA 督导下教授 TA 101 课程，并必须在其专业领域内完成 300 小时的教学，其中至少有 45 小时必须在 TSTA 或 TTA 的督导下完成，并且至少有 12 小时需在国家性或国际性研讨会中进行报告。STA 资格认定需要受训者有 500 小时在其专业领域督导别人的经验，其中 50 小时必须在 TSTA 或 TTA 的督导下完成。此外，所有 T/STA 的候选人必须完成 100 小时的继续专业教育。

T/STA 资格认定的口试由已获得 T/STA 资格的专家作为主试，包括三个部分：理论、组织与伦理；教学能力（针对 TSTA 或 TTA 的候选人）；督导能力（针对 TSTA 或 STA 的候选人）。理论、组织与伦理部分的测验必须在候选人进行其他测验前完成。

附录F
TA101课程概况

下面的内容是TA101课程的概述，由培训和认证委员会发行。这是2008年8月的版本，也是本书发行之时的最新版本。

用括号括起来的斜体数字表示该主题在本书中所处的章节。

注释：

1. 标有部分（A，B）及数字（1，2，a，b）的项目是基本的和必须的，标有●的项目是可选可不选的，可以给培训师以指导。

2. 下述概要的教授顺序由培训师自由决定。

3. 标有*的部分需以书面形式与学生交流，不能直接教授。

A. 对TA101课程目的的阐述（见附录E）

B. 预期效果

课程结束时，参训学员将能够：

1. 描述人际沟通分析基本的理论概念。
2. 将基本的人际沟通分析概念应用于问题解决。

3. 运用人际沟通分析的概念，辨识一系列人际行为及内部过程。

C. 人际沟通分析的定义和潜在价值以及应用领域

1. 人际沟通分析的定义（*1*）

2. 价值基础（哲学原理）（*1*，*27*）

3. 自主的定义（*27*）

4. 合约的方法（*1*，*26*）

5. 应用领域——根据过程的不同（*28*，*29*，附录E）

a）咨询（*1*，*28*）

b）教育（*1*，*29*）

c）组织（*1*，*29*）

d）心理治疗（*1*，*28*）

D. 人际沟通分析发展的简要概述

1. 埃里克·伯恩（*30*）

· 谁是埃里克·伯恩（*30*）

· 他的思想的发展（*30*）

· 伯恩相关重要著作列表*（*30*，附录A）

2. 人际沟通分析的发展

· 后伯恩时期人际沟通分析理论及方法的演化（后伯恩时期理论及方法的发展贯穿于本书，主要参见第15—16、17—20及27—30章）

· 埃里克·伯恩纪念奖*（附录C）

· 埃里克·伯恩纪念奖获奖者列表*（附录C）

3. 人际沟通分析组织

· 世界范围的TA：国家、区域、多国及国际性TA协会*（附录D）

E. 人格理论—自我状态

1. 动机理论—结构、刺激及关注饥渴（*8*，*9*）

2. 自我状态的定义（*2*，*4*）

3. 自我状态的结构模型（*2*，*4*）

  · 自我状态的识别及四种诊断方式（*5*）

  · 内部对话（*4*）

4. 污染和排除（*6*）

5. 自我状态的行为线索（*3*）

  · 自我图（*3*）

  · 选择（*7*）

F. 沟通理论—严格意义上的人际沟通分析

1. 交流（*7*）

  · 交流的定义（*7*）

  · 交流的种类（*7*）

  · 交流的定律（*7*）

2. 安抚（*8*）

  · 安抚的定义（*8*）

  · 安抚的种类（*8*）

  · 安抚经济观（*8*）

3. 社交时间结构（*9*）

G. 人生模式的理论—脚本

1. 心理游戏分析（*23*）

a）心理游戏的定义（*23*）

· 玩游戏的原因（*24*）

· 游戏的好处（*24*）

· 游戏的案例（*23—25*）

· 游戏的等级（*23*）

b）心理游戏过程的描述方法（*23*）

· 戏剧三角形（*23*）

· G公式（*23*）

· 心理游戏交流图（*23*）

2. 扭曲分析（*21*）

a）扭曲的定义及其结局（*21*）

· 交易点券（*21*）

b）内部或心理内部过程的意义（*21，22*）

c）扭曲与交互、游戏及脚本的关系（*21*）

· 扭曲系统和扭曲分析（*22*）

3. 脚本分析（*10—15*）

a）心理地位（*12*）

· 心理地位、"好"的定义（*12*）

· 四种心理地位（*12*）

· 心理地位与游戏及脚本的关系（*12，24*）

b）脚本（*10—15*）

1）脚本的定义（*10*）

2）儿童早期经历中的脚本起源（*10，13，14*）

3）脚本发展的过程（*13，14*）

· 禁止信息（*13，14*）

- 属性（*13*）
- 应该信息（*13*）
- 早期决定（*10, 14*）
- 躯体性的成分（*11*）
- 程式（*14*）
- 脚本改变（*27*）
- 脚本图及其他脚本图示（*13, 22*）

H. 人际沟通分析的方法论

- 团体和个体方法（*28, 29*）

注释与参考文献

第一章

1. 该定义刊登在每期《TA杂志》的刊首。
2. 关于TA的哲学和基本概念，请参考：

Berne, E., *Principles of group treatment*. New York: Oxford University Press, 1966, chapter 10.

James, M. (ed), *Techniques in transactional analysis for psychotherapists and counselors*. Reading: Addison-Wesley 1977, chapter 3.

James, M., and Jongeward, D., *Born to win: transactional analysis with gestalt experiments*. Reading: Addison-Wesley, 1971 (other editions include: gestalt experiments. New York: Signet, 1978), chapter 1.

Steiner, C., *Scripts people live: transactional analysis of life scripts*. New York: Grove Press, 1974, introduction.

Stewart, I., *Eric Berne*. London: Sage, 1992, chapters 2 and 3.

第二章

1. 关于自我状态的本质和定义，请参考：

Berne, E., *Transactional analysis in psychotherapy*. New York: Grove press, 1961,

1966, chapter 2.

Berne, E., *Games people play.* New York: Grove press, 1964, chapter 1.

Berne, Principles of group treatment, chapter 10.

Berne, E., *Sex in human loving.* New York: Simon and Schuster, 1970, chapter 4.

Berne, E., *What do you say after you say hello?* New York Grove Press, 1972, chapter 2.

McCormick, P. (ed.), *Intaition and ego states.* New York: Harper and Row, 1977, chapter 6.

2. 伯恩曾在不同时期给"自我状态"不同的定义。这里的定义选自《团体治疗的原则》(*Principles of group treatment*)一书。伯恩当时并没有使用"思考"一词，但是从上下文可以看出，他所用的"经验"一词包括了"思考"的意思。

3. 关于自我状态线索的实证研究和TA的其他问题，请参考：

Sterre, D., *Bodily expressions in psychotherapy.* New York: Brunner/Mazel, 1982.

Falkowski, W., Ben-Tovim, D., and Bland, J., 'The assessment of the ego-states'. *British Journal of Psychiatry*, 137, 1980, 572-573.

Gilmour, J., 'Psychophysiological evidence for the existence of ego-states'. *TAJ*, 11, 3, 1981, 207-212.

Williams, J., et al., 'Construct validity of transactional analysis ego-states'. *TAJ*, 13, 1, 1983, 43-49.

4. 关于伯恩所解释的自我状态和弗洛伊德的三种构念有什么不同，可参考《直觉与自我状态》《心理治疗中的TA》和《团体治疗的原则》，还有：

Drye, R., 'The best of both worlds: a psychoanalyst looks at TA'. In: Barnes, G. (ed), *Transactional analysis after Eric Berne: teachings and practices of three TA schools.* New York: Harper's College Press, 1977, chapter 20.

Drye, R., *Psychoanalysis and TA.* In: James (ed), Techniques in transactional analysis…, chapter 11.

Stewart, *Eric Berne.* chapter 4, pp.106-110.

5. Berne, *TA in psychotherapy*, chapter 5, p.37. 也可参考：Stewart, *Eric Berne*, chapter 2, p.27.

6. 过度简化的模型如何破坏TA理论的结构的深入讨论，请参考：Stewart, *Eric Berne*, chapter 4, pp.122-126.

第三章

1. 关于功能分析，请参考：

Berne, E., *The structure and dynamics of organizations and groups*. Philadelphia: J. B. Lippincott Co., 1963 (other edition: New York: Grove Press, 1966; and New York: Ballantine, 1973), chapter 9.

Dusay, J., *Egograms*. New York: Harper and Row, 1977, chapter 1.

Kahler, T., *Transactional analysis revisited*. Little Rock: Human Development Publications, 1978, chapter 1.

2. 关于自我图，请参考：杜谢《自我图》的所有章节，及Dusay, J., 'Egogrms and the constancy hypothesis'. *TAJ*, 2, 3, 1972, 37-42.

杜谢将术语"自我图"保留了下来，此图以条形图的形式分析个体功能性自我状态，其操作要由他人来进行。如果给自己做分析，那就是杜谢说的"心理图"了。我们倾向两者均以"自我图"来表示。

3. 关于功能模型的概念化要使用长方形图示而非三圆图示，请参考：

Stewart, I., 'Ego states and the theory of theory: the strange case of the Little Professor'. *TAJ*, 31, 2, 2001, 133-147.

Temple, S., 'Update on the functional fluency model in education'. *TAJ*, 34, 3, 2001, 197-204.

第四章

1. 伯恩版第二层次结构模型的参考文献大部分都列在第二章的注解（1），其他请参考：

Berne, *Transactional analysis in psychotherapy*, chapters 16 and 17.

Schiff, J., et al., *The Cathexis reader: transactional analysis treatment of psychosis*. New York: Harper and Row, 1975, chapter 3.

Steiner, *Scripts people live*, chapter 2.

更深入治疗，请参考：

Drego, P., 'Ego-state models'. TASI Darshan, 1, 4, 1981.

Drego, P., *Towards the illumined child*. Bombay: Grail, 1979.

Erskine, R., 'A structural analysis of ego.' Keynote speeches delivered at the EATA conference, July 1986. Geneva: EATA, 1987, speech 2.

Erskine, R., 'Ego structure, intrapsychich function, and defense mechanisms: a commentary on Eric Berne's original theoretical concepts'. *TAJ*, 18, 1, 1988, 15-19.

Hohmuth. A., and Gormly, A., 'Ego-state models and personality structure'. *TAJ*, 12, 2, 1982, 140-143.

Holloway, W., 'Transactional analysis: an integrative view'. In: Barnes (ed), Transactional analysis after Eric Berne, chapter 11.

Sills, C., and Hargaden, H. (eds), Ego States. London: Worth, 2003.

Summerton, O., 'Advanced ego-state theory.' TASI Darshan, 2, 4, 1982.

Trautmann, R., and Erskine, R., 'Ego-state analysis: a comparative view.' *TAJ*, 11, 2, 1981, 178-185.

2. 关于用"同心圆"表征儿童自我状态的发展，请参考：

English, F., 'What shall I do tomorrow? Reconceptualizing transactional analysis'. In: Barnes (ed.), *Transactional analysis after Barnes*, chapter 15.

English, F., 'How are you? And how am I? Ego states and inner motivator'. In: Sills and Hargaden (eds), Ego States, chapter 3.

3. 关于儿童发展的简介，可以读：Donaldson, M., *Children's minds*. London: Fontana, 1978.

要深入了解皮亚杰关于儿童发展的理论，与其读他本人汗牛充栋的著作，不如读经过别人整理的介绍，例如：Maier, H., *Three theories of child development*. New York: Harper and Row, 1969.

埃里克·埃里克森关于儿童情感发展的阐述，请参考：Erikson, E., Childhood and society. New York: W. W. Norton, 1950.

也可参考：Mahler, M. S., *The psychological birth of the human infant*. New York: Basic Books, 1975.

4. 关于在TA框架中阐述儿童发展，请参考本章注解（2）范尼塔·英格里斯的文章，也可参考：

Babcock, D., and Keepers, T., *Raising kids okay: transactional analysis in human growth & development*. New York: Grove Press, 1976.

Levin, P., *Becoming the way we are*. Berkeley: Levin, 1974.

Levin, P., 'The cycle of development'. *TAJ*, 12, 2, 1982, 129-139.

Schiff et al., *Cathexis reader*, chapter 4.

5. Joines, V., 'Differentiating structural and functional'. *TAJ*, 6, 4, 1976, 377-380. 也可参考：

Kahler, *Transactional analysis revisited*, chapter 1.

第五章

1. 关于自我状态的四种诊断方法，请参考：

Berne, Transactional analysis in psychotherapy, chapter 7.

Berne, Structure and dynamics of organizations and groups, chapter 9.

James (ed.), Techniques in transactional analysis..., chapter 4. 同时也可参考 David, Steere, *Bodily expressions in psychotherapy*，引证自本书第2章注解（3）

2. 关于伯恩的能量理论，请参考：*Transactional analysis in psychotherapy*, chapter 3; and Principles of group treatment, chapter 13. 也可参考：

Kahler, *Transactional analysis revisited*, chapter 4.

Schiff et al., *Cathexis reader*, chapter 3.

第六章

1. 关于结构性病态，请参考：

Berne, *Transactional analysis in psychotherapy*, chapter 4.

Erskine, R., and Zalcman, M., 'The racket system: a model fro racket analysis'. *TAJ*, 9, 1, 1979, 51-59.

James, M., and Jongeward, D., *The people book*. Menlo Park: Addison-Wesley, 1975, chapter 8.

James and Jongeward, *Born to win*, chapter 9.

Schiff et al., Cathexis reader, chapter 3.

2. 关于双重污染和脚本的关系，请参考：

Erskine, R., and Zalcman, M., 'The racket system…' p. 53.

Kahler, Transactional analysis revisited, chapter 47.

3. Berne, *TA in psychotherapy*, chapter 4, pp. 29-30. 也可参考：Kahler,

Transactional analysis revisited, chapter 2.

第七章

1. 关于交流分析，请参考：

Berne, *Transactional analysis in psychotherapy*, chapter 9.

Berne, *Games people play*, chapter 2.

Berne, *Principles of group treatment*, chapter 10.

Berne, *What do you say...*, chapter 2.

James and Jongeward, *Born to win*, chapter 2.

Steiner, C., *Games alcoholics play*. New York: Grove Press, 1971, chapter 1.

2. Karpman, S., 'Options'. *TAJ*, 1, 1, 1971, 79-87.

第八章

1. 关于安抚和饥渴的本质与定义，请参考：

Berne, *Games people play*, Introduction.

Berne, *Sex in human loving*, chapter 6.

Haimowitz, M., and Haimowitz, N., *Syffering is optional*. Evanston: Haimowoords Press, 1976, chapter 2.

James and Jongeward, *Born to win*, chapter 3.

Striner, *Scripts people live*, chapter 22.

2. Spitz, R., 'Hospotalism: genesis of psychiatric conditions in early childhoods'. Psychoanalytic studies of the child, 1, 1945, 53-74.

3. Levine, S., 'Stimulation in infancy'. *Scientific American*, 202, 5, 80-86.

4. Steiner, C., 'The storke economy'. *TAJ*, 1, 3, 1971, 9-15.

5. McKenna, J., 'Stroking profile'. *TAJ*, 1, 4, 1974, 20-24.

6. English, F., 'Strokes in the credit bank for David Kupfer'. *TAJ*, 1, 3, 1971, 27-29.

7. Pollitzer, J., 'Is love dangerous?' Workshop presentation, 1980, unpublished.

8. Kahler, *Transactional analysis revisited*, chapter 16.

第九章

1. 关于时间结构的类型，请参考：

Berne, *Games people play*, chapter 3, 4, 5.

Berne, *Principles of group treatment*, chapter 10.

Berne, *Sex in human loving*, chapter 3 and chapter 4. 后者包括伯恩关于自我状态与亲密的描述。

Berne, *What do you say...*, chapter 3.

James and Jongeward, *Born to win*, chapter 3.

2. Boyd, L., and Boyd, H., 'Caring and intimacy as a time structure'. *TAJ*, 10, 4, 1980, 281-283.

第十章

1. 关于脚本的本质、起源和定义，请参考：

Berne, *Transactional analysis in psychotherapy*, chapter 11.

Berne, *Principles of group treatment*, chapter 10 and 12.

Berne, *What do you say...*, chapter 2, 3-6, 8-10.

English, F., 'What shall I do tomorrow? Reconceptualizing transactional analysis.' In: Barnes (ed.), *Transactional analysis after Barnes*, chapter 15.

Erskine, R., 'Life scripts: unconscious relational patterns and psychotherapeutic involvement'. In: Erskine, R., (ed.), *Life scripts: a transactional analysis of unconscious relational patterns*. London: Karnac, 2010, chapter 1, pp. 1-28.

Holloway, W., 'Transactional analysis: an integrative view.' In: Barnes (ed), *Transactional analysis after Eric Berne*, chapter 11.

Goulding, M., and Gouldling, R., *Changing lives through redecision therapy*. New York: Brunner/Mazel, 1979, chapter 2.

James and Jongeward, Born to win, chapter 3.

Steiner, *Scripts people live*, chapters 3, 4, 5.

Stewart, I., *Transactional analysis counseling in action*. London: Sage（3rd edn）, 2007, chapter 3, pp. 21-37.

2. Woollams, S., 'From 21 to 43'. In: Barnes (ed.), *Transactional analysis after Eric Berne*, chapter 16.

3. 关于儿童发展的资料，请参考第四章注解（4）。潘·莉文因对"发展的循环"的研究获得了埃里克·伯恩纪念奖。她在文章中谈到人生脚本的发展并不是到少年时期就完成了，相反，发展的阶段会在一生中不断循环下去。

第十一章

1. 关于脚本内容的分类，还有人生脚本的主题如何在生活中表现出来，请参考：

Berne, *What do you say...*, chapters 3, 11.

Steiner, *Scripts people live*, chapters 6-12.

2. Woollams, S., 'Cure!?' *TAJ*, 10, 2, 1980, 115-117.

3. Berne, *What do you say...*, chapters 14, 17. 脚本心理层面的其他观点，请参考：

Cassius, J., Body scripts. Memphis: Cassius, 1975.

Cornell, W., 'Whose body is it? Somatic relations in script and script protocol'. In: Reskine (ed.), Life scripts, chapter 5, pp. 101-125.

Lenhardt, V., 'Bioscripts'. In: Stern (ed.), *TA: the sate of the art*, chapter 8.

第十二章

1. 关于心理地位，请参考：

Berne, Principles of group treatment, chapter 12.

Berne, What do you say..., chapter 5.

Berne, E., 'Classification of positions'. *Transactional Analysis Bulletin*, 1, 2, 1962, 23.

James and Jongeward, *Born to win*, chapter 2.

Steiner, *Scripts people live*, chapter 5.

2. Ernst, F., 'The OK corral: the grid for get-on-with'. *TAJ*, 1, 4, 1971, 231-240. 弗兰克·恩斯特同意我们在本书中使用心理地位象限图后，他让我们把图的标题改为他修改后的"OK象限图：心理地位之窗"，如图12.1所示。

3. Ernst, F., 'The annual Eric Berne memorial scientific award acceptance

speech'. *TAJ*, 12, 1, 1982, 5-8.

第十三章

1. 关于脚本信息及其传递方式，请参考：

Berne, *What do you say...*, chapter 7.

English, F., 'What shall I do tomorrow? Reconceptualizing transactional analysis.' In: Barnes (ed.), *Transactional analysis after Barnes*, chapter 15.

Steiner, Scripts people live, chapter 6.

Tosi, M., 'The lived and narrated script: an ongoing narrative construction'. In: Erskine (ed.), Life scripts, chapter 2. pp. 29-54.

White, J., and White, T., 'Cultural scripting'. *TAJ*, 5, 1, 1975, 12-23.

Woollams, S., 'From 21 to 43'. In: Barnes (ed.), Transactional analysis after Eric Berne, chapter 16.

2. Berne, Transactional analysis in psychotherapy, chapter 11.

3. Steiner, C., 'Script and counterscript'. *TAB*, 5, 18, 1966, 133-135. 脚本图的其他版本，请参考：

Berne, What do you say..., chapter 15.

English, F., 请参考本章注解（1）。

Holloway, W., 'Transactional analysis: an integrative view.' In: Barnes (ed), *Transactional analysis after Eric Berne*, chapter 11.

James (ed.), Techniques in transactional analysis..., chapter 4.

Woollams, S., 请参考本章注解（1）。

第十四章

1. Goulding, R., and Goulding, M., 'New directions in transactional analysis'. In Sager and Kaolan (eds.), *Progress in group and family therapy*. New York: Brunner/Mazel, 1972, 105-134. 也可参考：

Goulding, R., and Goulding, M., 'Injunctions, decisions and redecisions'. *TAJ*, 6, 1976, 41-48.

Goulding, R., and Goulding, M., The power is in the patient. San Francisco: TA

Press, 1978.（本书第五章和第十六章是上述两篇文章的翻版）。

Goulding, Changing lives through redecision therapy, chapters 2, 9.

Allen, J., and Allen, B., 'Scripts: the role of permission'. *TAJ*, 2, 2, 1972, 72-74.

2. English, F., 'Epscript and the "Hot Potato" game', TAB, 8, 32, 1969, 77-82.

3. Berne, *What do you say...*, chapter 7.

4. 正式的脚本问卷有许多种，请参考：

Berne, *What do you say...*, chapter 23.

Holloway, W., *Clinical transactional analysis with use of the life script questionnaire*. Aptos: Holloway, undated.

McCormick, P., Guide for use of a life-script questionnaire in transactional analysis. San Francisco: Transactional Publications, 1971.

McCormick, P., 'Taking Occam's Razor to the life-script interview'. Keynote speeches delivered at EATA conference, July 1986. Geneva: EATA, 1987, speech 5.

关于现今最常使用的简明脚本问卷，请参考：

Stewart, I., *Developing transactional analysis counseling*. London: Sage, 1996, chapter 6, pp. 48-58.

第十五章

1. Berne, *Sex in human loving*, chapter 5.

Berne, *What do you say...*, chapter 11.

2. Kahler, *Transactional analysis revisited*, chapters 60-65.

Kahler, T., *The process therapy model*, Little Rock: Taibi Kahler Associates, 2008, pp. 103-105, 147-150 and 181-183.

3. Kahler, Transactional analysis revisited, chapter 72.

Kahler, T., and Capers, H., 'The miniscript'. *TAJ*, 4, 1, 1974, 26-42.

注意：《重返人际沟通分析》中给出的版本是1974年TAJ文章的修订版。

Kahler, *The process therapy model*, pp. 82-102.

Joines, V., and Stewart, I., *Personality adaptations: a new guide to human understanding in psychotherapy and counseling*. Nottingham and Chapel Hill:

Lifespace, 2002, chapter 8, pp. 115-126.

4. Kahler, T., 'Drivers: the key to the process of scripts'. *TAJ*, 5, 3, 1975, 280-284.

Kahler, *Transactional analysis revisited*, chapters 60-65 and accompanying Summary.

5. Kahler, *The process therapy model*, 请参考本章注解（3）。

Kahler and Capers, 'The miniscript', op.cit.

6. Kahler, T., workshop presentation, EATA conference, Villars, 1984, unpublished.

Kahler, *The process therapy model*, pp. 36-39.

7. 案例请参考：Lewis, T., Amini, F., and Lannon, R., *A general theory of love*. New York: Vintafe, 2000, pp. 387-343.

8. Kahler, *The process therapy model*, pp. 101 and 182-183.

第十六章

1. 泰比·凯勒在《过程治疗模型》第19至第30页介绍了他如何发展出该模型的历史沿革，包括六种人格类型的概念。他在后面的章节中阐述了自己现在（2008年）对于该模型的思考，以及怎样使模型与治疗更加匹配。

保罗·威尔对该领域的研究贡献请参考Ware, P., 'Personality adaptations'. *TAJ*, 13, 1, 1983, 11-19.

2. Jonies, V., 'Using redecision therapy with different personality adaptations'. *TAJ*, 18, 3, 1988, 185-190.

Joines, V., 'Diagnosis and treatment planning using a transactional analysis framework'. *TAJ*, 18, 3, 1988, 185-190.

3. 凯勒，op. cit., pp. 13-29，在本文中，凯勒列出了他在该领域的研究历史。他的研究过程及结果的技术性描述请参考其书籍的附录D，第266至276页。

范恩·琼斯在琼斯与斯图尔特合著的《人格适应》一书的第380至388页（附录B）中给出了详细的描述性统计研究。

4. Joines, op. cit. 1986, p. 153; Joines and Stewart, op. cit., pp. 5-7.

5. Ware, op. cit.

6. Joines, op. cit. 1986, p. 153.

7. 本书中所呈现的"钢笔画"节选自琼斯与斯图尔特书的第13至18页六种适

应的部分，接下来的章节将呈现每个适应的具体信息。该书含有治疗每种适应的治疗记录，包括解释笔记。

第十七章

1. Schiff, J., et al., *The Cathexis reader*, chapter 2. 也可参考：
Mellor, K., and Sigmund, E., 'Discounting'. *TAJ*, 5, 3, 1975, 295-302.
Schiff, A., and Schiff, J., 'Passivity'. *TAJ*, 1, 1, 1971, 71-78.
2. 漠视的定义是由谢伊·席芙在一次工作坊时提出的（未发表），我们认为这比《Cathexis reader》一书第十四章所提出的定义："漠视是一种内在心理机制，包括轻视或忽略关于自己、他人及现实状况的某些方面"更容易理解。

克劳德·斯坦能在《人生脚本》一书第九章里提出了另一种定义："一种交错的交流，受到漠视的人由成人自我发出刺激指向对方的成人自我，可是对方却用父母自我或儿童自我做出反应。"乍看之下，斯坦能对漠视的定义似乎比席芙夫妇给出的更广泛，可从斯坦能所举的例子可以看出，他所指的情境其实也是指对方（从父母自我或儿童自我做反应的那一方）"轻视或忽略"别人的某些方面。

第十八章

1. Schiff, J., et al., *The Cathexis reader*, chapter 2. 也可参考：
Mellor, K., and Sigmund, E., 'Discounting'. *TAJ*, 5, 3, 1975, 295-302.
Stewart. *TA counseling in action*, chapter 9, pp. 143-162.

第十九章

1. Schiff, J., et al., *The Cathexis reader*, chapter 5. 也可参考：
Mellor, K., and Sigmund, E., 'Redefining'. *TAJ*, 5, 3, 1975, 303-311.
2. 这里关于"再定义"的含义是本书作者的解读，我们认为这比《Cathexis reader》一书中给出的定义更清楚而直接。

第二十章

1. Schiff, J., et al., *The Cathexis reader*, chapter 2. 我们更改了席芙定义中的一个字，以"一个人"（single person）代替"整个人"（whole person）。请参考：Schiff, A., and Schiff, J., 'Passivity'. *TAJ*, 1, 1, 1971, 71-78.

共生图有几种画法，1971年席芙夫妇刊登在《TA杂志》的文章，只用虚线和实线的圆圈表示自我状态的界限。在《Cathexis reader》一书中，他们又在双方产生互动的自我状态间加上箭头符号。现在常用的图形就像图20.1；把产生互动的自我状态圈在一起，则是由威廉姆斯和辉格在本章注解（2）的文章里提出的。

2. Woollams, S., and Huige, K., 'Normal dependency and symbiosis'. *TAJ*, 7, 3, 1977, 217-220.

3. Schiff, J., et al., The Cathexis reader, chapter 4. 也可参考：
Schiff, S., 'Personality development and symbiosis'. *TAJ*, 7, 4, 1977, 310-316.

第二十一章

1. 关于扭曲的本质和作用，可参考：

Berne, *Principles of group treatment*, chapter 13.

Berne, *What do you say...*, chapter 8.

English, F., 同下述本章注解（2）和（4）。

Ernst, F., 'Psychological rackets in the OK corral'. *TAJ*, 3, 2, 1973, 19-23.

Erskine, R., and Zalcman, M., 'The racket system: a model fro racket analysis'. *TAJ*, 9, 1, 1979, 51-59.

Gouldings, Changing lives through redecision therapy, chapter 2, 6.

Joines, V., 'Similarities and difference in rackets and games'. *TAJ*, 12, 4, 1982, 280-283.

Zalcman, M., 'Game analysis and racket analysis'. Keynote speeches delivered at the EATA conference, July 1986. Geneva: EATA, 1987, speech 4.

2. English, F., 'The substitution factor: rackets and real feelings'. *TAJ*, 1, 4, 1971, 225-230.

English, F., 'Rackets and real feelings, Part II'. *TAJ*, 13, 1, 1983, 23-25.

3. Thomson, G., 'Fear, anger and sadness'. *TAJ*, 13, 1, 1983, 20-24.

4. English, F., 'Racketeering'. *TAJ*, 6, 1, 1976, 78-81.

English, F., 'Differentiating victims in the Drama Triangle'. *TAJ*, 6, 4, 1976, 384-386.

5. Berne, E., 'Trading stamps'. Tab, 3, 10, 127.

Berne, What do you say..., chapter 8.

James and Jongeward, Born to win, chapter 8.

第二十二章

1. Erskine, R., and Zalcman, M., 'The racket system: a model fro racket analysis'. *TAJ*, 9, 1, 1979, 51-59. 也可参考：

Stewart, TA counseling in action, chapter 9, pp. 143-162.

2. 本章的练习最早是由查克曼设计的（在工作坊中示范，并未出版），经由斯图尔特（Stewart, A. Lee）及布朗（K. Brown）修改而成（在工作坊中示范，并未出版）。

第二十三章

1. 关于心理游戏的本质，请参考：

Berne, *Intuition and ego-state*, chapter 7.

Berne, *Transactional analysis in psychotheraphy*, chapter 10.

Berne, *Games people play*, chapter 5.

Gouldings, *Changing lives through redecision therapy*, chapter 10.

James and Jongeward, Born to win, chapters 2, 8.

2. TA文献对一个心理游戏（特别强调单数）到底该定义为一个人自己的连串反应，还是两个人（或更多人）彼此环环相扣的连串反应并没有定论。伯恩较倾向后者，可是他在不同书中所下的定义彼此并不一致。本书采用葛丁夫妇的看法，把心理游戏定义为一个人表现出的连串反应，所以我们认为如果有两个人一起玩心理游戏的话，是各自玩自己的心理游戏，同时两个游戏相互纠缠。

这同时给出了转换的含义，你和我各自玩自己的心理游戏，你不能使我"发生转换"。这也可以说成：你不能将转换放在我的游戏中。相反，你可以将转换放在你的游戏中，并且期待我通过将转换放在我的游戏中去回应你。

3. Berne, *Games people play*, chapter 5.

Steiner, *Scripts people live*, chapter 1.

4. Berne, What do you say..., chapter 2. 本章关于游戏公式采用伯恩最后的版本，也可参考本章注解（9）。

5. Karpman, S., 'Fairy tales and script drama analysis'. *TAB*, 7, 26, 1968. 39-43.

6. Berne, Transactional analysis in psychotherapy, chapter 10.

Berne, Games people play, chapter 5.

7. Gouldings, Changing lives through redecision therapy, chapter 2 and page 79 (for diagram).

8. James, J., 'The game plan'. *TAJ*, 3, 4, 1973, 14-17. 本书所用的是经由科林森（L. Collindon）修改的版本（在工作坊中示范，并未出版）。

9. 关于心理游戏的定义，可参考：

Zalcman, M., 'Game analysis and racket analysis'. Keynote speeches delivered at the EATA conference, July 1986. Geneva: EATA, 1987, speech 4.

第二十四章

1. Berne, *Games people play*, chapter 5.

Berne, *What do you say...*, chapter 8.

James and Jongeward, *Born to win*, chapter 3.

Steiner, *Scripts people live*, chapter 1.

2. Schiff, J., et al., *The Cathexis reader*, chapter 2.

3. English, F., 'Racketeering'. *TAJ*, 6, 1, 1976, 78-81.

4. Berne, *Games people play*, chapter 5.

5. James, J., 'Positive payoffs after games'. *TAJ*, 6, 3, 1976, 270-271.

第二十五章

1. Berne, *Games people play*, chapters 6-12 and Index of Games.

2. 我们不知道有哪个正式命名的心理游戏是从迫害者转换成拯救者，或是从受害者转换成拯救者的。除了用戏剧三角形角色的转换给心理游戏进行分类外，还可以用他们强化哪一种心理地位来分类。

3. Gouldings, *Changing lives through redecision therapy*, chapter 4.

4. James, J., 'Positive payoffs after games'. *TAJ*, 6, 3, 1976, 259-262.

5. Woollams, S., 'When fewer strokes are better'. *TAJ*, 6, 3, 1976, 270-271.

第二十六章

1. 关于合约的本质和功能，请参考：

Berne, *Principles of group treatment*, chapter 4 and Glossary.

Gouldings, *Changing lives through redecision therapy*, chapter 4.

James (ed.), *Techniques in transactional analysis...*, chapter 5.

James and Jongeward, *Born to win*, chapter 9.

Lee, A., 'Process contracts'. In: Sills, C. (ed.), *Contracts in counseling and psychotherapy*. London: Sage (2nd edn), 2006, chapter 6, pp. 74-86.

Steiner, *Scripts people live*, Introduction and chapter 20.

Stewart, *Developing TA counseling*, chapter 9-12, pp. 65-108.

Stewart, TA counseling in action, chapter 8, pp. 119-141.

Stewart, I., 'Outcome-focused contracts'. In: Sills, C. (ed.), op. cit., chapter 5, pp. 63-73.

Widdowson, M., Transactional analysis: 100 key points and techniques. London and New York: Routledge, 2010, part 4, pp. 181-203.

2. "合约清单"源于艾恩·斯图尔特在工作坊中的示范（未出版），但它的基础是同一作者在注释1中的三个出版材料。也可参考：

James, M., It's never too late to be happy. Reading: Addison-Wesley, 1985, chapter 7.

第二十七章

1. 关于自主的看法，请参考：

Berne, *Games people play*, chapters 16, 17.

Berne, *Principles of group treatment*, chapter 13.

James and Jongeward, *Born to win*, chapter 10.

Steiner, *Scripts people live*, chapters 26, 27, 28.

2. Berne, Transactional analysis in psychotherapy, chapter 16, pp. 211-212. 也可参考：

James (ed.), Techniques in transactional analysis…, chapter 4.

3. Berne, Transactional analysis in psychotherapy, chapter 14.

Berne, Principles of group treatment, chapter 12.

Berne, What do you say…, chapter 18.

4. TAJ, 10, 2, 1980.

5. Nelson, Portia, 'Autobiography in five short chapters'. In: Black, Claudia, Repeat after me. Denver: M.A.C. Printing and Publications, 1985.

第二十八章

1. 培训和认证委员会对TA在心理治疗与咨询领域应用的描述，请参考：

http://ta-trainingandcertification.net/ta-what-is-ta-training.html#fields

2. James, M., 'Self-reparenting: theory and process'. *TAJ*, 4, 3, 1974, 32-39. 也可参考：

James, M., *Breaking free: self-reparetning for a new life.* Reading：Addison-Wesley, 1981.

James, M., *It's never too late to be happy.* Reading：Addison-Wesley, 1985, chapter 7.

3. 关于TA的三种传统学派，请参考：

Barnes, G., 'Introduction'. In: Barnes (ed.), *Transactional analysis after Eric Berne*, chapter 1.

还可参考书中巴恩斯（Barnes）文章之后的三篇文章，它们分别由经典、再决定和贯注三个学派的领军人物所著：

Dusay, J., 'The evolution of transactional analysis'. In: Barnes (ed.), op. cit., chapter 3.

Schiff, J., 'One hundred children generate a lot of TA'. In: Barnes (ed.), op. cit., chapter 3.

Goulding, R., 'No magic at Mt. Madonna: redecisions in marathon therapy'. In: Barnes (ed.), op. cit., chapter 4.

在琼斯和斯图尔特的《人格适应》一书中，有大量再决定疗法的治疗记录及相关解释，可参考：Joines and Stewart, *Personality adaptation*, chapters 19-25, pp. 247-348.

4. Crossman, P., 'Permission and protection'. *TAB*, 5, 19, 1966, 152-154.

Steiner, *Scripts People Live*, chapter 21, pp. 258-267.

5. 关系疗法理论、原理及实务的细节，请参考：

Hargaden, H., and Sills, C., *Transactional analysis – a relational perspective*. London: Routledge, 2002.

Cornell, W., and Hargaden, H. (eds), *From transactions to relations: the emergence of a relational tradition in transactional analysis*. Chadlington: Haddon Press, 2005.

Widdowson, *TA: 100 key points*..., chapters 16-17, pp. 57-62.

事实上，本文由威多森（Widdowson）（op. cit., chapters 2-17, pp. 7-62）写于2010年，他认为在TA中至少有八种不同的"学派和方法。除了三种"传统学派"和关系疗法，他还列出了激进精神治疗、整合性TA疗法、认知行为的TA疗法和精神动力的TA疗法。相反，关系疗法的作者（如Cornell和Hargaden）将整合性TA疗法、精神动力的TA疗法，还有一种称为共同创造的TA疗法都视为关系疗法的范畴。

要想进一步了解关系性TA，请参考最新成立的关系性TA的网站（IARTA）：www.relationlta.com

第二十九章

1. 想进一步了解发展性TA，请参考最新成立的发展性TA的网站（IDTA）：www.instdta.com

2. 培训和认证委员会对TA在心理治疗与咨询领域应用的描述，请参考：http://ta-trainingandcertification.net/ta-what-is-ta-training.html#fields

3. 关于TA在组织领域中的应用，请参考：

De Graaf, A., and Kunst, K, *Einstein and the art of sailing: a new perspective on the role of leadership*. Hertford: Sherwood Publishing, 2010.

Hay, J., *Working it out at work: understanding attitudes and building relationships*. Hertford: Sherwood Publishing (2nd edn), 2009.

Hay, J., *Donkey bridges for developmental TA*: *making transactional analysis accessible and memorable*. Hertford: Sherwood Publishing (2nd edn), 2012.

James, M., *The OK boss*. Reading: Addison-Wesley, 1976.

Jongeward, D., *Everybody wins*: *TA applied to organizations*. Reading: Addison-Wesley, 1973.

Jongeward, D., and Seyer, P., *Choosing success*: *transactional analysis on the job*. San Francisco: Wiley, 1978.

Mohr, G., and Steinert, T. (eds), *Growth and change for organizations*. Bonn: Kulturpolitische Gesellschaft, 2006.

Mountain, A., and Davidson, C., *Working together*: *organizational transactional analysis and business performance*, Farnham and Burlington: Gower, 2011.

4. Hay, J., personal communication, 2011.

5.泰比·凯勒是过程治疗模型（PTM）的创始人，同时他也发展了过程交流模型（PCM）。PCM与PTM有相同的理论和研究基础，但PCM的形式更容易应用到非临床领域。凯勒曾说PCM而非PTM应该被应用到非临床领域。更多关于PCM的信息，包括培训和认证方面，可参考以下网站：

美国区域：www.kahlercommunication.com

欧洲区域：www.processcom.com

6. 关于TA在教育中的应用，请参考：

Barrow, G., Bradshaw, E., and Newton, T. *Improving behaviors and raising self-esteem in the classroom*. Abingdon: David Fulton, 2001.

Ernst, K., *Games students play*. Millbrae: Celestial Arts, 1972.

Hay, J., *Transactional analysis for trainers*. Hertford: Sherwood Publishing (2nd edn), 2009.

James, M., and Jongeward, D., *The people book*: *transactional analysis for students*. Reading: Addison-Wesley, 1975.

Napper, R., and Newton, T., *Tactics*: *transactional analysis concepts for trainers, teachers and tutors*. Ipswich: TA Resources, 2000.

7. Newton, T., 'Letter from the guest editor'. *TAJ*, 34, 3, 2004, 194-196.

8.Illsley Clarke, J., and Dawson, C., *Growing up again*. Center City: Hazelden, 1998.

详见伊尔斯利·克拉克（Illsley Clarke）1995年赢得埃里克·伯恩纪念奖的研究（附录C）。

第三十章

1.有关伯恩生平概要的信息来自下列资料：

Cheney, W., 'Eric Berne: biographical sketch'. *TAJ*, 1, 1, 1971, 14-22.

材料部分取自：

Dusay, J., 'The evolution of transactional analysis'. In: Barnes (ed.), *Transactional analysis after Eric Berne*, chapter 2.

Hostie, R., 'Eric Berne in search of ego-states'. In: Stern (ed.), *TA: the state of the art*, chapter 2.

James, M., 'Eric Berne, the development of TA, and the ITAA'. In: James (ed.), *Techniques in transactional analysis*..., chapter 2.

2 .Cranmer, R., 'Eric Berne: annotated bibliography'. *TAJ*, 1, 1, 1971, 23-29.

3. Schiff, J., 'One hundred children generate a lot of TA'. In: Barnes (ed.), *Transactional analysis after Eric Berne*, chapter 3.

4. This sketch of the early development of ITAA has been traced from the articles by Cheney, Dusay and James。也可参见本章注解（1）。

5. Allaway, J., 'Transactional analysis in Britain: the beginnings'. *Transactions*, 1, 1, 1983, 5-10.

6. 1971年至1980年ITAA的会员数参考以下资料：McNeel, J., 'Letter from the editor'. *TAJ*, 11, 1, 1981, 4. 1980年至今的会员数参考以下资料：Ken Fogleman, personal communication, 2011.

7. 关于伯恩基于时间的自我状态定义，请参考：

Erskine, R., 'Ego structure, intrapsychic function, and defense mechanisms: a commentary on Eric Berne's original theoretical concepts'. *TAJ*, 18, 1, 1988, 15-19.

Hohmuth, A., and Gormly, A., 'Ego-state models and personality structure'. *TAJ*, 12, 2, 1982, 140-143.

Trautmann, R., and Erskine, R., 'Ego-state analysis: a comparative view'. *TAJ*, 11, 2, 1981, 178-185.

8. The script, May-June 1987, page 7.
9. 这条引用来自ITAA理事会会议记录：Montreal, August 2010.
10. EATA会员数据参考自：www.eatanews.org, November 2011.
11. 作者在蒙特利尔的演讲稿刊登在：Stewart, I., and Joines, V., 'TA Tomorrow'. *TAJ*, 41, 3, 2011, 221-229.

参考书目

Allen, J., and Allen, B., 'Scripts: the role of permission'. *Transactional Analysis Journal, 2,* 2, 1972, 72-4.

Allaway, J., 'Transactional analysis in Britain: the beginnings'. *Transactions, 1,* 1, 1983, 5-10.

Babcock, D., and Keepers, T., *Raising kids okay: transactional analysis in human growth and development.* New York: Grove Press, 1976.

Barnes, G. (ed), *Transactional analysis after Eric Berne: teachings and practices of three TA schools.* New York: Harper's College Press, 1977.

Barnes, G., 'Introduction'. *In:* Barnes (ed.), *Transactional analysis after Eric Berne,* chapter 1.

Barrow, G., Bradshaw, E., and Newton, T. *Improving behaviour and raising self-esteem in the classroom.* Abingdon: David Fulton, 2001.

Berne, E., *A layman's guide to psychiatry and psychoanalysis.* New York: Simon and Schuster, 1957; third edition published 1968. *Other editions:* New York: Grove Press, 1957; *and* Harmondsworth: Penguin, 1971.

Berne, E., *Transactional analysis in psychotherapy.* New York: Grove Press, 1961, 1966.

Berne, E., 'Classification of positions'. *Transactional Analysis Bulletin, 1,* 3, 1962, 23.

Berne, E., *The structure and dynamics of organizations and groups.* Philadelphia: J.B. Lippincott Co., 1963. *Other editions:* New York: Grove Press, 1966; *and* New York: Ballantine, 1973.

Berne, E., 'Trading stamps'. *TAB, 3,* 10, 1964, 127.

Berne, E., *Games people play.* New York: Grove Press, 1964. *Other editions include:* Harmondsworth: Penguin, 1968.

Berne, E., *Principles of group treatment.* New York: Oxford University Press, 1966. *Other editions:* New York: Grove Press, 1966.

Berne, E., *Sex in human loving.* New York: Simon and Schuster, 1970. *Other editions:* Harmondsworth: Penguin, 1973.

Berne, E., *What do you say after you say hello?* New York: Grove Press, 1972. *Other editions:* London: Corgi, 1975.

Boyd, L., and Boyd, H., 'Caring and intimacy as a time structure'. *TAJ, 10,* 4, 1980, 281-3.

Capers, H., and Goodman, L., 'The survival process: clarification of the miniscript'. *TAJ, 13,* 1, 1983, 142-8.

Cassius, J., *Body scripts.* Memphis: Cassius, 1975.

Cheney, W., 'Eric Berne: biographical sketch'. *TAJ, 1,* 1, 1971, 14-22.

Cornell, W., 'Whose body is it? Somatic relations in script and script protocol'. *In:* Erskine (ed.), *Life scripts,* chapter 5, pp.101-25.

Cornell, W., and Hargaden, H. (eds), *From transactions to relations: the emergence of a relational tradition in transactional analysis.* Chadlington: Haddon Press, 2005.

Crossman, P., 'Permission and protection'. *TAB, 5,* 19, 1966, 152-4.

De Graaf, A., and Kunst, K., *Einstein and the art of sailing: a new perspective on the role of leadership.* Hertford: Sherwood Publishing, 2010.

Donaldson, M., *Children's minds.* London: Fontana, 1978.

Drego, P., *Towards the illumined child.* Bombay: Grail, 1979.

Drego, P., 'Ego-state models'. *TASI Darshan, 1,* 4, 1981.

Drye, R., 'Psychoanalysis and TA'. *In:* James (ed.), *Techniques in transactional analysis...,* chapter 11.

Drye, R., 'The best of both worlds: a psychoanalyst looks at TA'. *In:* Barnes (ed.), *Transactional analysis after Eric Berne,* chapter 20.

Dusay, J., 'Egograms and the constancy hypothesis'. *TAJ, 2,* 3, 1972, 37-42.

Dusay, J., *Egograms.* New York: Harper and Row, 1977. *Other editions:* New York: Bantam, 1980.

Dusay, J., 'The evolution of transactional analysis'. *In:* Barnes (ed.), *Transactional analysis after Eric Berne,* chapter 2.

English, F., 'Episcript and the "hot potato" game'. *TAB, 8,* 32, 1969, 77-82.

English, F., 'Strokes in the credit bank for David Kupfer'. *TAJ, 1,* 3, 1971, 27-9.

English, F., 'The substitution factor: rackets and real feelings'. *TAJ, 1,* 4, 1971, 225-30.

English, F., 'Rackets and real feelings, Part II'. *TAJ, 2,* 1, 1972, 23-5.

English, F., 'Sleepy, spunky and spooky'. *TAJ, 2,* 2, 1972, 64-7.

English, F., 'Racketeering'. *TAJ, 6,* 1, 1976, 78-81.

English, F., 'Differentiating victims in the Drama Triangle'. *TAJ, 6,* 4, 1976, 384-6.

English, F., 'What shall I do tomorrow? Reconceptualizing transactional analysis'. *In:* Barnes (ed.), *Transactional analysis after Eric Berne,* chapter 15.

Erikson, E., *Childhood and society.* New York: W.W. Norton, 1950.

Ernst, F., 'The OK corral: the grid for get-on-with'. *TAJ, 1,* 4, 1971, 231-40.

Ernst, F., 'Psychological rackets in the OK corral'. *TAJ, 3,* 2, 1973, 19-23.

Ernst, F., 'The annual Eric Berne memorial scientific award acceptance speech'. *TAJ, 12,* 1, 1982, 5-8.

Ernst, K., *Games students play.* Millbrae: Celestial Arts, 1972.

Erskine, R., 'A structural analysis of ego'. *Keynote speeches delivered at the EATA conference, July 1986.* Geneva: EATA, 1987, speech 2.

Erskine, R., 'Ego structure, intrapsychic function, and defense mechanisms: a commentary on Eric Berne's original theoretical concepts'. *TAJ, 18,* 1, 1988, 15-19.

Erskine, R. (ed.), *Life scripts: a transactional analysis of unconscious relational patterns.* London: Karnac, 2010.

Erskine, R., 'Life scripts: unconscious relational patterns and psychotherapeutic involvement'. *In:* Erskine, R. (ed.), *Life scripts*, chapter 1, pp.1-28.

Erskine, R., and Zalcman, M., 'The racket system: a model for racket analysis'. *TAJ, 9,* 1, 1979, 51-9.

Falkowski, W., Ben-Tovim, D., and Bland, J., 'Assessment of the egostates'. *British Journal of Psychiatry, 137,* 1980, 572-3.

Gilmour, J., 'Psychophysiological evidence for the existence of egostates'. *TAJ, 11,* 3, 1981, 207-12.

Goulding, M., and Goulding, R., *Changing lives through redecision therapy.* New York: Brunner/Mazel, 1979.

Goulding, R., 'No magic at Mt. Madonna: redecisions in marathon therapy'. *In:* Barnes (ed.), *Transactional analysis after Eric Berne*, chapter 4.

Goulding, R., and Goulding, M., 'New directions in transactional analysis'. *In* Sager and Kaplan (eds.), *Progress in group and family therapy.* New York: Brunner/Mazel, 1972, 105-34.

Goulding, R., and Goulding, M., 'Injunctions, decisions and redecisions'. *TAJ, 6,* 1, 1976, 41-8.

Goulding, R., and Goulding, M., *The power is in the patient.* San Francisco: TA Press, 1978.

Haimowitz, M., and Haimowitz, N., *Suffering is optional.* Evanston: Haimowoods Press, 1976.

Hargaden, H., and Sills, C., *Transactional analysis – a relational perspective.* London: Routledge, 2002.

Harris, T., *I'm OK, you're OK.* New York: Grove Press, 1967.

Hay, J., *Transactional analysis for trainers.* Hertford: Sherwood Publishing (2nd edn), 2009.

Hay, J., *Working it out at work: understanding attitudes and building relationships.* Hertford: Sherwood Publishing (2nd edn), 2009.

Hay, J., *Donkey bridges for developmental TA: making transactional analysis accessible and memorable.* Hertford: Sherwood Publishing (2nd edn), 2012.

Hohmuth, A., and Gormly, A., 'Ego-state models and personality structure'. *TAJ, 12,* 2, 1982, 140-3.

Holloway, W., 'Transactional analysis: an integrative view'. *In:* Barnes (ed.), *Transactional analysis after Eric Berne,* chapter 11.

Holloway, W., *Clinical transactional analysis with use of the life script questionnaire.* Aptos: Holloway, undated.

Hostie, R., 'Eric Berne in search of ego-states'. *In:* Stern (ed.), *TA: the state of the art,* chapter 2.

Illsley Clarke, J., and Dawson, C., *Growing up again.* Center City: Hazelden, 1998.

James, J., 'The game plan'. *TAJ, 3,* 4, 1973, 14-7.

James, J., 'Positive payoffs after games'. *TAJ, 6,* 3, 1976, 259-62.

James, M., 'Self-reparenting: theory and process'. *TAJ, 4,* 3, 1974, 32-9.

James, M., *The OK boss.* Reading: Addison-Wesley, 1976.

James, M. (ed.), *Techniques in transactional analysis for psychotherapists and counselors*. Reading: Addison-Wesley, 1977.

James, M., 'Eric Berne, the development of TA, and the ITAA'. *In:* James (ed.), *Techniques in transactional analysis...*, chapter 2.

James, M., *Breaking free: self-reparenting for a new life*. Reading: Addison-Wesley, 1981.

James, M., *It's never too late to be happy*. Reading: Addison-Wesley, 1985.

James, M., *Perspectives in transactional analysis*. San Francisco: TA Press, 1998.

James, M., and Jongeward, D., *Born to win: transactional analysis with gestalt experiments*. Reading: Addison-Wesley, 1971. *Other editions include:* New York: Signet, 1978.

James, M., and Jongeward, D., *The people book: transactional analysis for students*. Reading: Addison-Wesley, 1975.

Joines, V., 'Differentiating structural and functional'. *TAJ, 6,*, 4, 1976, 377-80.

Joines, V., 'Similarities and differences in rackets and games'. *TAJ, 12,* 4, 1982, 280-3.

Joines, V., 'Using redecision therapy with different personality adaptations'. *TAJ, 16,* 3, 1986, 152-60.

Joines, V., 'Diagnosis and treatment planning using a transactional analysis framework'. *TAJ, 18,* 3, 1988, 185-90.

Joines, V., *Joines personality adaptation questionnaire administration, scoring and interpretive kit (JPAQ)*. Chapel Hill, NC: Southeast Institute, 2002. (Or on-line at:)
   www.seinstitute.com/books_videos_.html

Joines, V., and Stewart, I., *Personality adaptations: a new guide to human understanding in psychotherapy and counselling*. Nottingham and Chapel Hill: Lifespace, 2002.

Jongeward, D., *Everybody wins: TA applied to organizations*. Reading: Addison-Wesley, 1973.

Jongeward, D., and Seyer, P., *Choosing success: transactional analysis on the job*. San Francisco: Wiley, 1978.

Kahler, T., 'Drivers: the key to the process of scripts'. *TAJ*, 5, 3, 1975, 280-4.

McCormick, P., 'Taking Occam's Razor to the life-script interview'. *Keynote speeches delivered at the EATA conference, July 1986*. Geneva: EATA, 1987, speech 5.

McKenna, J., 'Stroking profile'. *TAJ*, 4, 4, 1974, 20-4.

Mellor, K., and Sigmund, E., 'Discounting'. *TAJ*, 5, 3, 1975, 295-302.

Mellor, K., and Sigmund, E., 'Redefining'. *TAJ*, 5, 3, 1975, 303-11.

Mohr, G., and Steinert, T. (eds), *Growth and change for organizations*. Bonn: Kulturpolitische Gesellschaft, 2006.

Mountain, A., and Davidson, C., *Working together: organizational transactional analysis and business performance*. Farnham and Burlington: Gower, 2011.

Napper, R., and Newton, T., *Tactics: transactional analysis concepts for trainers, teachers and tutors*. Ipswich: TA Resources, 2000.

Newton, T., 'Letter from the guest editor'. *TAJ*, 34, 3, 2004, 194-6.

Nelson, Portia, 'Autobiography in five short chapters'. *In:* Black, Claudia, *Repeat after me*. Denver: M.A.C. Printing and Publications, 1985.

Schiff, A., and Schiff, J., 'Passivity'. *TAJ*, 1, 1, 1971, 71-8.

Schiff, J., 'One hundred children generate a lot of TA'. *In:* Barnes (ed.), *Transactional analysis after Eric Berne*, chapter 3.

Schiff, J., et al., *The Cathexis reader: transactional analysis treatment of psychosis*. New York: Harper and Row, 1975.

Schiff, S., 'Personality development and symbiosis'. *TAJ*, 7, 4, 1977, 310-6.

Sills, C. (ed.), *Contracts in counselling and psychotherapy*. London: Sage (2nd edn), 2006.

Sills, C., and Hargaden, H., *Ego states.* London: Worth, 2003.

Spitz, R., 'Hospitalism: genesis of psychiatric conditions in early childhood'. *Psychoanalytic studies of the child, 1,* 1945, 53-74.

Steere, D., *Bodily expressions in psychotherapy.* New York: Brunner/Mazel, 1982.

Steiner, C., 'Script and counterscript'. *TAB, 5,* 18, 1966, 133-35.

Steiner, C., 'The stroke economy'. *TAJ, 1,* 3, 1971, 9-15.

Steiner, C., *Games alcoholics play.* New York: Grove Press, 1971.

Steiner, C., *Scripts people live: transactional analysis of life scripts.* New York: Grove Press, 1974.

Steiner, C., and Kerr, C. (eds), *Beyond games and scripts.* New York: Ballantine Books, 1976.

Stern, E. (ed.), *TA: the state of the art.* Dordrecht: Foris Publications, 1984.

Stewart, I., *Eric Berne.* London: Sage, 1992.

Stewart, I., *Developing transactional analysis counselling.* London: Sage, 1996.

Stewart, I., 'Ego states and the theory of theory: the strange case of the Little Professor'. *TAJ, 31,* 2, 2001, 133-47.

Stewart, I., 'Outcome-focused contracts'. *In:* Sills, C. (ed.), *Contracts in counselling and psychotherapy,* chapter 5, pp.63-73.

Stewart, I., *Transactional analysis counselling in action.* London: Sage, 3rd edition, 2007.

Stewart, I., and Joines, V., 'TA Tomorrow'. *TAJ, 41,* 3, 2011, 221-9.

Summerton, O., 'Advanced ego-state theory'. *TASI Darshan, 2,* 4, 1982.

Temple, S., 'Update on the functional fluency model in education'. *TAJ, 34,* 3, 2004, 197-204.

Thomson, G., 'Fear, anger and sadness'. *TAJ, 13,* 1, 1983, 20-4.

Tilney, T., *Dictionary of transactional analysis.* London: Whurr, 1998.

Tosi, M., 'The lived and narrated script: an ongoing narrative construction'. *In:* Erskine (ed.), *Life scripts,* chapter 2, pp.29-54.

Trautmann, R., and Erskine, R., 'Ego-state analysis: a comparative view'. *TAJ, 11,* 2, 1981, 178-85.

Tudor, K. (ed.), *Transactional approaches to brief therapy.* London: Sage, 2001.

Ware, P., 'Personality adaptations'. *TAJ, 13,* 1, 1983, 11-19.
White, J., and White, T., 'Cultural scripting'. *TAJ, 5,* 1, 1975, 12-23.

Widdowson, M., *Transactional analysis: 100 key points and techniques.* London and New York: Routledge, 2010.

Williams, J., *et al.,* 'Construct validity of transactional analysis ego-states'. *TAJ, 13,* 1, 1983, 43-9.

Woollams, S., 'When fewer strokes are better'. *TAJ, 6,* 3, 1976, 270-1.

Woollams, S., 'From 21 to 43'. *In:* Barnes (ed.), *Transactional analysis after Eric Berne,* chapter 16.

Woollams, S., 'Cure!?' *TAJ, 10,* 2, 1980, 115-7.

Woollams, S., and Huige, K., 'Normal dependency and symbiosis'. *TAJ, 7,* 3, 1977, 217-20.

Zalcman, M., 'Game analysis and racket analysis'. *Keynote speeches delivered at the EATA conference, July 1986.* Geneva: EATA, 1987, speech 4.

名词解释

A_0：C_1中很早期的自我状态结构的一部分，是一种本能的问题解决机制。

A_1：同儿童自我里的成人自我。

A_2：同成人自我状态。

A_3：父母自我中第二层次结构的一部分，从父母或父母样的人的成人自我里内射的内容。

活动（Activity）：时间结构的一种，参与的人有共同的目标要达成而不只是谈论目标而已。

适应型儿童自我（Adapted Child）：功能模型中对儿童自我的一种行为描述，代表个体如何遵从规定或父母性、社会性要求。

成人自我状态（Adult Ego-state）：对此时此地的状况直接产生的整套行为、想法和感受，不是复制自父母或父母样的人，也不是重演自己儿时的反应，它以理性认知为基础。

儿童自我里的成人自我（Adult in the Child）：儿童自我第二层次结构的一部分，代表小孩子的直觉认知和问题解决策略。

之后脚本（After Script）：一种过程脚本，其信念是"如果今天发生了什么好事，我明天就要为它付出代价"。

躁动（Agitation）：一种被动行为，个体把精力都用在重复无目的的行为上，而不用来解决问题。

几乎脚本（Almost Script）：一种过程脚本，其信念是"我几乎成功了，但还差一点点"。

总是脚本（Always Script）：一种过程脚本，其信念是"我必须总是待在令我不满意的处境里"。

角状交流（Angular Transaction）：一种暧昧交流，一方以一种自我状态发出的刺激，指向另一方两个不同的自我状态。

反脚本（Antiscript）：个体表现出和脚本相反的行为，遵从的不是原初的脚本信息，而是与其相反的信息。

漠视的范围（Area of Discounting）：漠视的对象是自己、他人还是情境。

属性（Attribution）：一种脚本信息，是父母告诉孩子是什么样的人的信息。

真实的感觉（Authentic Feeling）：原初未受别人影响的感觉，童年时会以扭曲的感觉来掩盖它。

自主（Autonomy）：这种特质表现在三种能力的流露或修复：觉察、自发和亲密；它是针对此时此地的现实所反应出的行为、想法和感受，而不是出于脚本信念的反应。

觉察（Awareness）：像新生儿一样不加解释地单纯去体验感官知觉的能力。

平庸的脚本（Banal Script）：同非赢家脚本。

基本态度（Basic Position）：同心理地位。

从行为的表现来判断（Behavioral Diagnosis）：通过所观察到的行为来判断一个人所处的自我状态。

阻碍的交流（Blocking Transaction）：在这种交流中，个体借着不赞同对问题的定义而回避讨论这个问题。

C_0：C_1中很早期的自我状态结构中的一部分，代表我们本能的驱力和饥渴。

C_1：同儿童自我里的儿童自我。

C_2：同儿童自我状态。

C_3：父母自我里第二层次结构的一部分，从父母或父母样的人的儿童自我里内射进来的内容。

贯注（Cathexis）：（能量理论中的概念）伯恩提出的一种有关心理能量的理论构架，用来解释自我状态之间的转换；（专用名称）席芙夫妇所创学派的名称，同时也是TA中该取向流派的名称。

儿童自我状态（Child Ego-state）：重演自己童年时的整套行为、想法和感觉的自我状态，代表儿时的原始的自我状态。

儿童自我里的儿童自我（Child in the Child）：儿童自我中第二层次结构的一部分，代表个体对早年发展中亲身体验的记忆。

互补交流（Complementary Transaction）：在这种交流中交流向量是平行的，做出反应的自我状态是刺激所指向的自我状态。

饵（Con）：交流中的一种刺激，在心理层面上吸引对方玩心理游戏。

有条件的安抚（Conditional Stroke）：根据对方所做的事情而给予的安抚。

恒定假说（Constancy Hypothesis）：（针对自我图）当一种自我状态的强度增加时，另一种或多种自我状态就会代偿性地减少，这种心理能量的转移可以保持总能量的恒定不变。

恒定（的自我状态）（Constant）：同排除。

接触门路（Contact Door）：威尔顺序中的第一个接触域，在这里进行初次接触会最有效果。

污染（Contamination）：把儿童自我或父母自我的部分内容误以为是成人自我的内容。

内容（Content）：（针对自我状态）结构模型中不同自我状态或第二层次结构中包含的记忆和策略，即各种自我状态里有什么；（针对脚本）个体独特的整套早期决定，表现出个体的脚本里有什么。

合约（Contract）：双方对一连串界定明晰的行动做出承诺；成人自我对自身和/或他人做出的要进行改变的承诺。

控制型父母自我（Controlling Parent）：功能模型中对父母自我的行为描述，个体在这种状态中会控制、指导或批评。

冒充的安抚（Counterfeit Stroke）：这种安抚表面上是正面安抚，但却会刺痛人，实际上是一种负面安抚。

应该信息（Countinjunctions）：由父母的父母自我传递，并由小孩的父母自我接收的脚本信息。

应该脚本（Counterscript）：小孩配合应该信息所产生的整套决定。

批评型父母自我（Critical Parent）：同控制型父母自我。

交错的交流（Crossed Transaction）：在这种交流中交流向量不平行，或者说做出回应的自我状态不是刺激指向的自我状态。

混乱（Crossup）：玩心理游戏的人在转换发生后马上体验到的混乱时刻。

决定（Decision）：幼年时对自己、他人和人生性质所做的结论，就小孩的感觉和现实检验能力来说，是当时生存和满足需要的最佳方法。

决定模式（Decision Model）：一种哲学理念，认为人自己决定自己的命运而这些决定是可以改变的。

妄想（Delusion）：（伯恩用来指）儿童自我对成人自我的污染。

漠视（Discounting）：弱化或忽视与解决问题有关的信息。

漠视图（Discount Matrix）：从范围、类型和层次三个方面分析漠视的一个模型。

什么也不做（Doing Nothing）：不把精力用来解决问题，反而用来阻止自己做出反应的被动行为。

戏剧三角形（Drama Triangle）：描绘人们如何进入三种脚本角色（迫害者、拯救者和受害者），并在三种角色间转换的图形。

驱力（Driver）：五种各异的行为表现，在半秒到数秒间完成，是负面应该脚本的功能性表现。

双重交流（Duplex Transaction）：包含了四种自我状态的暧昧交流，在这种交流中，一方在社交层面和心理层面的刺激来自两种不同的自我状态，并且指向对方两种不同的自我状态。

早期决定（Early Decision）：同决定。

自我图（Egogram）：一种柱状图，用直觉评估组成个体人格中每种功能性自我状态各有多少能量。

自我状态（Ego-state）：是一种前后一致的感受和经验模式，与前后一致的行为模式直接相关。

自我状态模型（Ego-state Model）：一种以父母自我、成人自我和儿童自我描述人格的模型。

电极（Electrode）：伯恩对儿童自我中的父母自我的称呼。

超脚本（Episcript）：一种父母传递给孩子的负面脚本信息，父母希望通过将其传给孩子而使自己摆脱该信息的影响。

唯一（的自我状态）（Excluding）：在其他两种自我状态被排除时，剩下的那个还在运作的自我状态。

排除（Exclusion）：把一种或多种自我状态关闭起来的情形。

执行（的自我状态）（Executive）：通过控制肌肉而决定行为表现的自我状态。

存在的态度（Existential Position）：同心理地位。

第一级（针对心理游戏或输家脚本）（First-Degree）：结局的程度轻，可以把自己的事儿拿来在社交圈讨论。

第一层次模型（First-order Model）：三种自我状态没有继续细分的自我状态模型。

第一条沟通定律（First Rule of Communication）："只要交流保持互补状态，沟通就能一直进行下去"。

G公式（Formula G）：伯恩提出的有六个成分（饵、钩、反应、转换、混乱和结局）的心理游戏公式。

参考框架（Frame of Reference）：根据这个架构，一个人在遇到特定刺激时会以不同的自我状态做出相关的反应。它给个体提供了一整套知觉、观点、情感和行为方式，个体用它来界定自己、他人和世界。

自由型儿童自我（Free Child）：功能模型中对儿童自我的行为描述，个体在这种状态中不受限于任何规定或社会要求地表达自身感觉或需要。

功能（针对自我状态）（Function）：自我状态的行为表现。

功能模型（Functional Model）：根据行为表现区分不同自我状态的模型。

绞架上的笑容（Gallows）：个体在叙述某个痛苦事情时却面带笑容的情形。

心理游戏（Game）：（伯恩的最终定义）一连串包含饵、钩、转换和混乱的互动过程，最终导致一个结局。

心理游戏（Game）（琼斯的定义）：做一件事的过程中包含了隐藏的动机，而且符合以下几个条件：（1）成人自我没有觉察到；（2）参与者没有转换行为方式前，游戏都不明朗；（3）最终所有人都觉得混乱、被误解并且想责备其他人。

心理游戏的计划（Game Plan）：一系列分析心理游戏各阶段的问题。

钩（Gimmick）：在心理层面接受游戏邀请的回应。

夸大性（Grandiosity）：对现实某些特征的夸大或弱化。

悲剧性脚本（Hamartic Script）：同第三级输家脚本。

从过去的经验来判断（Historical Diagnosis）：通过收集一个人童年、父母和父母样的人的信息，判断他所处的自我状态。

无能（Incapacitation）：一种被动行为，个体通过表现出自己的无能迫使环境帮他解决问题。

不一致性（Incongruity）：发起交流的人表面的交流内容和行为信号不相符。

婴儿（Infant）：同身体性儿童自我。

禁止信息（Injunctions）：由父母的儿童自我传递到孩子的儿童自我中的负面的、限制性的脚本信息。

整合的（Integrated）：将儿童自我和父母自我中的正面部分整合进来的成人自我（针对个人）。

人际间（Interpersonal）：在人与人之间的沟通或关系中体验到；表现在"外部"。

心理内部（Intraphychic）：在"内部"的体验或者只在"头脑中"体验到。

内射（Introjection）：小孩子在脚本形成过程中，对父母或父母样的人的行为、想法和感受不加批判地模仿（相关动词是"内摄"，名词是"一个内摄" an introject）。

亲密（Intimacy）：一种时间结构模式，当事人相互坦诚地表达自己的真实感受和需要。

漠视的层次（Level of Discounting）：指漠视是否涉及存在、重要性、改变的可能性和个人能力。

人生历程（Life Course）：人一生中真实发生的事情（与人生脚本不同，人生脚本是个体早年对人生的计划）。

心理地位（Life Position）：一个人对自己和他人的基本信念，个体用它做出决定、付诸行动；是个体选择的对自身和他人价值的基本立场。

人生脚本（Life-script）：儿时在潜意识中对一生的计划，由父母强化，从生活事件中得到"证实"，并在选择的结果中达到高潮。

小教授（Little Professor）：同儿童自我中的成人自我。

输家（Loser）：无法完成自己既定目标的人。

输家脚本（Losing Script）：这种脚本结局痛苦或具有破坏性，并且/或者无法完成既定目标。

魔术父母（Magical Parent）：同儿童自我中的父母自我。

用安抚打发人（Marshmallow-throwing）：给予不真诚的正面安抚。

以火星人的立场思考（Martian）：通过不带成见的观察解读人类的行为和沟通。

漠视的模式（Mode of Discounting）：同层次。

自然型儿童自我（Natural Child）：同自由型儿童自我。

负面的安抚（Negative Stroke）：故意让接受者觉得不舒服的安抚。

永不脚本（Never Script）：一种过程脚本，其信念是"我永远得不到我最想要的东西"。

非赢家（Non-winner）：没有大赢大输的人。

非赢家脚本（Non-winner Script）：结局没有大赢大输的脚本。

照顾型父母自我（Nurturing Parent）：功能模型中对父母自我的行为描述，个体在这种状态中照顾、关怀或帮助他人。

怪物父母（Ogre Parent）：（一些作者用它来表示）儿童自我中的父母自我。

心理地位象限图（Ok Corral）：将四种心理地位和特定社会运作方式联系在一起的象限图。

没有结果的脚本（Open-ended Script）：一种过程脚本，其信念是"到了某个时间点后，我就不知道该做什么了"。

选择方案（Options）：与人交流时选择自我状态的方法，借以打断与他人熟悉的、无建设性的、被锁死的互动。

过度适应（Overadaption）：一种被动行为。个体臆想出他人的期望并对其进行适应，但不与对方核实这种期望也不考虑自己的意愿。

P_0：C_1中很早期的自我状态结构的一部分，代表婴儿为了满足需要而天生具有的机能。

P_1：同儿童自我中的父母自我。

P_2：同父母自我状态。

P_3：父母自我中第二层次结构的一部分，代表父母或父母样的人的父母自我内射进来的内容。

PAC模型（PAC model）：同自我状态模型。

平行的交流（Parallel Transaction）：同互补的交流。

父母自我状态（Parent Ego-state）：从父母或父母样的人身上内射而来的一整套行为、想法和感受（借来的或拷贝来的自我状态）。

儿童自我中的父母自我（Parent in the Child）：儿童自我状态中第二层次结构的一部分，代表小孩对父母信息的幻想和魔法性解读。

被动行为（Passive Behaviour）：漠视的四种行为模式（什么也不做、过度适应、躁动、无能或暴力），个体通过这些行为操纵他人或环境，从而让他人解决自己的问题。

被动性（Passivity）：人们不做事或者做事没效率，从而让他人感到不适并最终帮他们解决问题。

消遣（Pastime）：一种时间结构模式，当事人谈论某个主题却不付诸行动。

结局（Payoff）：针对心理游戏而言，结局是当事人在心理游戏结束时感受到的扭曲感觉；针对脚本而言，结局是脚本预设的最后一幕。

许可信息（Permission）：（脚本中）由父母的儿童自我传递给孩子的儿童

自我的、正面的解放性脚本信息。

迫害者（Persecutor）：（戏剧三角形中）打压和贬低他人的角色。

人格适应（Personality Adaptation）：研究发现的六种人格类型，是个体在其原生家庭中最适用的生活方式。

从现象的体验来判断（Phenomenological Diagnosis）：根据个体对当下的体验来判断个体所处的自我状态。

猪猡父母（Pig Parent）：（一些作者用它来表示）儿童自我中的父母自我。

冒充的安抚（Plastic Stroke）：不真诚的正面安抚。

正面的安抚（Positive Stroke）：让接受者感到舒服的安抚。

偏见（Prejudice）：（伯恩用它来表示）父母自我对成人自我的污染。

主要驱力（Primary Driver）：个体最常表现的驱力，通常在回应一个刺激时最先表现出来。

过程（Process）：（针对自我状态）个体表现出自我状态的方式，也即自我状态是如何表现出来的；（针对脚本）个体活出自身脚本的方式，也即人是如何按照脚本生活的。

程式（Program）：父母通过示范行为而将禁止信息或应该信息传给孩子。

心理层面的信息（Psychological-level Message）：一种隐秘的信息，通常由非言语的形式传达。

扭曲（Racket）：一整套与脚本相关的行为，从外部看起来是一种操纵环境的方法，而当事人却体验到扭曲的感觉。

扭曲的交流（Racketeering）：一种交流方式，个体希望他人对他的扭曲感觉给予安抚。

扭曲的感觉（Racket Feeling）：一种熟悉的情绪，在童年习得并受到鼓励，会在多种压力情境中体验到。对成人来讲，这无助于问题的解决。

扭曲系统（Racket System）：受脚本所限的人所具有的，一套自我强化且扭曲的感受、想法和行为系统。

真实的自我（Real Self）：（针对自我状态）个体体验到的关于自身的自我状态。

叛逆型儿童自我状态（Rebellious Child）：（一些作者用它表示）适应型儿童自我，它会反抗规定而不是遵从规定。

被认可的需求（Recognition-hunger）：被他人认可的需求。

再决定（Redecision）：用新决定替代限制自我的早期决定，而且这个新决定是在运用成人所有资源的基础上制定的。

再定义（Redefining）：个体扭曲自己对现实的觉知，从而使之符合自己的脚本。

再定义交流（Redefining Transaction）：一种离题或阻断的交流。

拯救者（Rescuer）：（戏剧三角形）在高高的位置上帮助他人的角色，他们相信"他人没有能力自助"。

回应（Response）：（在单个交流中）对刺激做出回应的交流；（在心理游戏中）在饵和钩之后的一连串暧昧交流，并且会重复它的隐秘信息。

仪式（Ritual）：一种时间结构模式，在其中人们相互交换熟悉的、预设好的安抚。

橡皮筋（Rubberband）：指此时此地的压力情境和儿时某个痛苦的情境类似，通常个体不会意识到，并且会由此进入脚本。

脚本（Script）：同人生脚本。

脚本图（Script Matrix）：用自我状态来分析脚本信息如何传递的图形。

脚本信息（Script Message）：来自父母的言语或非言语信息，小孩子在脚本形成过程中，以此为基础对自身、他人和世界做出结论。

脚本信号（Script Signal）：表明个体已经进入脚本的身体信号。

脚本的（Scripty）：（行为、感受等）个体处在脚本中时表现出来的。

第二级（Second-degree）：（针对心理游戏或输家脚本）结局的程度已经严重到不能在社交圈讨论。

第二层次模型（Second-order Model）：（结构的）把自我状态中的儿童自我和父母自我进一步细分的结构模型。

第二层次的共生关系（Second-order Symbiosis）：P_1、A_1作为一方，C_1作为一方的共生关系。

第二条沟通定律（Second Rule of Communicaion）："当交流出现交错时，交流出现中断，要想继续交流需要交流的一方或双方转到其他自我状态中去"。

从社交的互动来判断（Social Diagnosis）：通过观察交流的另一方处在何种自我状态，来判断此方的自我状态。

社交层面的信息（Social-level message）：是明显的信息，通常由言语的形式传达。

身体的儿童自我状态（Somatic Child）：同儿童自我中的儿童自我。

自发（Spontaneity）：自由选择各种不同的感受、想法和行为的能力，包括对自我状态的选择。

点券（Stamp）：把扭曲感觉贮存起来日后兑现，从而得到负面结局。

刺激（Stimulus）：在单次交流中的第一个交流（对它的回应就是答复）。

对刺激的需求（Stimulus-hunger）：对身体和精神刺激的需求。

安抚（Stroke）：认可的单位。

安抚银行（Stroke Bank）：对过往安抚的回忆，个体可以把它重新拿出来安抚自己。

安抚的经济观（Stroke Economy）：父母自我对安抚的一整套限制性规则。

安抚的过滤网（Stroke Filter）：符合个体既存自我形象的对安抚的拒绝与接受模式。

安抚商数（Stroke Quotient）：个体喜欢的不同安抚的组合。

安抚图（Stroking Profile）：一种柱状图，用来分析个体给予、接受、要求和拒绝给予安抚的形态。

结构分析（Structural Analysis）：用自我状态来分析人格。

结构模型（Structural Model）：展现每个自我状态或次级自我状态中包含什么的自我状态模型（也就是展现其内容）。

结构病态（Structural Pathology）：污染和/或排除。

结构（Structure）：（自我状态模型的）把个体的行为、感受和体验依三种自我状态来分类。

运动衫（Sweatshirt）：以非言语的形式表达出来的口号，隐秘地诱导他人进入心理游戏或扭曲的交流。

转换（Switch）：心理游戏的一个阶段，玩游戏的人会交换角色，然后达到结局。

共生关系（Symbiosis）：两个或两个以上的人组成的一种关系，他们的行为表现得好像只有一个人，因此他们不会用到自己所有的自我状态。

离题交流（Tangential Transaction）：这种交流中的刺激和回应分别指向不同的问题，或者同一问题的不同角度。

目标门路（Target Door）：个体威尔顺序中的第二个接触域，在这里通过咨询、治疗或其他有效沟通方式完成绝大部分的"工作"。

第三级（Third-degree）：（针对心理游戏或输家脚本）结局是死亡、严重伤害、生病或监禁。

第三条沟通定律（Third Rule of Communication）："暧昧交流的后果是由心理层面的内容决定的，而不是社交层面"。

时间结构（Time Structuring）：人们在群体中度过时间的方式。

交易点券（Trading Stamp）：同点券。

交流（Transaction）：一个交流刺激加一个交流回应，是社会互动的基本单位。

沟通分析（Transaction Analysis）：（ITAA定义）一种人格理论，以及个人成长与改变的系统性心理治疗理论。

沟通分析（Transaction Analysis）：（伯恩的定义）（1）在交流分析基础上形成的系统的心理治疗理论；（2）在研究自我状态的基础上形成的人格理论；（3）一种社会互动理论，用自我状态把交流细致分为有限的几类；（4）用交流图对单个交流的分析（这是严格意义上的交流分析）。

陷阱门路（Trap Door）：个体威尔顺序中的第三个接触域，在这里会发生最深刻的变化或发展，但是如果在治疗或其他关系中过早接触了该领域，个体则会"陷"进去。

漠视的类型（Type of Discounting）：指漠视是否涉及刺激、问题或选择。

暧昧交流（Ulterior Transaction）：外显信息和隐藏信息同时存在的交流。

无条件的安抚（Unconditional Stroke）：根据个体是什么而给予的安抚。

除非脚本（Until Script）：一种过程脚本，其信念是"在把我所有工作搞定之前，我不能放松、享受和快乐"。

向量（Vector）：交流图中的箭头，用以连接发出交流和接收交流的两个自我状态。

受害者（Victim）：（戏剧三角形）认为自己地位低下，应该被人看不起，只有在别人的帮助下才能生活。

暴力（Violence）：一种被动行为，个体将破坏性能量指向外部，迫使环境帮他解决问题。

威尔顺序（Ware Sequence）：三个接触域——思维、感受和行为——的排列顺序，遵照该顺序，我们可以最大程度地建立起良好的沟通关系。根据人格适应类型的不同，三种接触域的排列顺序也不同。

赢家（Winner）：完成既定目标的人。

赢家脚本（Winner Script）：以开心、圆满作为结局，并能成功完成既定目标。

巫婆父母（Witch Parent）：（一些作者用它表示）儿童自我中的父母自我。

退缩（Withdrawal）：一种时间结构模式，处于其中时个体不会与其他人交流。

世图心理
重点图书

《幸福的流失》　　《脊椎告诉你的健康秘密》　　《隐藏在家庭中的五行系统动力》

《发展与罪恶》
Growth and Guilt

《自我的智慧》
The Wisdom of the Ego

《空间诗学》
The poetics of space

《儿童精神分析》
The Psycho-Analysis of Children

《嫉羡与感恩》
Envy and Gratitude and Other Works 1946-1963

《穿越孤独》
Encounters with Loneliness: Only the Lonely

『世图心理』重点图书

把世界介绍给中国
把中国介绍给世界

《心灵的激情》 The Passions of the Mind

《偏执狂》 Paranoia

《父性》 The Father

"世图心理"亲附系列
《情感依附》 Lives Across Time / Growing Up
《我的童年受伤了》 Beginning to grow
《母婴关系创伤疗愈》 Relational Trauma in Infancy

"世图心理"萨提亚系列
《新家庭如何塑造人》 The New Peoplemaking
《萨提亚治疗实录》 Satir Step by Step
《萨提亚家庭治疗模式》 The Satir Model Family
《掌握家庭治疗》 Mastering Family Therapy

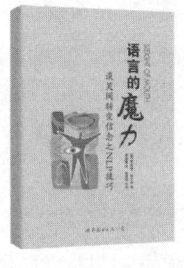

"世图心理" NLP 系列
《神奇的结构》 The Structure of Magic Ⅰ and Ⅱ
《语言的魔力》 Sleight of Mouth